计算机基础课程系列教材

计算机基础应用实验教程

第3版

刘春燕 何 宁 陈 红 主编
黄文斌 熊素萍 李翔宇 熊建强 康 卓 参编

机械工业出版社
China Machine Press

图书在版编目（CIP）数据

计算机基础应用实验教程 / 刘春燕等主编．—3 版．—北京：机械工业出版社，2015.2
（计算机基础课程系列教材）

ISBN 978-7-111-48953-5

I. 计… II. 刘… III. 电子计算机 - 教材 IV. TP3

中国版本图书馆 CIP 数据核字（2014）第 308780 号

本书是与《计算机基础应用教程》（第 3 版）相配套的实验指导书，由多年讲授计算机基础课的一线教师编写。依据全国计算机等级考试的大纲，选用 Windows 7 作为实验平台的操作系统，Office 版本选用 MS Office 2010，在内容上，尽量与计算机等级考试二级 MS Office 高级应用的考试知识点相交。

本书重点介绍微软 Windows 7 操作系统、Office 2010 办公软件、Internet 应用及多媒体应用技术。目的是指导学生系统地、循序渐进地快速掌握上机操作技巧，提高计算机应用能力。

本书共包括 22 个实验，每个实验均由实验案例、实验指导和实验体验三部分组成："实验案例"给出一个具体实例，导引出实验的知识点；"实验指导"给出该实验案例的详细操作步骤，方便学生学习；"实验体验"给出具体的实验题目和目的要求，使读者熟识实验案例中的知识点。

本书适合作为各类院校计算机公共基础课程的教材或参加计算机等级考试的自学参考书。

出版发行：机械工业出版社（北京市西城区百万庄大街 22 号 邮政编码：100037）

责任编辑：李 燕　　责任校对：董纪丽

印　刷：三河市宏图印务有限公司　　版　次：2015 年 3 月第 3 版第 1 次印刷

开　本：185mm×260mm 1/16　　印　张：11.5

书　号：ISBN 978-7-111-48953-5　　定　价：29.00 元

凡购本书，如有缺页、倒页、脱页，由本社发行部调换

客服热线：(010) 88378991 88361066　　投稿热线：(010) 88379604

购书热线：(010) 68326294 88379649 68995259　　读者信箱：hzjsj@hzbook.com

序　言

自 20 世纪 80 年代以来，我国计算机基础教育健步发展，已经取得巨大成就。特别是 1997 年教育部高教司颁发了《加强非计算机专业计算机基础教学工作的几点意见》([1997]155 号文件）和 2004 年发布了《关于进一步加强高校计算机基础教学的意见》的“白皮书”之后，全国高校计算机基础教育走上了规范化的发展道路，正在向纵深发展。

但是，面向高等学校非计算机专业的计算机基础教学既有它的广泛性，也有它的特殊性。一方面，要让学生掌握必要的基础、最新的知识，以适应市场对人才的需求；另一方面，要将计算机基础教学课程的知识性、技能性和应用性相融合，培养学生综合运用知识的能力，

将体验与专业应用接轨。随着目前我国高等学校招生规模的日益扩大，按市场需求培养应用型人才是我国今后高等教育办学的主要方向。

大学非计算机专业的学生除了必须具备扎实的相关专业知识外，还必须掌握计算机应用技术，这是信息化时代对人才素质的基本要求。因此，在进行非计算机专业计算机基础教学过程中，应着力培养学生成为既有扎实的专业知识，又熟练掌握计算机应用技术的复合型人才。

为了适应新的形势，更好地满足高等学校非计算机专业计算机基础教学的需求，我们组织编写了这套“计算机基础课程系列教材”。参加编写的人员都是长期从事计算机基础教学第一线的教师，他们在认真总结多年教学经验的基础上，通过到各类学校调研，反复征求各高校教务部门的意见，取得了共识。

本次推出的系列教材包括：《计算机基础应用教程》、《 C 语言程序设计教程》、《数据库技术应用教程》、《计算机网络教程》、《网页与 Web 程序设计》、《多媒体技术与应用》、《统计分析系统 SASS 和 SPSS 》等，并有配套的实验教程。

本系列教材具有以下特点：

- 选材新颖，构架独特。各书按照应用型人才培养模式进行选材，力求在基础性层面上反映当今最新应用成果，摒弃难点中的沉滞部分，新增或扩充重点中的基础内容；在章节的构架上具有新的特色，便于学生自学和老师教学。
- 实用性强，注重应用能力的培养。各书尽量不涉及过多的理论问题，强调内容的实用性，注重培养学生分析问题和解决问题的能力，提高学生的创新思维能力。
- 体现案例教学的全新教学思想。凡是涉及应用性知识的章节，各书均以一个或多个实例为引子，然后通过案例导出知识点加以阐述和讲解。这样，学生对所学的知识更容易理解和掌握，同时通过案例分析达到举一反三的效果。
- 具有完备配套的辅助教学资源。除《统计分析系统 SASS 和 SPSS 》和《多媒体技术与应用》外，各书均配有教学实验教程，以提高学生的实践能力和对知识的体验；各书配有电子教案，教师可登录华章网站（www.hzbook.com）免费下载。

本系列教材主要针对大学非计算机专业学生编写，是一套新颖、实用的应用型教材。它

体现了作者们为培养应用型人才辛勤劳动、勇于探索的教学改革精神和成果，也凝聚着他们多年丰富的教学经验和心血。

本系列教材得到了武汉大学计算机学院领导和老师的大力支持，在此表示衷心的感谢。

由于计算机技术发展十分迅速，以及非计算机专业计算机基础教学的广泛性和特殊性，而且限于编者水平，书中难免存在不少缺点和不足，敬请广大读者批评指正。

编委会

2014 年 9 月

于武汉大学

前 言

目前，我国高等学校的所有非计算机专业几乎都开设了计算机教学课程，计算机基础应用是高校计算机教学课程中的基础课。

本书由多年讲授计算机基础课的一线教师编写，它是《计算机基础应用教程》(第 3 版) 配套使用的实验指导书，目的是指导学生系统地、循序渐进地尽快掌握上机操作技巧，快速提高计算机应用能力。

本书重点介绍微软 Windows 7 操作系统、Office 2010 办公软件、Internet 应用及多媒体应用技术。

本书共分 8 章，共包括 22 个实验，具体章节内容如下：

第 1 章包括 2 个实验，实验一通过对微机硬件的组装，使读者全面了解计算机硬件的组成及其性能指标；实验二为键盘指法与字符输入，使读者以正确规范的指法熟悉键盘。

第 2 章包括 3 个实验，实验一介绍 Windows 7 的文件管理；实验二介绍记事本的使用并使读者掌握常见的中文输入法；实验三为控制面板的使用。

第 3 章包括 3 个实验，实验一为 Word 文档的基本操作；实验二通过长文档的编辑，使读者掌握封面的编辑、页眉页脚的设计、样式的运用及目录的引用；实验三通过制作邀请函使读者掌握邮件合并的技术。

第 4 章包括 2 个实验，实验一学习 Excel 的基本操作与图表的创建；实验二通过实例学习 Excel 的常用函数。

第 5 章包括 2 个实验，实验一是 PowerPoint 的基本操作，通过实例学习如何选择版式、编辑文字，插入表格、图片、剪贴画、艺术字等；实验二为 PowerPoint 的高级操作，主要学习创建演示文稿模板的基本过程及如何在演示文稿中应用设计模板。

第 6 章包括 5 个实验，实验一为局域网共享和 Internet 应用；实验二为通过 WiFi 共享上网；实验三为 WWW 冲浪和信息搜索；实验四为网上购物；实验五为文件的上传和下载。

第 7 章包括 3 个实验，实验一为音频文件的编辑与转换；实验二为特效文字和图像制作；实验三为数字视频的处理。

第 8 章包括 2 个实验，实验一介绍杀毒软件的设置和使用方法；实验二介绍计算机安全漏洞检测的方法。

为方便读者学习和参加计算机等级考试，本书第 3、4、5 章的部分实验采用了计算机等级考试二级 MS Office 高级应用的真题作为实例。

本书第 1 章由刘春燕、陈红编写，第 2 章由黄文斌编写，第 3 章由熊素萍编写，第 4 章由何宁编写，第 5 章由黄文斌编写，第 6 章由李翔宇编写，第 7 章由熊建强编写，第 8 章由康卓编写。全书由刘春燕、何宁、陈红进行策划和统稿。

在本书编写和出版过程中，得到了各级领导和机械工业出版社的大力支持，在此表示衷心的感谢！由于计算机技术发展迅速，加之编者的水平有限，书中难免存在纰漏，恳请同行和读者批评指正。

作者

2014 年 12 月

于武汉大学珞珈山

目　录

第 1 章　计算机基础知识

实验一　微机硬件组装

一、实验案例

小明在高中时曾经接触过计算机，对计算机也产生了浓厚的兴趣，作为一名大一新生，小明非常希望成为一名计算机高手，然而从哪里开始入手呢？在老师的帮助下，小明知道了学习计算机绝不能纸上谈兵，必须从实践中学习。考虑再三，小明决定购置一台计算机，并在家长的支持下，开始付诸实施。

小明曾在广告上看到过各种品牌的计算机，本来打算购买一台品牌机，在上网查阅资料时，小明发现还可以购买计算机部件自己组装计算机，且同样的性能，组装的计算机要便宜一些，而且方便学习，这对于费用紧张而又不想放过一切学习计算机机会的小明来说再合适不过了。因此，他决定自己动手组装一台个人计算机。

在老师的指导下，小明列出了如下装机计划：

1）学习计算机硬件和组装的相关知识。

2）在预算范围内，根据自己学习的需要确定组装计算机的配置。

3）购买计算机部件并动手组装计算机。

为了早日达成心愿，小明不分昼夜地按照计划工作着，终于在一个月之后实现了自己的心愿，成功组装了自己理想的计算机，同时，在组装过程中也学到了很多计算机的硬件知识。

以下，我们具体来了解一下小明在这一个多月的时间里，是如何按照计划完成组装计算机目标的。学会了这些知识，我们就可以按照需要组装出各种档次的计算机了。

二、实验指导

1. 微机组成原理与主要部件知识

（1）微机的逻辑结构、逻辑部件与物理部件

早在 1946 年，美国数学家冯 · 诺依曼提出了存储程序式计算机的体系结构方案，奠定了现代电子计算机体系结构的根基。迄今为止，在世界各地使用的计算机，无论巨型机、大型机、中型机、小型机或微机、笔记本电脑或者是掌上电脑，其硬件结构都是按照存储程序式计算机结构设计的。

微机通常指个人台式计算机，在硬件结构上也完全依据存储程序式计算机的逻辑结构对应进行各个物理部件的设计。因此，微型计算机的逻辑结构仍然是存储程序式计算机通用结构。在组装微机时，头脑里始终以微机的逻辑结构做参考将是非常有帮助的。

存储程序式计算机的体系结构可以总结为如图 1-1 所示的逻辑结构，计算机的功能通过五个逻辑部件得到体现，因此，计算机的逻辑结构图又称为五大功能部件结构图。

五大功能部件结构是逻辑上的，其具体的实现形式则可以千变万化。微机的具体硬件部件就是对五大功能部件逻辑结构的一种实现。组成微机的各个硬件部件都是五大功能部件对

应的具体形式。尽管多媒体功能已经成为微机的标准配置，而且新的多媒体接口和设备层出不穷，原理上也只是扩充了输入设备与输出设备的实例，其逻辑结构并未改变。

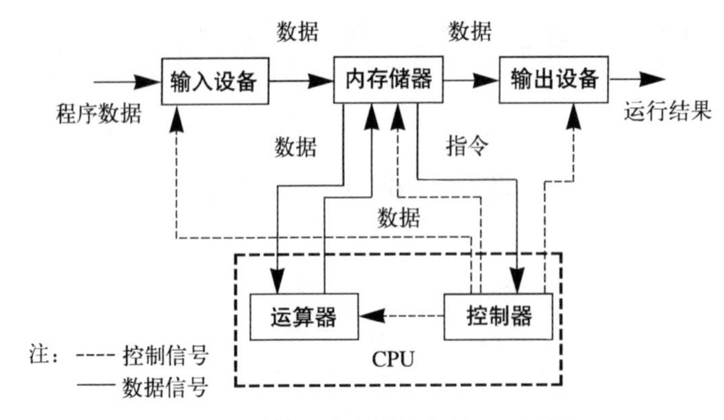

图 1-1　存储程序式计算机体系结构图

五大功能部件同微机硬件部件之间的对应关系如表 1-1 所示。逻辑上的控制器与运算器总是组合成一个独立的硬件芯片，称为中央处理器（CPU）。内存储器在物理上对应独立的内存条部件。输入设备在物理部件上对应键盘、鼠标、磁盘驱动器等标准输入设备和光驱、声卡、扫描仪、数码相机等多媒体输入设备。输出设备在物理部件上对应显示器、打印机、磁盘驱动器等标准输出设备和光盘刻录机、声卡等多媒体设备。在各个逻辑部件之间负责数据信号与控制信号传输的线路在物理部件上对应于主板以及主板上的各种设备接口。

表 1-1　五大功能部件与多媒体微机硬件部件对应关系一览表

逻辑部件名称	物理部件名称	备注
控制器	中央处理器（CPU）	
运算器		
内存储器	内存条	
输入设备	键盘	标准输入设备
	鼠标	
	内置读卡器	
	USB 存储设备	
	光盘与光驱	多媒体输入设备
	声卡	
	扫描仪	
	数码相机	
输出设备	显示器	标准输出设备
	打印机	
	内置读卡器	
	USB 存储设备	
	光盘刻录设备	多媒体输出设备
	声卡	
数字总线与控制总线	主板	含各种设备的接口

（2）微机硬件系统与组成部件介绍

微机硬件系统由多种功能各异的独立物理部件以及辅助环境部件（机箱、电源等）组装而成。微机硬件系统的每个部件都有其特定的功能分工，了解这些独立的物理部件是组装微机的基础。微机硬件系统的各个部件及其功能如表 1-2 所示。

表 1-2　微机硬件系统部件及其功能一览表

微机硬件系统部件名称	功能
机箱	放置和固定其他部件的金属框架；屏蔽外部干扰，提供稳定的工作环境
电源	通过将 220V 交流电转换为低压直流电，为计算机系统提供运行动力
主板	属多层印刷电路板，通过板上的各种数据与控制总线同各个部件连接
CPU	微机系统核心部件，对程序指令进行解释和处理
内存条	主存储器，存放处理中的数据与程序
显示卡	驱动显示缓冲区中的数据转换为 RGB 显示信号
显示器	将显示信号在屏幕上进行显示
硬盘	硬盘驱动器与金属盘体的封装，是可高速读写数据的外存储器
内置读卡器	存储卡读写驱动器，驱动可携带存储卡的读写
光驱	光盘读写驱动器，驱动可携带光盘的读取
声卡	外部声音的采样输入或声音信号的输出
键盘	标准按键输入设备，输入各种显示与控制字符
鼠标	标准位置输入设备，输入坐标定位信息
打印机	接收数据并输出到打印纸上
扫描仪	将外部的图像资料进行数字化，输入计算机
数码相机	将外部的景物拍照并数字化，输入计算机
数字摄像头	实时对外部动态景物进行捕捉，并动态输入计算机
USB 盘	通过 USB 接口读写数据的存储设备，基本取代了软驱
刻录机	向可刻写光盘刻录与读取数据，也可读取只读光盘的数据
网卡	微机同局域网的接口设备，实现局域网内微机通信

表 1-2 中所列部件在市场上都是可以选购的商品，多个厂家所生产的功能相同的同类部件，在性能与价格上差别比较大，因此需要了解各种部件的性能参数，以便权衡和选择。

机箱与电源

机箱与电源在市场上一般都是搭配出售的。但两者的作用不同，需要分别对其性能参数进行考察。机箱与电源的外形如图 1-2 所示。

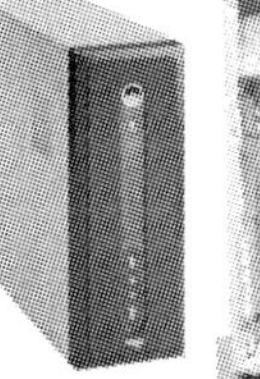
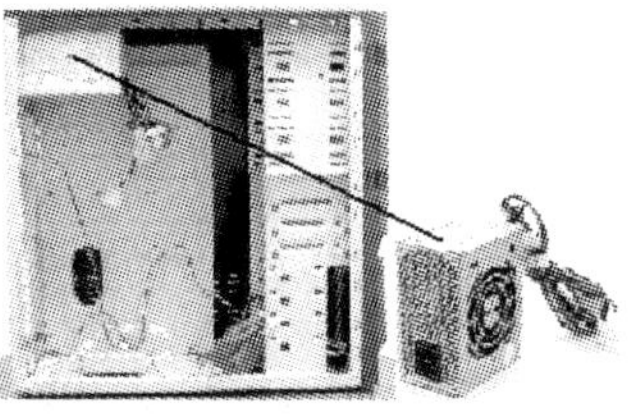

图 1-2　机箱与电源

对于机箱，主要应考查的相关参数包括品牌、用料、做工、外形结构、散热装置，特殊环境下还应考虑电磁屏蔽情况，至于外观感觉和颜色，在同等条件下再进行考虑。

对于电源，主要应考察的相关参数包括品牌、功率、用料、做工以及认证情况。另外，Windows 操作系统支持软关机、远程唤醒等功能，因此应选择 ATX 电源，而 AT 电源不支持软关机等功能，在选购时要特别注意。

主板

主板提供了 CPU、内存以及各种外部设备的插座、插槽，同时为这些部件之间的控制信号与数据信号的传递提供支持。实际上，主板很大程度上决定着微机整机的性能和稳定程度，因此是选配计算机时首先要考虑的部件。主板的正面外形如图 1-3 所示。

对于主板，主要应该考察的相关参数包括品牌、支持的 CPU 类型、选用的芯片组、做工、布局设计、接口类型、可扩展性等。

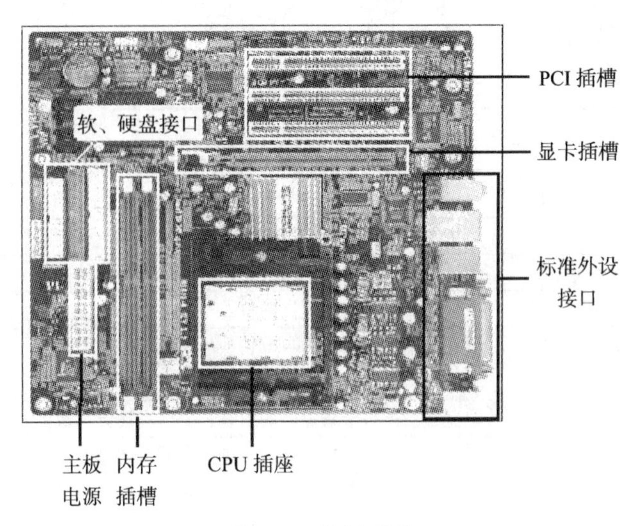

图 1-3　主板正面

中央处理器（CPU）

CPU 在微机中的作用，好比是人的心脏。CPU 的档次决定了同其搭配的各种部件的基本档次，因此也决定了微机的档次。CPU 也是目前人类设计的各种芯片中技术最复杂、最能体现信息技术水平的硬件系统。一般情况下，在 CPU 的设计出来之后，其他配合部件（如主板、内存等）才进行衔接设计。所以，在选购微机时，对 CPU 的选型是首先要决定的。

目前，在市场上微机使用的 CPU 主要来自美国的两个厂家：AMD 和 Intel。两个厂家都已成功推出了主频在 4 GHz 以上 64 位的多核 CPU，同时市场上也都有多款相对低档的 CPU 产品供选择。CPU 产品如图 1-4 所示。

图 1-4　主要 CPU 产品外形图

对于 CPU，在选购时主要考察的相关参数包括品牌、真伪、主频、高速缓冲区级别和大小、发热量、制造工艺及其性能价格比。

在资金一定的情况下，选择合适的 CPU 档次是非常关键的。

内存条

内存芯片是一种半导体元器件，由可以存储二进制位的存储单元构成。内存条是将多个内存芯片通过一个较小的印刷电路板封装而成。内存芯片和内存条的外形如图 1-5 所示。

对于内存条，在选购时主要考察的相关参数包括内存芯片的品牌、类型、时钟周期、存取时间、读取延迟时间等，同时要考察内存条印刷电路板的用料、层数、布线情况、做工以及规范程度。

内存是 CPU 访问最多的部件，因此，选择同 CPU 主频尽量相匹配的内存条对整机的性能影响是比较大的，当然考虑到软件需求的话，内存条的基本容量也是基础的考虑因素。

显卡

在计算机内部是用二进制数据来表示图像的，为了将这些数字图像转换为屏幕上显示的真实图像，就需要一种能将数字信号转换为显示器行扫描信号，以驱动显示器正确显示的硬件部件，即显卡。显卡对微机的信息显示效率和效果影响很大，尤其在使用高速图像应用软件时效果非常明显。

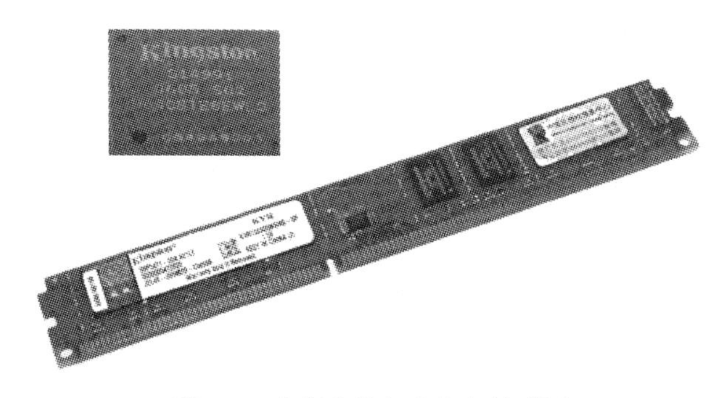

图 1-5　内存芯片与内存条外形图

目前，主要的显卡有两种接口类型：AGP 接口显卡和 PCI-E 接口显卡，分别同主板的 AGP 接口和 PCI-E 接口相匹配。由于 PCI-E 接口的显示带宽远大于 AGP 接口，因此 AGP 接口显卡不可避免地将逐步被替换。AGP 显卡和 PCI-E 显卡的外形分别如图 1-6a 和 1-6b 所示。

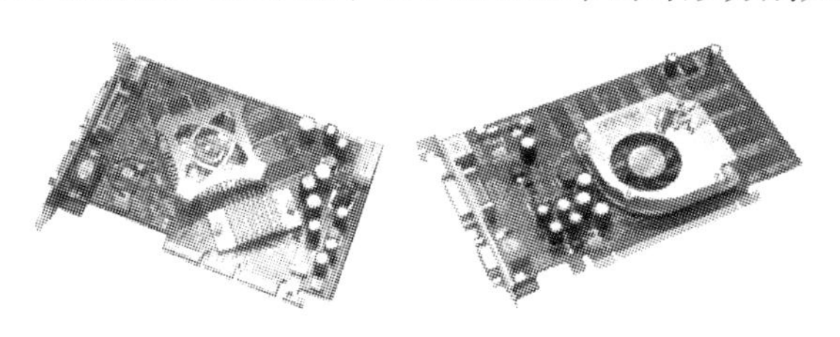

a）AGP 显卡　　b）PCI-E 显卡

图 1-6　显卡外形图

对于显卡，因其性能由印刷电路板、显存、数 / 模转换器、显示图形芯片等部件综合决定，因此在选购时需要对每一项分别考察其相关参数。板卡的主要考察参数包括用料、做工、配件的合理使用、散热性能以及输出接口的多样性。显存的主要考察参数包括容量、工作频率、时钟周期、同显示芯片之间的数据带宽等。数 / 模转换器的主要考察参数是转换速率，单位为 MHz，决定显卡的刷新频率。显示图形芯片又称 GPU，体现着显卡的档次和主体性能，主要考察参数包括 2D 和 3D 图形加速能力或支持 3D 软件标准接口的能力。

显示器

显示器是微机中最主要的输出设备，也是人们观察微机运行状态和运行结果的最重要的窗口，也是微机中单件价格相对较高的部件。显示器的好坏会直接影响人们的眼睛、身体的健康。因此，选购质量好、价格优的显示器对于组装微机就显得特别重要。

显示器可分为传统显像管（CRT）显示器、液晶（LCD）显示器和 LED 显示器等多种。CRT 显示器由于使用了显像管，体积大且重，目前已逐步被淘汰；而 LCD、LED 显示器则厚度小、重量轻。LCD 显示器、LED 显示器外观分别如图 1-7a 与 1-7b 所示。

LCD 显示器是一种采用液晶控制透光度技术来实现色彩的显示器。LED 显示器是一种通过电子电路控制化合物制成的实现不同色彩的显示方式。相比 LCD 显示器而言，LED 显示器在体积、功耗、可视角度、刷新速率和亮度等方面都具有优势，能满足不同环境的需要，所以目前 LED 显示器在家用或商用领域均被广泛使用。

a) LCD 显示器

b) LED 显示器

图 1-7　显示器外形图

对于LED显示器，主要考察的参数包括品牌、屏幕尺寸、最佳分辨率、亮度与对比度、响应时间、可视角度、最大显示色彩数、是否存在坏点等。

硬盘

硬盘也是微机中必备的一种硬件部件，是微机最重要的外部存储设备，也是微机操作系统和大多数程序与数据的基础载体。硬盘由硬盘驱动器和一组固定的金属盘片真空封装而成。硬盘的速度和稳定性对于微机是至关重要的，同时由于硬盘也是保存用户资料的关键设备，在组装微机时需要进行精心选择。硬盘的外形如图 1-8 所示。

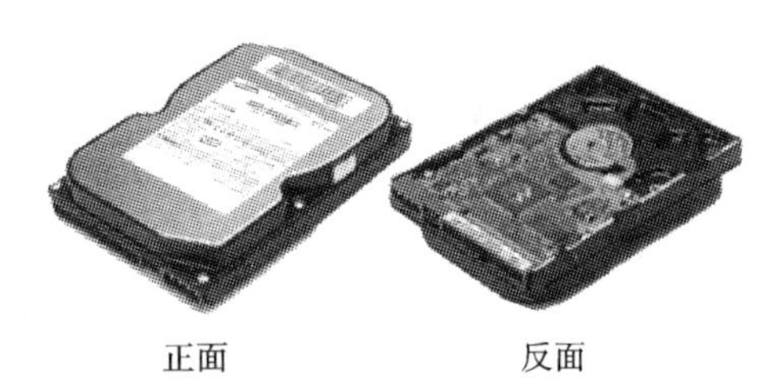

图 1-8　硬盘外形图

硬盘驱动器主要由一组硬盘读写磁头和控制移动的机械部件组成，基本上说，硬盘磁盘片的每个盘面（有正反两面）都对应设置一个读写磁头。而盘片则是采用金属材料制作而成，以保证在很高的旋转速度下也不变形。金属盘片的表面被镀上磁性材料，在磁头的作用下实现记录数据。

对于硬盘，在选购时最主要的考察参数包括型号、品牌、容量、转速、读写速度、接口形式以及售后服务等。

声卡

声卡是多媒体微机必备设备，它可以实现声波信号与数字信号的相互转换。声卡可以将自然界的原始声音通过采样转换为数字声音存储到微机中，也可以将数字声音转换后输出到音响设备上，还原出原始声音。

声卡对于微机来说，既是输入设备，也是输出设备。可以通过 mic 接口或 Line In 对模拟信号的数字声音进行数字化，也可以通过 Line Out 或 Speak Out 接口输出模拟信号声音。有的声卡还提供 midi/ 游戏杆接口同电子琴等乐器或者游戏操纵杆连接。在声卡的印刷电路板上还提供同光盘驱动器的 CD 音频输出的接口，可以将 CD 信号放大输出。

声卡主要由一块印刷电路板以及声音处理芯片所组成。其中声音处理芯片是核心部件，负责所有声音信号的输入、转换、输出。目前，市场上可选择的声卡种类非常多，根据声卡处理声音的音质，可分为低、中、高档，用户在有不同的需要时可进行选择。声卡的外形及其外接插口如图 1-9 所示。

对于声卡，在选购时主要的考察参数包括主芯片的品牌、支持声道的数量、支持声音信号的频率带宽、信噪比、midi 合成效果以及印刷电路板的做工和支持的外接插口类型等。

键盘

键盘是微机主要的通用交互式输入设备，在市场上可选择的产品也多种多样，不过其功能并无二致。键盘的实现原理并不复杂，关键在于外在的设计。设计不良的键盘，用户长时间使用后会导致身体手腕肌肉不适，甚至积累下疾病。目前，许多知名的键盘厂家都按照人体特征，设计了人体工程学键盘或分体键盘（主键盘从中间分离）。常见的键盘外形如图 1-10 所示。

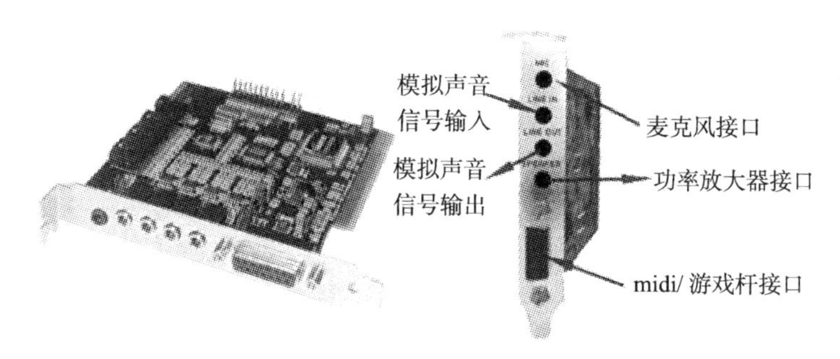

图 1-9　声卡及其外接插口

对于键盘，在选购时主要考察的参数包括品牌、键位数量、是否符合人体工程学、按键的感觉、接口类型等。

鼠标

鼠标是操作 Windows 软件最重要的输入设备。可分为机械式鼠标和光电式鼠标，其基本原理是一样的。通过鼠标端位置感应器感应到位置（横向与纵向）的变化后，将变化输入到微机，再由微机控制屏幕上的鼠标指示器同步移动，这样就可以实现屏幕任意位置的定位了。鼠标除了位置信息的输入外，还有两个按键（特殊的鼠标有三个按键）和一个滚轮。鼠标的外形如图 1-11 所示。

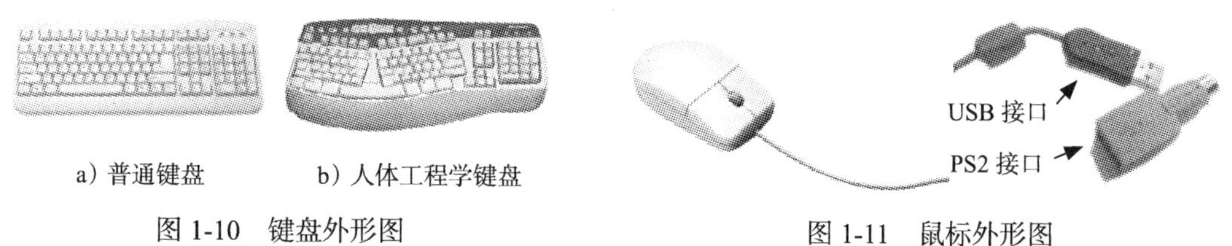

a）普通键盘　　b）人体工程学键盘

图 1-10　键盘外形图

图 1-11　鼠标外形图

对于鼠标，在选购时主要考察的参数包括品牌、鼠标按键个数和手感、滚轮手感、鼠标移动时的灵敏度等，同时也要考虑接口类型。

打印机

打印机是微机可选的输出设备，主要用于办公环境下文档的打印。若个人使用，如非必要，则不需要选配。目前使用的打印机主要有针式打印机、喷墨打印机与激光打印机三种类型，用于向纸张输出图像信息。打印机的外观如图 1-12 所示。

a）针式打印机

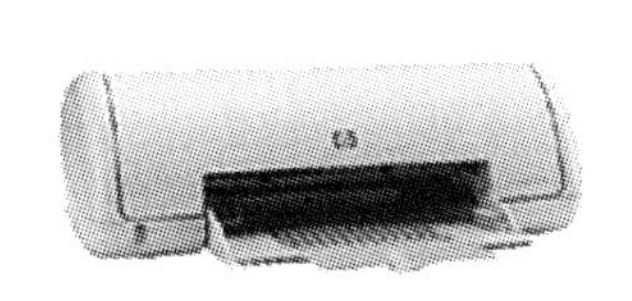

b）喷墨打印机

c）激光打印机

图 1-12　打印机外形图

3种打印机各有其适用的环境及优缺点，在选购时，要根据主要用途来决定选型。在选型确定后，还需要根据每种类型打印机的主要质量与性能指标对多个厂家的产品进行比较，才能做出正确的决定。

扫描仪

扫描仪同打印机的作用正好相反，它是把纸张上的图形图像输入到微机中去。在制作多媒体时，经常需要将搜集到的大量报刊、书画上的图片或者照片输入到计算机中，这时扫描仪就显得尤为重要。扫描仪的核心元器件是CCD的感光元件，它可以将纸面上的景物分解为一定密度彩色的点阵，从而量化为数字形式。尽管市面上出现过多种样式的扫描仪产品，但现在主要使用的还是平台式（平板式）扫描仪，其外观如图1-13所示。

对于扫描仪，选购时主要考察的参数包括品牌、感光器件、光学分辨率、色彩量化位数等，同时为方便使用还要考虑同微机的接口方式。

数字摄像头

数字摄像头是微机附属配件，结构比较简单，摄像镜头内的感光元件电路可以对外部实际景物进行实时摄取，通过摄像头内部控制元件处理转换成数字图像信号，然后经USB连接线路输入到微机。数字摄像头必须依靠微机的支持才能发挥其作用，不能独立使用，这一点和数码相机或数码摄像机不同，当然价格也便宜很多。

数字摄像头可以用于对镜头前的外景进行捕获，可以随时抓取静态图像，也可以连续捕获为动态图像。不过由于摄像头分辨率比较低，所以得到的静态图像和动态图像的质量不是很好。

数字摄像头的外观有很多种设计，都是通过USB接口同微机连接。典型的外形设计如图1-14所示。

图1-13　平台式扫描仪外形图

图1-14　数字摄像头外形图

对于数字摄像头，在选购时应考察的主要参数有镜头光学元器件质量、感光元件的类型、成像的帧速率、调焦功能、照明功能以及支持USB的版本等。

数码相机

数码相机将传统的照相机与扫描仪功能进行整合，可以直接将光学镜头摄取的景物投射到密度很大且呈矩阵排列的CMOS或CCD电子感光元件上，在这些元件的作用下，图像分解为许多的颜色点阵，再经过量化成为数字图像。数码相机除了这些核心的组件外，还配备了数字图像的存储器以及各种相关的控制电路，数码相机还配备了专用的控制软件，在其中提供了对存储的数字图像进行浏览和管理的功能。数码相机的外形同传统的照相机比较接近，如图1-15所示。

数码相机是技术复杂度比较高的科技产品，可以独立使用，拍摄的静态照片在相机的内部保存。

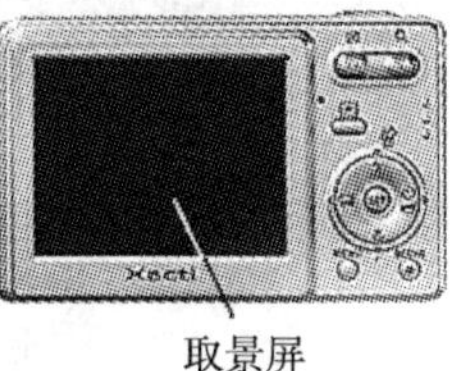

图1-15　数码相机外形图

数码相机拍摄的数字照片分辨率比较高，因此具有很好的清晰度。通用USB接口，微机可以与数码相机通信，从数码相机中下载数字图像。

对于数码相机，在选购时应考察的主要参数有镜头光学元器件质量、感光成像元件CMOS/CCD的指标、液晶取景屏的节能与位置可调程度、照相元件相关特征（光圈、快门、闪光灯）、图像存储卡类型与容量、整机节能情况以及同微机的通信接口等。

U盘

U盘是采用Flash内存颗粒实现的USB接口的便携式外存设备，又称闪盘。随着技术的成熟，U盘Flash内存颗粒的可擦写次数已经达到100万次，可靠性有了很大的提高，同时价格也下降得很快。U盘外形设计得非常小巧，也多种多样，其外形如图1-16所示。

对于U盘，在选购时应考察的主要参数有品牌、存储容量、制材、Flash颗粒品牌、支持USB接口标准、配套软件及附加功能等，当然总体上也要考查其性能价格比。

网卡

网卡也叫网络适配器，是连接微机与网络的硬件设备。网卡一般接插在微机主板的PIC外设接口上，用于实现同局域网中其他主机的数据通信。网卡的工作是双向的，既可以从局域网中其他主机接收数据，也可以向网络中其他主机发送数据。出于办公需要，企事业单位微机基本上都同内部局域网连接，因此网卡已经成为实际应用中不可或缺的设备。网卡的外形如图1-17所示。

图1-16　U盘外形图

图1-17　网卡外形图

对于网卡，在选购时应考察的主要参数有品牌、传输速率、接口类型、材质和制作工艺等。

以上的各种部件是构成微机系统的主要硬件设备。但随着芯片价格的下降以及主板设计与制造技术的不断成熟，主板厂商也普遍推出多合一集成式主板。这种主板在设计和制造时除了保留主板必备特征外，还将多个接口板卡的功能也设计在主板上。集成在主板上的部件被称为板载设备，常见的有板载显卡、板载声卡、板载网卡等。集成式主板如图1-18所示。

这种集成式主板对于一般用户来说是非常适宜的，主要体现在价格上比单独选购每个部件要便宜很多，避免了板卡同主板间经常出现的接触不良现象，简化了机箱内部结构、节省了空间，同时还节省了主板上的外部接口资源。集成主板上的部件一般都是市场上使用量最大的芯片，主要面向一般的用户群，而对于显示、声音、网络通信方面质量要求较高的用户，则不适用。

2. 根据需求，确定微机配置方案

在对组成微机硬件系统的各个部件有了充分的了解后，就可以考虑选购微机了。选购微机时首先需要分析一下自己对微机的现实与潜在的需求，并结合预算的经费进行市场调查，综合分析各商家的部件报价后，拿出一个理想的微机配置方案。

图 1-18 集成式主板

小明所配的计算机主要需求可概括为：学习计算机的硬件知识；支持各种应用软件；可学习编程；不用于游戏；可与其他同学的计算机联网；由于使用率高，必须考虑保护视力的问题；在总价格上应不超过 4000 元。

小明通过电脑城很多商家拿回了报价单，在权衡后，他拿出了自己的配置方案。配置方案如表 1-3 所示。

表 1-3 组装计算机配置表

<table>
<tr><th colspan="5">装机配置清单</th></tr>
<tr><td>需求</td><td colspan="4">学习计算机的硬件知识；支持各种应用软件；可学习编程；不用于游戏；可与其他同学的计算机联网；由于使用率高，必须考虑保护视力</td></tr>
<tr><td>预算</td><td colspan="4">4000 元</td></tr>
<tr><td>序号</td><td>部件名称</td><td>型号名称</td><td>是否板载</td><td>价格</td></tr>
<tr><td>1</td><td>机箱与电源</td><td>多彩（Delux）尖兵 DY908 中塔套装（含电源）</td><td></td><td>350</td></tr>
<tr><td>2</td><td>主板</td><td>华硕（ASUS）F2A85-V（AMD A85X/Socket FM2）主板</td><td></td><td>700</td></tr>
<tr><td>3</td><td>CPU</td><td>AMD APU 系列 四核 A10-5800K（盒）</td><td></td><td>730</td></tr>
<tr><td>4</td><td>内存条</td><td>金士顿 4GB DDR3 1600</td><td></td><td>300</td></tr>
<tr><td>5</td><td>显示卡</td><td></td><td>是</td><td></td></tr>
<tr><td>6</td><td>显示器</td><td>AOC E2450 SWD23.6 英寸宽屏 LED</td><td></td><td>820</td></tr>
<tr><td>7</td><td>硬盘</td><td>希捷 1TB ST1000DM003 7200 转 64M SATA 6GB/ 秒</td><td></td><td>400</td></tr>
<tr><td>8</td><td>光驱</td><td>先锋（Pioneer）DVR-221CHV 24 速 串口 DVD 刻录机</td><td></td><td>120</td></tr>
<tr><td>9</td><td>声卡</td><td></td><td>是</td><td></td></tr>
<tr><td>10</td><td>键盘</td><td rowspan="2">雷柏（Rapoo）X336 多媒体光学键鼠套装</td><td rowspan="2"></td><td rowspan="2">160</td></tr>
<tr><td>11</td><td>鼠标</td></tr>
<tr><td>12</td><td>打印机</td><td></td><td></td><td></td></tr>
<tr><td>13</td><td>扫描仪</td><td></td><td></td><td></td></tr>
<tr><td>14</td><td>数码相机</td><td></td><td></td><td></td></tr>
<tr><td>15</td><td>数字摄像头</td><td></td><td></td><td></td></tr>
</table>

（续）

序号	部件名称	型号名称	是否板载	价格
16	USB 盘	金士顿（Kingston）DT100G3 16GB USB 3.0		60
17	网卡		是	
18	音箱	漫步者（EDIFIER）X400 声迈系列 2.1 声道 多媒体音箱		260
总计				3900

表 1-3 可用于对各种档次的组装计算机配置，如果还有其他部件在表格中未出现，可以再自行添加到列表中，确定配置方案后，按照配置选购各种部件，选购时注意具体价格和对部件的售后服务情况。

3. 动手组装计算机

在所有微机部件全部到位后，就可以开始动手组装计算机了。组装计算机之前需要了解计算机机箱内部与外部的各种接口与连线，然后再动手连接和组装。

（1）微机各类部件接口和连接方法

微机的各个独立部件之间必须经过连接才能相互协作，体现微机整体功能。了解每一类部件的接口形式和连接方法是组装计算机的基础技能。

组装微机的过程分为两个主要阶段，第一阶段完成机箱内部所有部件的安装和连接，第二阶段完成机箱外部的插口连接。

1）部件在机箱内部的各种接口和连线。

机箱面板接线

机箱内部设置了几种接线以使在外部就能了解微机的运行状态。这些接线包括电源指示灯线、硬盘指示灯线、内部扬声器线、前置 USB 接口线、电源开关线、重启动开关线。提供的这些线在机箱前端的面板上对应有指示灯或按钮。这些线都与主板上相应的针形插口相连，各种连线如图 1-19 所示。

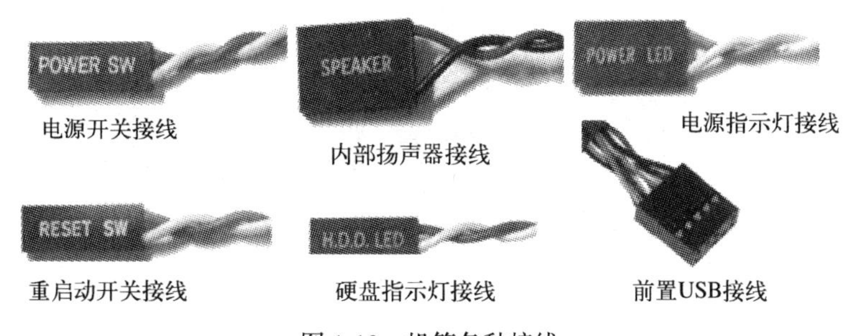

图 1-19　机箱各种接线

电源接头

电源通过内部的变压器将普通交流电转换为低压直流电输出，主要给主板和外存储设备供电。主要的输出接头有以下几种：20 芯主板电源接头、4 芯电源接头、4 芯 IDE 电源接头、4 芯软驱接头，有的高档电源也为专业级的显卡提供 6 芯的专用电源接口。除了这些固定提供的电源接口外，还可以选用电源转接线，将 4 芯的 IDE 电源转换为需要的接头。电源的接头形式如图 1-20 所示。

主板上各种接口

主板用于连接各种微机部件，它提供了多种多样的接口，方便用户的使用，同时也为将来的升级换件提供条件。认识和连接主板上的各种接口是组装微机的主要工作。主板上的接口可以归纳为以下几类：CPU 插槽、内存条插槽、ATX 主板电源接口、P4 CPU 电源接口、PCI 扩展插槽、IDE 设备插槽、软驱插槽、SATA 硬盘接口、AGP 插槽或者 PCI-E 插槽、CPU 或显卡散热器电源接口、机箱上的 Power SW/Reset SW/Power LED/Speaker/HDD LED/ 前置 USB 接口 /COM 串行口外置接口等。主板上的各种主要接口如图 1-21 所示，其余接口如图 1-22 所示。

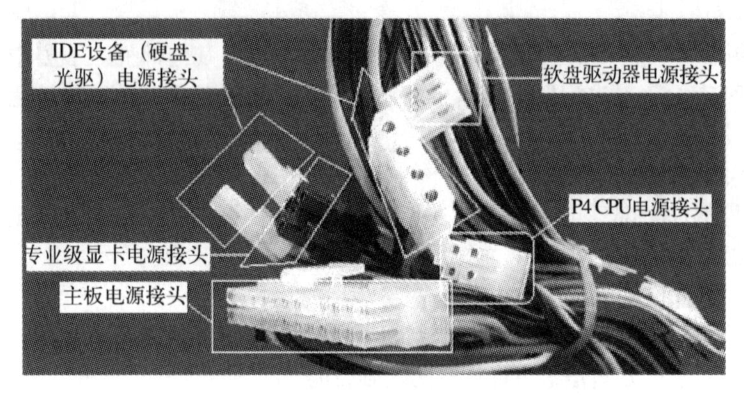

图 1-20　电源各种接头

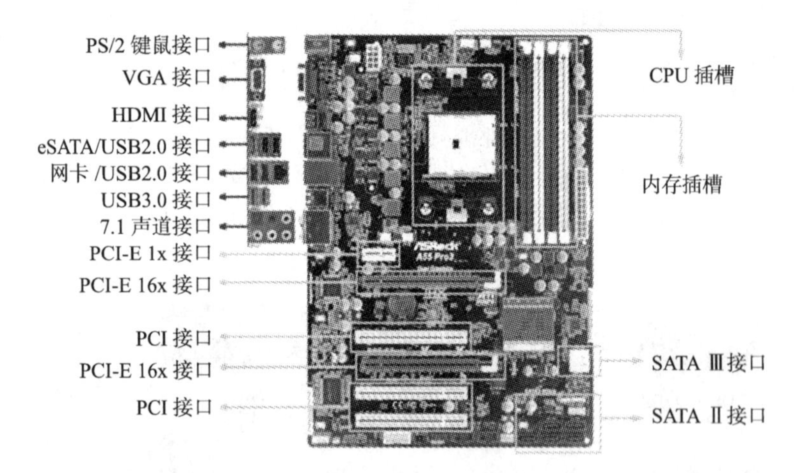

图 1-21　主板上的主要接口图

在主板的接口中，PCI 扩展插槽是一种通用外设接口规范，主要用于接插显卡、声卡、网卡以及各种多媒体的扩展设备。由于 PCI 扩展插槽对于高速显示有些带宽不足，为提高显示带宽，推出了 AGP 的扩展插槽，在相当长的时期内，AGP 已经成为高档显卡的接口标准。随着应用的进一步发展，AGP 的标准又受到了带宽的限制，目前新的替代标准为 PCI-E 扩展插槽，许多主板上现在都只提供 PCI-E 接口。

图 1-22　主板其他接口

IDE 设备插槽用于同硬盘或光驱连接，而由于这些设备总是连在 IDE 接口上，统称为 IDE 设备。每个 IDE 设备插槽只能最多连接一主一从两个 IDE 设备。IDE 插槽提供同设备的数据线连接，除此之外，IDE 设备还需要连接电源。对于高速硬盘来说，IDE 插槽的速率显得带宽不足，目前在主板上一般都提供另外一种硬盘接口 SATA，不过由于 IDE 接口的通用性，很多主板都采用了 IDE 与 SATA 接口并存。

硬盘、光驱接口

硬盘、光驱的接口包括数据线接口和电源线接口。其中硬盘分为 IDE 接口与 SATA 接口两种规格。在选购硬盘时，应注意观察主板上是否支持 SATA 接口，若主板上无 SATA 接口，就不能选购 SATA 接口硬盘。

IDE 硬盘、光驱的数据线接口经过连线同主板的 IDE 接口相连接。硬盘、光驱的电源线接口如图 1-20 所示。由于硬盘和光驱属于 IDE 设备，而 1 个 IDE 接口可以接一主一从两个 IDE 设备，因此为识别主从顺序，在 IDE 设备上提供了主从跳线，在连接两个设备时，必须按照设备上的跳线标识分别设置为一主一从模式，否则微机将无法正确识别。对于 SATA 接口硬盘，其数据线接口经过连线同主板上提供的 SATA 接口连接。IDE 硬盘、SATA 硬盘、光驱的接口形式和接线如图 1-23 所示。

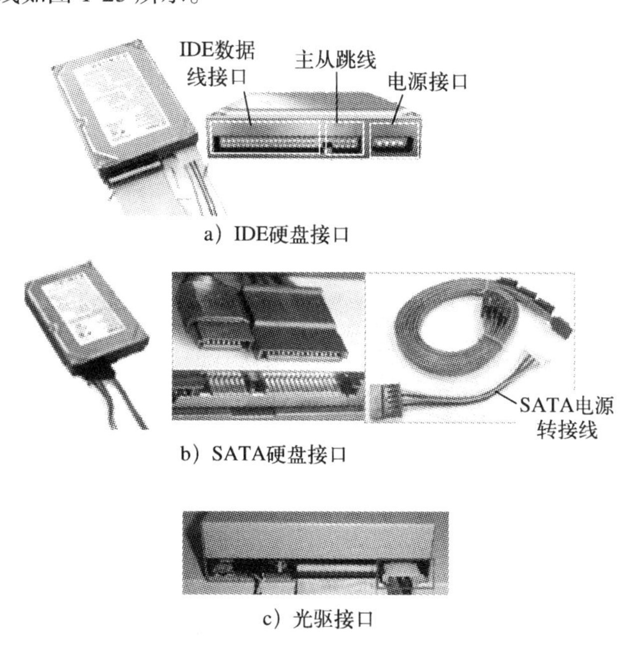

a）IDE硬盘接口

b）SATA硬盘接口

c）光驱接口

图 1-23　硬盘、光驱接口

2）机箱外部的插口和连线。

各个部件除了在机箱内部连接之外，在机箱外部也需要连接。认识和连接每个部件提供的外部接口，也是组装计算机的重要环节。微机外部接口集中在机箱后部，如图 1-24 所示。

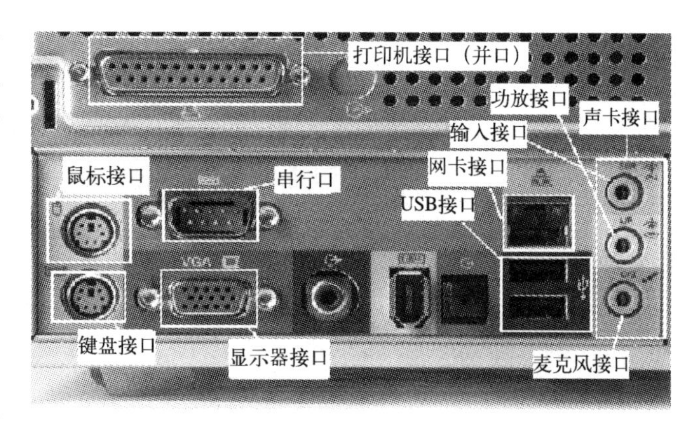

图 1-24　机箱外部接口

（2）微机的硬件组装

1）做好组装前的准备工作。

微机硬件组装的主要工具为十字螺丝刀、平口螺丝刀、镊子、尖嘴钳子、硅胶、小盘子（放暂时拧下的螺丝)。在组装前还要进行部件检查，按照组装清单，对所有部件进行一一核实，并按照不重叠的原则排列好。

2）机箱内部安装与连线。

- 在无静电的环境下，在主板上的 CPU 插座中安装 CPU。
- 在 CPU 上安装散热风扇，在安装时使用硅胶使连接紧密。
- 在主板上内存插槽中安装内存条。
- 打开机箱，并将机箱平放，使得主板托板平行于地面。
- 将主板固定到机箱的托板上。
- 卸下机箱的接口挡条，在 AGP 或 PCI-E 接口中安装显卡。
- 利用同样的方法在 PCI 插槽中安装声卡与网卡。
- 将硬盘、光驱在机箱上特定位置进行固定。
- 在机箱中安放电源。
- 将主板电源接口与电源接头连接。
- 将硬盘与光驱的数据线与电源线分别与主板上的接口和电源上的接头连接。
- 将机箱上的各种状态或开关接线与主板上针形接口相连。
- 将机箱封盖，机箱内部连接完成。

3）机箱外部连线。

- 将显示器连接到 VGA 接口。
- 将麦克风、功放同声卡接口连接。
- 连接打印机到并口。
- 连接键盘与鼠标。
- 连接其他 USB 设备，如扫描仪、数码相机等。

4）开机检测。

打开计算机电源，按下 Del 键进入计算机的 CMOS 程序，检测计算机识别的硬件信息。

三、实验体验

1. 题目

小明现在需要为自己的家庭配置一台计算机。考虑到每一位家庭成员的需要，除了一般办公需要外，还要考虑家庭上宽带网、3D 游戏、电影、资料的刻录等需要。

2. 目的与要求

按照以上的过程完成实验题目。要求所有的价格以 2014 年的最新报价为准。提供两种可以选择的配置方案，一种是经济型，一种是高端型。经济型的不超过 4000 元，高端型的不超过 8000 元。

实验二　键盘指法与字符输入

一、实验案例

小张同学来自农村，在上大学之前没有接触过计算机。上大学后，看到周围同学熟练地使用计算机，在网上和以前的同学聊天，交流对大学生活的感想，他也很想和这些同学一样“键指如飞”。他了解到计算机键盘是计算机的主要输入设备之一，熟练使用键盘是应用计算机的基础。因此，他非常想了解计算机键盘的基本工作原理及键盘的基本键位布局和用途、正确的坐姿与基础指法以及常用的汉字输入法。

二、实验指导

1. 预备知识

（1）计算机键盘基本工作原理

键盘是计算机最重要的输入设备，是人与计算机之间的接口，它可以通过精心设计的一组字母、数字与功能按键的标准排列，实现信息的输入。

键盘的核心部分是键盘内部的电路。键盘内部电路由 3 个主要部分组成：键盘时钟发生器、键盘微处理器和矩阵式按键开关电路。在矩阵式按键开关电路中，所有按键按照行与列排列，每个按键设置一个开关电路，键盘按下时，在行向和列向分别产生信号。

键盘时钟发生器以固定的频率（20 ～ 30kHz）触发键盘微处理器执行按键扫描，当未出现按键时，微处理器忽略不处理。当出现按键时，键盘微处理器则向矩阵式按键开关电路按照行向和列向依次进行查询，得到唯一标识按键位置的行列组合编码，即扫描码。微处理器再经过接口电路将键盘扫描码送往计算机的键盘驱动程序。在键盘驱动程序中，将扫描码转换为对应的 ASCII 码或特殊控制码，送入计算机的键盘缓冲区中。

键盘产生按键信号有两种方式：单键方式和连发方式。单键方式是指当按下键立刻释放时，键盘向计算机中送出一个按键信号的方式。而按下键不释放时，键盘会以一定的延时持续发送该按键的方式，称为连发方式。键盘按键处理过程如图 1-25 所示。

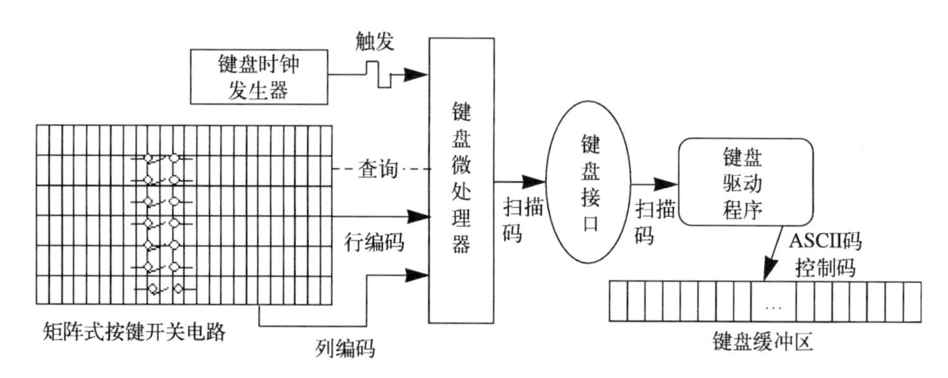

图 1-25　键盘工作原理示意图

（2）键盘键位布局与按键功能

为了方便 Windows 操作系统的使用，计算机键盘在设计上也进行了多次调整。习惯上总是根据按键的个数说明键盘的类型，如最初使用的键盘按键数为 83 个，称为 83 键盘。继 Windows 之后，又出现了 101 键盘、104 键盘，而现在普遍使用的是 107 键盘。各种键盘尽管按键个数不相同，但其按键的排列布局是基本一致的。下文中出现的键盘如无特殊说明皆指 107 键盘。

键盘总体布局

熟悉键盘，应了解键盘的总体布局情况。总体上，键盘分为主键盘区、数字小键盘区、功能键区、光标控制区、电源管理键区。主键盘区可分为两个部分，第一部分是 ASCII 码字符区，对应 ASCII 码字符集中的所有可显示字符，第二部分是组合键与控制键；数字小键盘区为经常输入各种数字或数值计算的用户设计，可集中进行数字相关的输入；功能键区常用于关联软件的各种功能；光标控制区键位用于光标在文档中的各种定位与控制；电源管理键区设置的按键用于软关机或系统的睡眠与唤醒等功能。

键盘按键功能

在键盘上的每个按键都有其特定的符号和作用，掌握这些按键的常规功能是我们操作计算机的基础。如表1-4所示列出了按键及其常用功能，以备用户参考和加强记忆。

表1-4 常用按键及其功能一览表

按键符号	按键名称	按键功能	操作方法
Shift	上档键（或换档键）	控制输入双字符键的上位字符；控制临时输入英文字母的切换大小写字符	按住Shift键不放，按下双字符键；按住Shift键不放，同时按下字母键
Caps Lock	大小写开关键	字母大小写输入的开关键	按下，对应指示灯亮，输入大写字母；灯灭则输入字母小写
Num Lock	数字开关键	数字小键盘区，数字输入和编辑控制状态之间的开关键	按下，对应指示灯亮，输入数字；灯灭则输入剪辑键
A～Z	字母键	对应大小写英文字母	同Shift、Caps Lock键组合输入大小写字母
0～9	数字键	对应十进制数字符号	通过主键盘上排或小键盘在数字输入模式输入
其他符号	符号键	对应ASCII码除字母、数字外的各种符号	下档键直接输入，上档键配合Shift键输入
Ctrl	控制键	与其他键组合使用，能够完成一些特定的控制功能	按住Ctrl键不放，再按下其他键
Alt	转换键	与其他键合用时产生一种转换状态；Alt键与数字小键盘ASCII值组合输入ASCII码	按住Alt键不放，再按下其他键；按住Alt键不放，在数字小键盘数字状态下输入ASCII值
空白键	空格键	输入空格ASCII码	直接按键
Enter	回车键	启动执行命令或产生换行	在主键盘或小键盘处直接按键
Backspace	退格键	光标向左退回一个字符位，同时删掉位置上的原有字符	直接按键
Tab	制表键	控制光标右向跳格或左向跳格	直接按键右向跳格；按下Shift键后，按键左向跳格
	Windows键	快速打开Windows的“开始”菜单或同其他键组合成Windows系统的快捷键	直接按键或者按住Windows键不放，然后按下组合键
	应用程序键	快速启动操作系统或应用程序中的快捷菜单或其他菜单	直接按键，弹出快捷菜单
Insert	插入/改写键	在编辑文本时，切换编辑模式。插入模式时输入追加到正文，改写模式输入替换正文	按键后在两种模式间切换，在编辑区或数字小键盘处于编辑键模式下按键
Delete	删除键	删除光标位置上的一个字符，右边的所有字符各左移一格	直接按键，在编辑区或数字小键盘处于编辑键模式下按键
Home	行首键	控制光标回到行首位置	
End	行尾键	控制光标回到行尾位置	
PgUp	前翻页键	屏幕显示内容上翻一页	
PgDn	后翻页键	屏幕显示内容下翻一页	
↑	光标上移键	光标上移一行	
↓	光标下移键	光标下移一行	

（续）

按键符号	按键名称	按键功能	操作方法
←	光标左移键	光标左移一字符	直接按键，在编辑区或数字小键盘处于编辑键模式下按键
→	光标右移键	光标右移一字符	
F1 ～ F12	功能键	与应用软件的功能相挂接	直接按键
Esc	取消键	退出或放弃操作	直接按键
Print Screen	屏幕硬拷贝键	DOS 环境，打印整个屏幕信息；Windows 环境，整个屏幕的显示作为图形存入剪贴板；同 Alt 键组合，复制当前窗口显示作为图形存入剪贴板	DOS 环境下直接按键；Windows 环境下直接按键；按住 Alt 键不放，再按下 Print Screen 键
Scroll Lock	滚动锁定键	现在已经基本不用	
Pause/Break	暂停键	用于暂停程序执行或暂停屏幕输出	直接按键
（唤醒键图标）	唤醒键	使 Windows 从睡眠状态启动	
Z^Z	睡眠键	使 Windows 进入睡眠状态	
（关机键图标）	关机键	向 Windows 发关机命令	

（3）坐姿和指法标准

1）保持标准坐姿，养成良好习惯。

为快速、准确地输入信息，同时也不会产生疲劳，应该符合人体工程学需要，在键盘操作时保持正确标准的姿势。

- 调整座椅使其达到合适的高度和舒适度，身体坐直或稍微倾斜，使座椅的靠背完全托住用户的后背，双脚平放在地板或者脚垫上。
- 调整显示器到视线的正前方，距离刚好是手臂的长度。颈部要伸直，不能前倾。屏幕的顶部与眼睛保持同一高度，显示器稍微向上倾斜。
- 两肩齐平，上臂自然下垂并贴近身体，胳膊肘成 90 度（或者稍微大一点）。前臂和手应该平放，两手放松。手腕处于自然位置，既不向上，也不向下，既不向左，也不向右。手指自然弯曲轻轻放在基准键上。

图 1-26　正确坐姿示意图

正确的计算机操作坐姿如图 1-26 所示。

2）指法标准。

为实现快速的键盘输入，必须掌握正确的指法。所谓指法，就是依据键盘键位的位置，将每个按键按照特定的规律，分派到十个手指上的键盘操作方法。掌握了正确的指法，就可以保证输入时各手指分工明确、有条不紊，熟练后更可以默记于心，达到不看键盘也可以输入的效果。根据主要输入区域的不同，指法可以分为“主键盘指法”、“数字小键盘指法”。

主键盘指法

主键盘区是日常操作中使用最为频繁的按键区域，也是提高输入速度的关键。主键盘区共分五排，因此将中间一排设定为基准键位区，并将手指初始摆放的位置称为基准键位。主键盘区基准键位如图 1-27 所示。当手指离开基准键位按键输入后，应即时回到基准键位。为帮助盲打时基准键位的定位，在两个食指基准键“F”和“J”上设计了突起，可通过触觉感知。

以基准键位为基础，指法要求对主键盘所有按键分派到左右两手的十个手指上，具体分派的情况如图 1-28 所示。每个手指负责所分配的键位的按键操作。组合键（如 Shift 键、Alt

键、Ctrl 键）两手都可以使用。

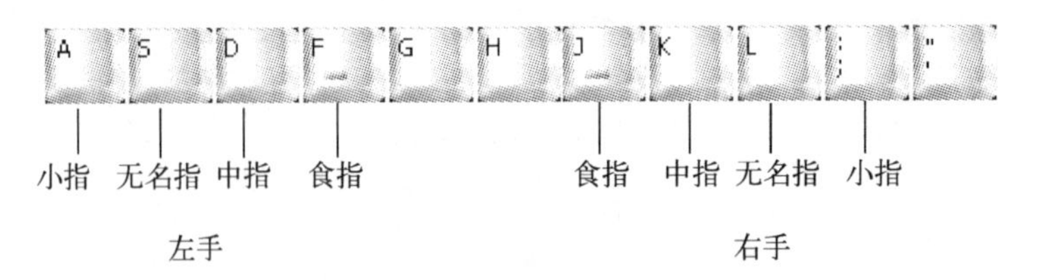

图 1-27　主键盘基准键位定位图

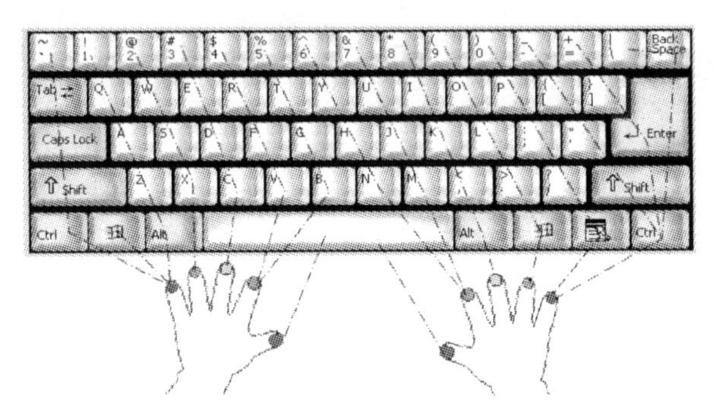

图 1-28　主键盘指法示意图

数字小键盘指法

数字小键盘区是数字键与编辑键的复合键区，由 Num Lock 键控制切换。当 Num Lock 键按下（Num Lock 灯亮）时，切换到数字键模式，否则，处于编辑键模式。

在数字键模式下，数字小键盘的指法如图 1-29 所示。小键盘由右手操作，它的基准键位是“4”、“5”、“6”、“+”，其中在“5”键位处设计一个突起，用于盲打定位。

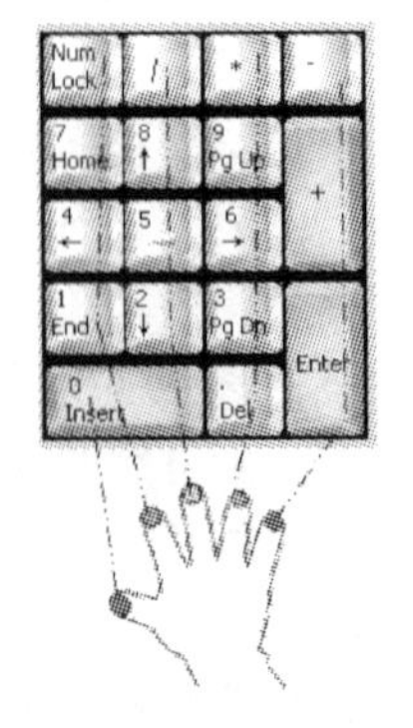

图 1-29　数字小键盘指法示意图

（4）Windows 汉字输入法与大字符集支持

输入汉字需要中文输入法支持，安装 Windows 系统后可选择的汉字输入方法有“微软拼音输入法”、“智能 ABC 输入法”、“全拼”、“郑码”和“内码”输入法等。

其中，“微软拼音输入法”、“智能 ABC 输入法”、“全拼”是基于读音的汉字输入方法，而“郑码”则是基于字形的汉字输入方法。由于基于读音的汉字输入法学习简单，因此有着广泛的使用群体。但由于在一个读音下存在多个汉字，必须进行选择，因此输入速度不可能很快，对于一般的应用可以胜任，但对于专业的打字员则不适合。专业的打字员基本上使用基于字形的汉字输入法，如“郑码”或国内最流行的“五笔字型码”。

在 Windows 中，相比之下“微软拼音输入法”、“智能 ABC 输入法”是输入效率比较高的汉字输入法，各有优缺点，熟练掌握一种对于日常应用非常重要。在日常的使用中，汉字的输入效率还取决于词组的选用，因此在练习单个汉字输入的同时，更重要的是练习汉字词组的输入技巧。

（5）打字训练软件“3L 打字训练”使用介绍

练习键盘指法最好的方法是使用打字训练软件。打字训练软件通过设置循序渐进式的训练内容，有计划地提高用户的键盘输入水平；软件还可以对用户输入的速度进行测试，随时掌握训练的进度和成果；也可以通过在屏幕上显示虚拟键盘，使用户顺利过渡到盲打阶段。

3L 打字训练软件（v1.01）是一款界面友好、操作简洁、训练目标明确、功能完善的打字训练软件，是初学者作为键盘输入练习的理想工具。

启动软件

软件在安装后，可以从“开始”菜单找到“程序”中的“3L 软件”程序组，启动其中的“3L 打字训练 v1.01”；或者在 Windows 桌面上找到“3L 打字训练 v1.01”快捷方式并启动。启动后，出现用户登录界面，如图 1-30 所示，在输入栏中输入自己的名字然后按 Enter 键，进入软件主界面。

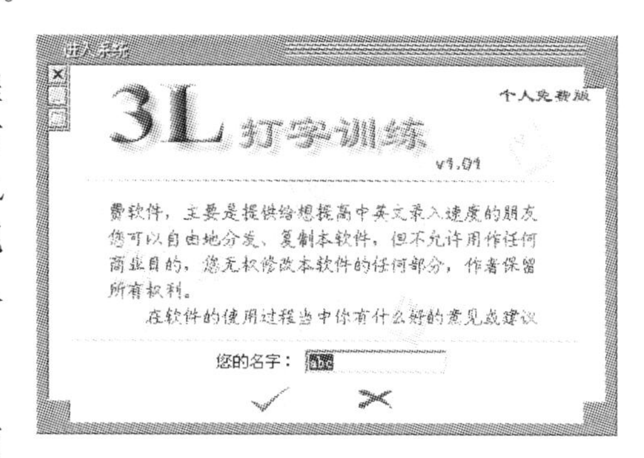

图 1-30　3L 打字训练软件启动登录界面

主操作界面

软件的主操作界面是完成打字训练的控制窗口。窗口由打字提示区、键盘提示区、功能按钮区和计时区组成，如图 1-31 所示。打字提示区显示当前要练习的打字内容。具体内容的选择需要通过“打字环境设置 ”窗口进行设置，见下文所述。键盘提示区显示一个虚拟键盘，供用户练习盲打的过程中适应键盘使用。

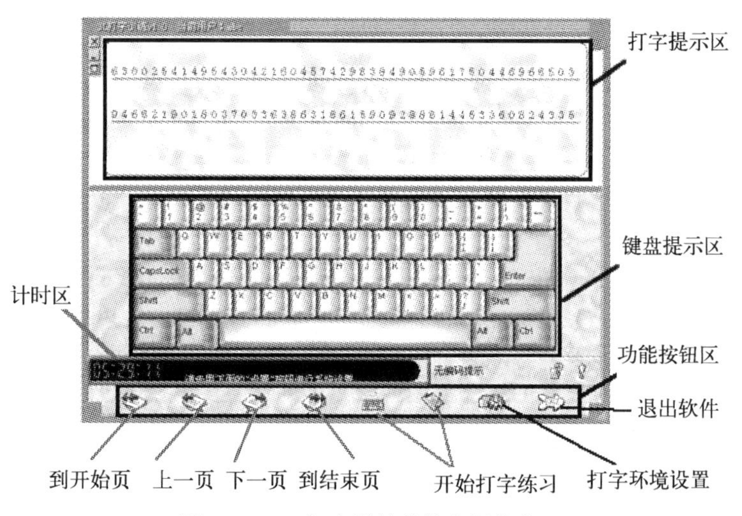

图 1-31　3L 打字训练软件主操作窗口

开始打字练习时，按下“开始做打字练习”或“开始做打字测试”按钮，当按下任意键后，计时区开始正式计时，在这个过程中可以随时中断、继续练习或结束练习。练习中，可以随时看到打字正确率与当前打字的速度。当打字计时结束后，软件自动对打字的水平进行考核。

设置主窗口的外观

在开始进入打字练习之前，首先需要对主窗口的外观以及打字练习的内容进行设置，在主窗口的“打字环境设置”按钮按下后进入设置窗口。设置窗口如图 1-32 所示。

进入设置窗口后，可以对颜色、背景或布局进行设置。设置后，主窗口自动刷新，按照新的参数显示。设置合适的外观将有助于降低长时间练习时的视觉疲劳。

- 颜色设置：在“设置”窗口中，选择“颜色”选项卡，进入颜色设置，如图 1-32 所示，其中可以对主窗口的外观颜色及其字体进行设置。主要的设置项与显示效果对应关系如表 1-5 所示。

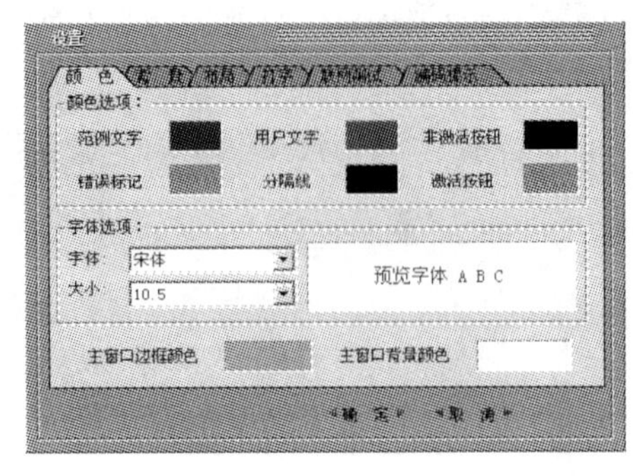

图 1-32　颜色设置选项

表 1-5　主窗口颜色设置显示效果表

设置项目	对应显示效果
主窗口边框颜色	窗口的标题条和外边框
主窗口背景颜色	打字显示区提示框外部的区域
范例文字颜色	提示文字的颜色
用户文字	输入的文字颜色
分隔线颜色	提示文字下线的颜色
字体和大小	显示文字与输入文字的字体和大小

- 背景设置：在“设置”窗口中，选择“背景”选项卡，进入背景设置，如图 1-33 所示，其中可以对文字区或功能区的背景进行设置。文字区背景即提示文字区的背景，功能区的背景即窗口底部的背景。背景可以是图像或是单纯的颜色。要改变背景图像，可单击“选择图像”按钮，选择需要更换的图像文件。只需要显示为单颜色时，勾选“使用单色”复选框，同时单击“选择颜色”按钮，选取合适的颜色。
- 布局设置：在“设置”窗口中，选择“布局”选项卡，进入布局设置，如图 1-34 所示。通过调整“左边距”、“上边距”、“右边距”和“下边距”，可以调整文字在文字提示区出现的四界位置。通过调整“字间距”，可以对文字之间的间隔距离进行设置。

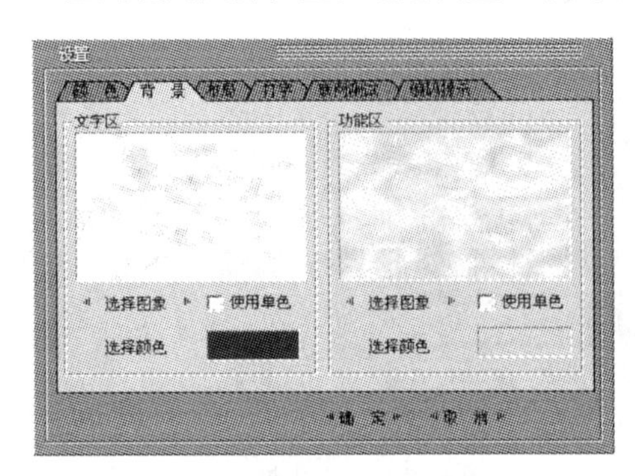

图 1-33　背景设置选项

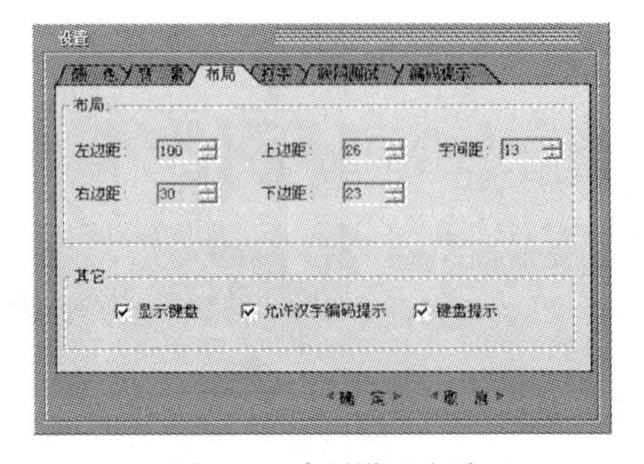

图 1-34　布局设置选项

在开始练习打字时，由于对键位尚不能完全记忆，可以勾选“显示键盘”复选框，在打字的同时屏幕上会有键位的提示，当完全熟悉键位之后，则最好将其关闭。同样可以通过“键盘提示”复选框对当前按键进行提示。当用户对所练习的汉字输入法尚不能完全（如五笔字型）掌握时，也可以通过“允许汉字编码显示”复选框控制汉字的输入编码提示，但具体提示的编码则需要通过“编码提示”选项卡进行设置。

设置练习内容

3L 打字练习软件提供了多个打字练习阶段的范围，供打字时选取。从设置窗口中选择“打字”选项卡，进入打字设置，如图 1-35 所示。

如果在“现有以下内容可供选择”列表框中未发现可供选择的项目，则需要手工设置范文所在的目录。单击“选择目录”按钮，将打开“浏览文件夹”对话框，出现 1-36 所示，选择目录“C:\Program Files\3LTyping\data”，确定后则所有范文目录将出现在列表框中。

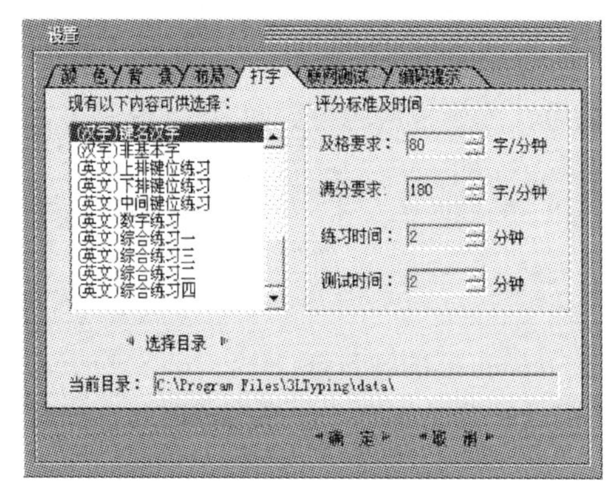

图 1-35　打字内容设置窗口

图 1-36　“浏览文件夹”对话框

首先需要按照当前的练习进度选择合适的练习内容。在列表框中，可以按照先西文、数字，后汉字、词组的方法进行选择练习。在练习西文时，应先选择“中间键位练习”以练习基准键位。

在选取练习范文之后，可以对相应的打字练习时间和评分标准进行设定。“练习时间”与“测试时间”选项可对本次练习或测试的时间进行设置。练习时间对应“开始做打字练习”按钮；测试时间对应“开始做打字测试”按钮。“及格要求”与“满分要求”则是对打字标准进行设置，在计时完成后，软件将根据该处设置的标准对用户综合评分。

编码提示设置

在输入汉字时，可以选择拼音或五笔输入方法，在练习时，3L 训练软件可以设置提示输入码的功能，帮助用户循序渐进地加强练习效果。

在设置窗口中选择“编码提示”选项卡，进入编码提示设置，如图 1-37 所示。根据当前使用的输入方法，按下“选择编码文件”按钮，弹出文件选择对话框，定位到文件夹“C:\Program Files\3LTyping\data”，出现三种可选的输入码：“全拼”、“双拼”、“五笔”，从中选择同练习一致的编码提示文件，如“全拼编码 .cod”，确定后，则在练习过程中当前提示输入的汉字的输入码随时显示在主窗口计时区的右边。

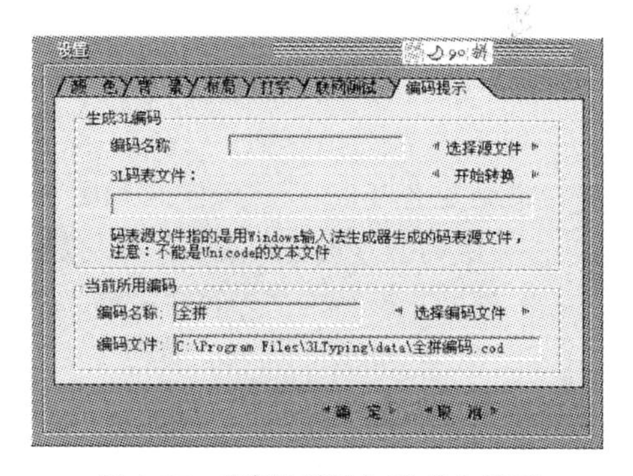

图 1-37　“编码提示”选项卡设置

2. 主键盘指法练习

1）在 Windows 中启动“3L 打字训练 v1.01”。

2）在“3L 打字训练”软件的登录界面中输入自己的中文姓名，进入软件主界面。

3）单击主界面中的“进行系统设置“按钮，按照自己的喜好进行颜色、背景、布局等主界面的外观设置，直到眼睛感觉舒适为止。

4）再次单击主界面中的“进行系统设置”按钮，进入设置窗口，进行打字内容的设置。

设置打字内容到“(英文）中间键位练习”

在“现有以下内容可供选择”的列表框中选择“(英文）中间键位练习”。若列表中未出现可选择项，请先参考预备知识，设置打字内容目录到范文所在目录。

设置打字评分标准与时间

根据教师要求的标准和时间设定，在此参考设定为及格为 70 分，满分为 120 分，时间为 20 分钟。

5）回到主界面，开始进行打字练习。反复练习，直到报告的分数超过 80 分后再进行后续的练习。

6）选择内容“(英文）上排键位练习”、“(英文）下排键位练习”、“(英文）综合练习一”，分别按照第 4）、5）的步骤要求进行练习。

3. 数字小键盘练习

1）在 Windows 中启动“3L 打字训练 v1.01”，并以自己的姓名登录。

2）设置练习内容到“(英文）数字练习”，并按教师要求设定评分标准和时间，在此参考设定为及格为 70 分，满分为 120 分，时间为 20 分钟。

3）反复练习，直到报告的分数超过 80 分后再进行后续的练习。

4）打开计算器，用数字小键盘在计算器中完成以下计算：

（123+456*5-260）/4

（35.67*49.36）+（357.01/12.4）-34.5

（78.3+92.59/23*32）*75.3-83.3*237

（84+79+69+88+92+73+82+68+99+83+81）/11

4. 汉字输入指法练习

1）在 Windows 中启动“3L 打字训练 v1.01”，在出现的登录窗口中切换到自己练习的输入方法中，然后输入姓名并登录。

2）设置练习内容到“(汉字）常用 1500 字”，并按教师要求设定评分标准和时间，在此参考设定为及格为 60 分（30 个汉字)，满分为 100 分（50 个汉字)，时间为 20 分钟。

3）反复翻页练习，直到报告的分数超过 80 分后再进行后续的练习。

4）设置练习内容到“(汉字）综合练习二”，并按教师要求设定评分标准和时间，在此参考设定为及格为 90 分，满分为 140 分，时间为 30 分钟。

5）以词组方式输入汉字，反复翻页练习，直到报告分数达到 80 分。

5. 特殊字符与大字符集汉字输入

1）从 Windows“开始”菜单选择“程序”|“附件”|“记事本”命令，打开记事本。

图 1-38　虚拟键盘示意图

2）切换到全拼输入法，如图 1-38 所示，在虚拟键盘上右击，在弹出的快捷菜单中选择希腊字母，在其中输入希腊字符：“ α ”、“ β ”、“ δ ”、“ π ”、“ λ ”。选择单位符号，在其中输入货币符号：“￥”、“ $ ”、“ £ ”。

3）选择其他符号，分别认识和输入其中的符号。

4）在全拼输入法下输入“禔（zhi)”、“翀（chong)”、“喆（zhe)”、“懋（mao)”、“碶（qi)”、“镕（rong)”、“堃（kun)”、“霑（zhan)”，并在智能 ABC 输入法下看是否能输入这些汉字。

6. 常用的拼音输入法简介

拼音输入法层出不穷，但真正在用户群中广泛使用的拼音输入法却屈指可数，比如搜狗（sogo）拼音输入法，如图 1-39 所示；微软拼音输入法，如图 1-40 所示；QQ 拼音输入法，如图 1-41 所示。

需要说明的是，除了微软拼音输入法外，其余两款输入法都具备了换肤功能，这里所列的只是它们的默认皮肤。

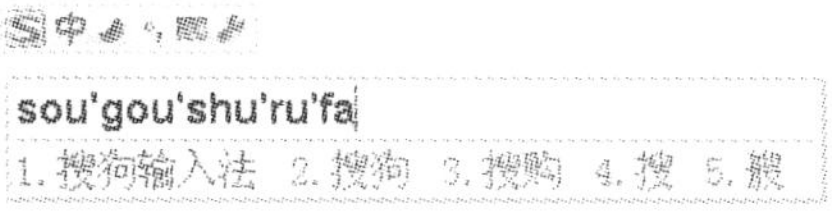

图 1-39　搜狗（sogo）拼音输入法

图 1-40　微软拼音输入法

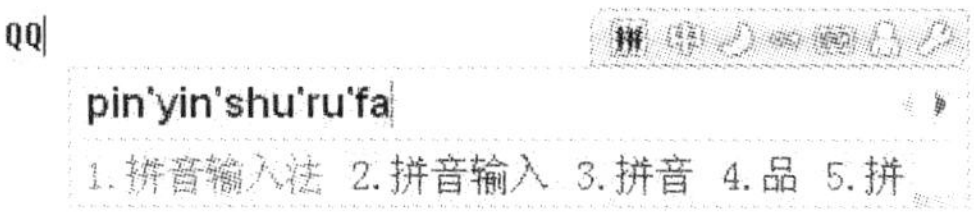

图 1-41　QQ 拼音输入法

三、实验体验

1. 题目

- 通过浏览器从网络中搜索一篇英语文章和一篇中文文章，并分别粘贴到记事本中，保存成文件“英语文章.txt”和“中文文章.txt”，然后复制到“C:\Program Files\3LTyping\data”中。
- 启动 3L 打字训练，并将打字内容分别设置到“英语文章”、“中文文章”，测试打字速度和分数。

2. 目的与要求

- 熟悉键盘的基本键位布局及用途。
- 掌握正确的坐姿与基础指法。
- 按照基础指法，能够熟练输入 ASCII 码字符。
- 选用一种汉字输入法，能够熟练输入常用汉字和词组。
- 掌握输入特殊符号与大字符集汉字的方法。

第 1 章自测题

一、单项选择题（每题 1 分，共 45 分）

1. 办公室自动化（OA）是计算机的一项应用，按计算机应用的分类，它属于________。
   A. 实时控制　B. 科学计算　C. 信息处理　D. 辅助设计
2. 下列的英文缩写和中文名字的对照中，正确的是________。
   A. CAM——计算机辅助教育　B. CAD——计算机辅助设计
   C. CAI——计算机辅助制造　D. CIMS——计算机集成管理系统
3. 计算机技术应用广泛，以下属于科学计算方面的是________。
   A. 信息检索　B. 火箭轨道计算　C. 图像信息处理　D. 视频信息处理
4. 世界上公认的第一台电子计算机诞生的年代是________。
   A. 20 世纪 30 年代　B. 20 世纪 40 年代
   C. 20 世纪 40 年代　D. 20 世纪 80 年代

5. 按电子计算机传统的分代方法，第一代至第四代计算机依次是________。

A. 机械计算机，电子管计算机，晶体管计算机，集成电路计算机

B. 电子管计算机，晶体管计算机，小、中规模集成电路计算机，大规模和超大规模集成电路计算机

C. 手摇机械计算机，电动机械计算机，电子管计算机，晶体管计算机

D. 晶体管计算机，集成电路计算机，大规模集成电路计算机，光器件计算机

6. 用 8 位二进制数能表示的最大的无符号整数等于十进制整数________。

A. 255　B. 127　C. 256　D. 128

7. 十进制数 100 转换成无符号二进制整数是________。

A. 01100110　B. 0110101　C. 01101000　D. 01100100

8. 在一个非零无符号二进制整数之后添加一个 0，则此数的值为原数的________。

A. 1/4 倍　B. 2 倍　C. 1/2 倍　D. 4 倍

9. 一个完整的计算机系统的组成部分的确切提法应该是________。

A. 计算机主机、键盘、显示器和软件　B. 计算机硬件和系统软件

C. 计算机硬件和应用软件　D. 计算机硬件和软件

10. 运算器的完整功能是进行________。

A. 逻辑运算　B. 逻辑运算和微积分运算

C. 算术运算和逻辑运算　D. 算术运算

11. 下列关于指令系统的描述，正确的是________。

A. 指令由操作码和控制码两部分组成

B. 指令的操作码部分描述了完成指令所需要的操作数类型

C. 指令的地址码部分是不可缺少的

D. 指令的地址码部分可能是操作数，也可能是操作数的内存单元地址

12. 在计算机中，每个存储单元都有一个连续的编号，此编号称为________。

A. 房号　B. 地址　C. 门牌号　D. 位置号

13. 能直接与 CPU 交换信息的存储器是________。

A. 硬盘存储器　B. U 盘存储器　C. CD-ROM　D. 内存储器

14. 用来存储当前正在运行的应用程序和其相应数据的存储器是________。

A. ROM　B. 硬盘　C. RAM　D. CD-ROM

15. 当电源关闭后，下列关于存储器的说法中，正确的是________。

A. 存储在 U 盘中的数据会全部丢失

B. 存储在 RAM 中的数据不会丢失

C. 存储在 ROM 中的数据不会丢失

D. 存储在硬盘中的数据会丢失

16. 下列不能用作存储容量单位的是________。

A. MIPS　B. GB　C. KB　D. Byte

17. 假设某台式计算机的内存储器容量为 256MB，硬盘容量为 40GB。硬盘的容量是内存容量的________。

A. 200 倍　B. 100 倍　C. 120 倍　D. 160 倍

18. 1GB 的准确值是________。

A. 1000 × 1000 KB　B. 1024 MB

C. 1024 × 1024 Bytes　　D. 1024 KB

19. 20GB 的硬盘表示容量约为________。

A. 200 亿个二进制位　　B. 200 亿个字节

C. 20 亿个字节　　D. 20 亿个二进制位

20. CPU 主要技术性能指标有________。

A. 字长、主频和运算速度　　B. 冷却效率

C. 耗电量和效率　　D. 可靠性和精度

21. 度量计算机运算速度常用的单位是________。

A. Mbps　　B. MB/s　　C. MIPS　　D. MHz

22. 下列关于磁道的说法中，正确的是________。

A. 盘面上的磁道是一组同心圆

B. 由于每一磁道的周长不同，所以每一磁道的存储容量也不同

C. 磁道的编号是最内圈为 0，且次序由内向外逐渐增大，最外圈的编号最大

D. 盘面上的磁道是一条阿基米德螺线

23. 硬盘属于________。

A. 只读存储器　　B. 内部存储器　　C. 输出设备　　D. 外部存储器

24. 通常所说的计算机的主机是指________。

A. CPU 和内存　　B. CPU、内存和硬盘

C. CPU、内存与 CD-ROM　　D. CPU 和硬盘

25. 计算机的系统总线是计算机各部件间传递信息的公共通道，它分________。

A. 数据总线、控制总线和地址总线　　B. 地址总线和控制总线

C. 地址总线和数据总线　　D. 数据总线和控制总线

26. 下列设备组中，完全属于计算机输出设备的一组是________。

A. 打印机、绘图仪、显示器　　B. 激光打印机、键盘、鼠标器

C. 键盘、鼠标器、扫描仪　　D. 喷墨打印机、显示器、键盘

27. 下列设备组中，完全属于输入设备的一组是________。

A. CD-ROM 驱动器、键盘、显示器　　B. 打印机、硬盘、条码阅读器

C. 绘图仪、键盘、鼠标器　　D. 键盘、鼠标器、扫描仪

28. 在 CD 光盘上标记有“CD-RW”字样，“RW”标记表明该光盘是________。

A. 只能读出，不能写入的只读光盘

B. 可多次擦除型光盘

C. 其驱动器单倍速为 1350KB/s 的高密度可读写光盘

D. 只能写入一次，可以反复读出的一次性写入光盘

29. 在微机的硬件设备中，有一种设备在程序设计中既可以当作输出设备，又可以当作输入设备，这种设备是________。

A. 磁盘驱动器　　B. 网络摄像头　　C. 手写笔　　D. 绘图仪

30. 某 800 万像素的数码相机，拍摄照片的最高分辨率大约是________。

A. 2048 × 1600　　B. 1600 × 1200　　C. 3200 × 2400　　D. 1024 × 768

31. 计算机系统软件中，最基本、最核心的软件是________。

A. 操作系统　　B. 程序语言处理系统

C. 系统维护工具　　D. 数据库管理系统

32. 计算机操作系统的主要功能是________。
    A. 管理计算机系统的软硬件资源，以充分发挥计算机资源的效率，并为其他软件提供良好的运行环境
    B. 对各类计算机文件进行有效的管理，并提交计算机硬件高效处理
    C. 把高级程序设计语言和汇编语言编写的程序翻译到计算机硬件可以直接执行的目标程序，为用户提供良好的软件开发环境
    D. 为用户操作和使用计算机提供方便
33. 下列软件中，属于系统软件的是________。
    A. 决策支持系统　　B. Office 2003
    C. Windows Vista　　D. 航天信息系统
34. 在所列出的：1、字处理软件，2、Linux，3、UNIX，4、学籍管理系统，5、Windows XP 和 6、Office 2003，六个软件中，属于系统软件的有________。
    A. 2，3，5　　B. 1，2，3　　C. 1，2，3，5　　D. 全部都不是
35. 用高级程序设计语言编写的程序________。
    A. 具有良好的可读性和可移植性　　B. 依赖于具体机器
    C. 执行效率高　　D. 计算机能直接执行
36. 关于汇编语言程序________。
    A. 相对于高级程序设计语言程序具有良好的可读性
    B. 相对于机器语言程序具有较高的执行效率
    C. 相对于机器语言程序具有良好的可移植性
    D. 相对于高级程序设计语言程序具有良好的可移植性
37. 以下关于编译程序的说法正确的是________。
    A. 编译程序不会生成目标程序，而是直接执行源程序
    B. 编译程序构造较复杂，一般不进行出错处理
    C. 编译程序完成高级语言程序到低级语言程序的等价翻译
    D. 编译程序属于计算机应用软件，所有用户都需要编译程序
38. 下列叙述中，正确的是________。
    A. 用机器语言编写的程序可读性好
    B. 指令是由一串二进制数 0、1 组成的
    C. 机器语言就是汇编语言，无非是名称不同而已
    D. 高级语言编写的程序可移植性差
39. 计算机软件的确切含义是________。
    A. 系统软件与应用软件的总和
    B. 各类应用软件的总称
    C. 操作系统、数据库管理软件与应用软件的综合
    D. 计算机程序、数据与相应文档的总称
40. 在标准 ASCII 编码表中，数字码、小写英文字母和大写英文字母的前后次序是________。
    A. 小写英文字母、大写英文字母、数字
    B. 大写英文字母、小写英文字母、数字
    C. 数字、大写英文字母、小写英文字母
    D. 数字、小写英文字母、大写英文字母

41. 在标准 ASCII 码表中，已知英文字母 K 的十六进制码是 4B，则二进制 ASCII 码 1001000 对应的字符是________。

A. J　　B. G　　C. I　　D. H

42. 区位码输入法的最大优点是________。

A. 编码有规律，不易忘记　　B. 一字一码，无重码
C. 易记易用　　D. 只用数码输入，方法简单、容易记忆

43. 汉字在计算机内部的传输、处理和存储都使用汉字的________。

A. 字形码　　B. 输入码　　C. 机内码　　D. 国标码

44. 存储 24×24 点阵的一个汉字信息，需要的字节数是________。

A. 48　　B. 72　　C. 144　　D. 192

45. 国际通用的 ASCII 码的码长是________。

A. 7　　B. 8　　C. 12　　D. 16

二、填空题（每题 1 分，共 30 分）

1. 1946 年诞生了世界上第一台电子计算机，它的英文名字是________。
2. 在计算机中，组成一个字节的二进制位位数是________。
3. 计算机硬件系统的五个基本组成部分是________、________、________、________和________。
4. 组成一个计算机系统的两大部分是________和________。
5. 由二进制代码构成的语言是________。
6. 如果删除一个非零无符号二进制偶整数后的 2 个 0，则此数的值为原数________。
7. 在计算机应用中，“计算机辅助教学”的英文缩写为________。
8. 微型计算机处理的最小数据单位是________。
9. 计算机能直接识别和处理的语言是________。
10. 用计算机高级语言编写的程序称为________程序。
11. 十进制数 60 转换成无符号二进制整数是________。
12. 计算机中，负责指挥计算机各部分自动协调一致地进行工作的部件是________。
13. 在计算机中，CPU 不能直接访问的存储器是________。
14. 计算机中的 CPU 是硬件系统的核心，主要由________和________组成。
15. 专门为某一应用目的而设计的软件称为________。
16. 在微机中，西文字符所采用的编码是________。
17. 在计算机中，主存储器的基本存储单位是________。
18. 将八进制数 572 转换成二进制数是________、十六进制数是________。
19. 组成计算机指令的两部分是________和________。
20. 计算机正在运行的程序和数据都是存放在计算机的________中。
21. “计算机辅助制造”的英文缩写是________。
22. 大写字母 B 的 ASCII 码值转换为十进制是________。
23. 将高级语言源程序翻译成目标程序，完成这种翻译过程的程序是________。
24. 机器语言是由一串用 0、1 代码构成指令的________。
25. 4 个二进制位可以表示________种状态。
26. 字长是 CPU 的主要性能指标之一，它表示________。
27. 为解决某一特定问题而设计的指令序列称为________。

28. 计算机语言通常分为机器语言、汇编语言和________语言3类。
29. 数据库管理系统属于计算机软件系统中的________软件。
30. 在24×24点阵字库中，10个汉字字模的存储字节数是________。

三、判断题（每题1分，共16分，正确的填“T”，错误的填“F”）

(　　) 1. 在计算机内部，传送、存储、加工处理的数据或指令都是以二进制方式进行的。
(　　) 2. 机器语言程序是一种能直接在计算机上执行的程序，在机器内部是以二进制编码形式表示的。
(　　) 3. 计算机的存储器可以分为主存储器和辅助存储器两种。
(　　) 4. 运算器是完成算术和逻辑操作的核心处理部件，通常称为CPU。
(　　) 5. 机器语言可以由计算机直接识别和执行，高级语言必须经过编译或者解释才能执行。
(　　) 6. 程序必须送到主存储器内，计算机才能够执行相应的指令。
(　　) 7. 世界上不同型号的计算机，其工作原理都基于科学家冯·诺依曼提出的存储程序控制原理。
(　　) 8. 鼠标又称为鼠标器，是微机上的一种输出设备。
(　　) 9. 为了延长计算机的使用寿命，应避免频繁开关机器。
(　　) 10. 操作系统是一种系统软件。
(　　) 11. 微型计算机中的内存比外存存储速度慢。
(　　) 12. 第一代计算机的主要元件是晶体管。
(　　) 13. 在计算机应用中，“计算机辅助设计”的英文缩写为CAI。
(　　) 14. 显示器必须配置正确的适配器（显示卡）才能构成完整的显示系统。
(　　) 15. 两位二进制数可以表示4种状态。
(　　) 16. 十六进制数1011转换成十进制数是4113。

四、简答题（每题3分，共9分）

1. 什么是操作系统？操作系统的功能是什么？
2. 计算机是由哪几部分组成的？
3. 常用的高级语言程序有哪些？

第 2 章　Windows 7 操作系统

实验一　文件管理

一、实验案例

小王想把桌面墙纸加入个性化的特征，于是他搜索名为“八仙花 .jpg”的图片文件，并将此文件复制到 D 盘新建的文件夹“ mywork”中，然后更名为“ mypicture.jpg”；用画图软件打开并编辑 mypicture.jpg，在图片中键入自己的大名，绘上几颗白色星星，并将此文件设置为屏幕背景，如图 2-1 所示，大功告成；最后删除 d:\mywork 文件夹到回收站，并清空了回收站。

图 2-1　个性墙纸

二、实验指导

1. 搜索“八仙花 .jpg”文件

双击桌面“计算机”图标，打开“计算机”窗口，如图 2-2 所示。

在右上角的“搜索 计算机”文本框中输入“八仙花 .jpg”(注：Windows 中包含“八仙花 .jpg”文件）后按 Enter 键。Windows 立即开始搜索，搜索结果如图 2-3 所示。

右击“八仙花 .jpg”，在弹出的快捷菜单中选择“复制”选项，将文件复制到剪贴板。

2. 创建文件夹 mywork

在左边的导航窗格中选择 D 盘，然后在右边内容显示窗格空白处单击右键，在弹出的快捷菜单中选择“新建”|“文件夹”选项。键入文件夹名称 mywork，按 Enter 键确定，如图 2-4 所示。

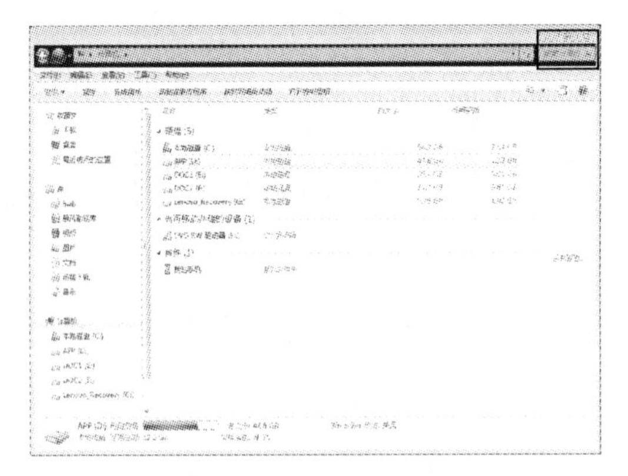

图 2-2 “计算机”窗口

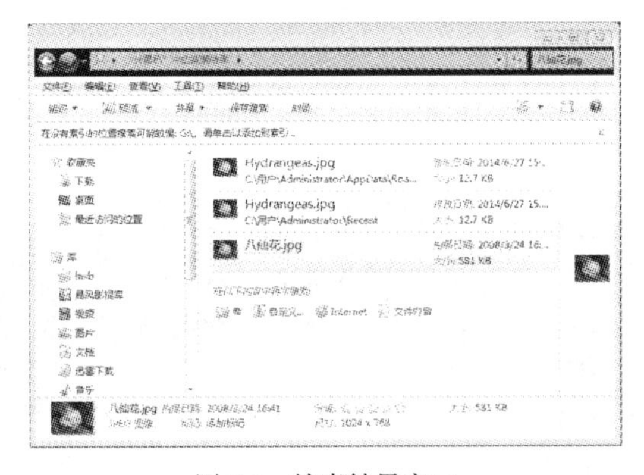

图 2-3 搜索结果窗口

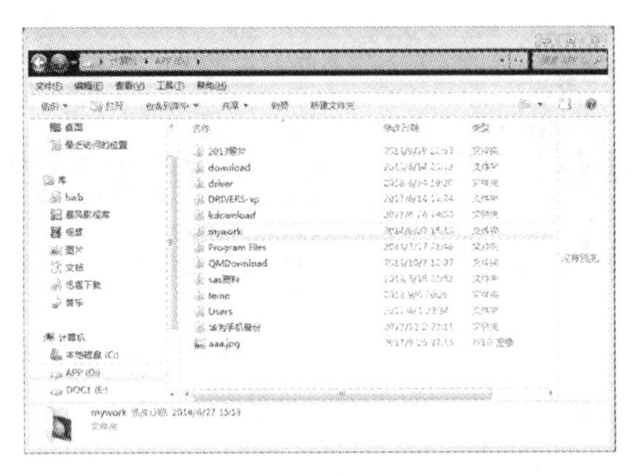

图 2-4 新建文件夹

3. 复制并更名文件

双击打开 mywork 文件夹，在右边的内容显示窗格中单击右键，在弹出的快捷菜单中选择“粘贴”选项，将剪贴板中的文件“八仙花 .jpg”复制到该文件夹。

在文件“八仙花 .jpg”上右键单击，在弹出的快捷菜单中选择“重命名”选项，将文件改为“mypicture”，按 Enter 键完成更名操作。

4. 编辑 mypicture.jpg 文件

右键单击“ mypicture.jpg”文件，在弹出的快捷菜单中选择“打开方式”|“画图”选项，

此时启动“画图”程序打开此图片文件，如图 2-5 所示。可以利用“画图”程序对图片进行简单的编辑。

图 2-5 “画图”程序

（1）绘制星星

在“颜色”组中选中“颜色 2”，然后在色板中单击白色。

在“形状”组中选中“四角星形”，单击“轮廓”列表框，在弹出的列表中选择“无轮廓”，单击“填充”列表框，在弹出的列表中选择“纯色”。

在图片的适当位置绘制若干四角星。

（2）添加文字

在“工具”组中选中“文本”，然后在图片适当位置单击鼠标，此时会在鼠标单击处出现一个虚线框，同时功能区出现“文本工具”|“文本”选项卡，如图 2-6 所示。

图 2-6 添加文字前

- 在“文本”选项卡“字体”组中选择字体为“华文楷体”，字号为 48。

- 在“背景”组中选择“透明”。
- 在“颜色”组中先点击“颜色1”，然后从色板中选择“红色”。
- 选择一种中文输入法。
- 在虚线文本框中输入姓名“王五”，在虚线框以外的任何地方单击完成文本输入。
- 选择菜单“文件”|“保存”命令保存你的作品。

5. 设置墙纸

选择菜单“文件”|“设置为背景”|“居中”命令，此时桌面背景已经变成刚才编辑的图片，关闭“画图”程序。

6. 删除 D:\mywork 文件夹

切换到“计算机”窗口，选中D:\mywork文件夹，按下键盘上的Delete键，将文件夹D:\mywork放入回收站。

7. 彻底删除 D:\mywork 文件夹

双击桌面上的“回收站”图标，打开“回收站”窗口，可以看到上一步删除的D:\mywork文件夹，右键单击D:\mywork文件夹，在弹出的快捷菜单中选择“删除”选项，彻底删除D:\mywork文件夹，完成操作。

三、实验体验

1. 实验题目

将C盘Windows文件夹中的文件大小最大的2个JPG文件复制到D盘新建文件夹mydoc中；将最大的JPG图片文件更名为big.jpg；打开并编辑big.jpg（右击选择菜单中的“编辑”命令），在图片中绘制圆形、矩形等几何图形，并将此文件设置为桌面墙纸。先将mydoc文件夹删除，然后进入回收站，还原mydoc文件夹。

2. 目的与要求

1）熟悉资源管理器或计算机窗口的构成。

2）掌握文件和文件夹的复制、创建、更名、删除等操作。

3）掌握搜索文件的方法。

实验二　记事本和输入法的使用

一、实验案例

小王同学上机的时候突然听到小强正在吟诵一首诗，他觉得很好，就想赶紧记录下这首诗，于是他打开记事本输入这首诗，如图2-7所示，输入后保存到d:\mywork文件夹中，并命名为my.txt；然后将my.txt设置成“只读”属性，并发送桌面快捷方式；最后他添加了打印机并把这首诗打印了出来（没有打印机的话可以虚拟一下）。

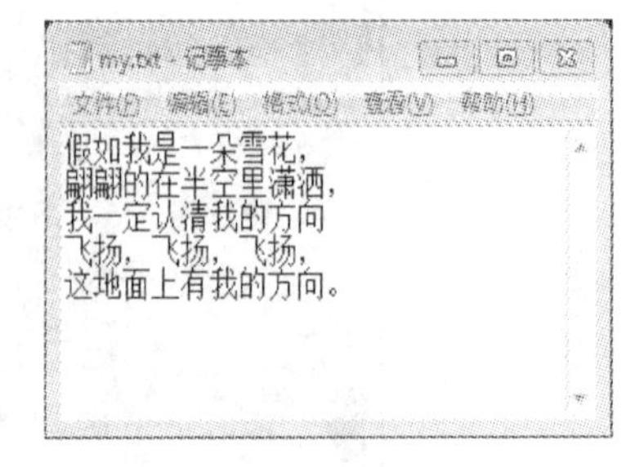

图2-7　记事本

二、实验指导

1. 安装输入法

汉字输入必须借助各种输入法完成，为了使用自己熟悉的输入法，必须在计算机中安装相应的输入法。

打开“控制面板”，选择“时间、语言和区域”下方的“更改键盘或其他输入法”，打开“区域和语言”对话框，选择“键盘和语言”选项卡，如图 2-8 所示。

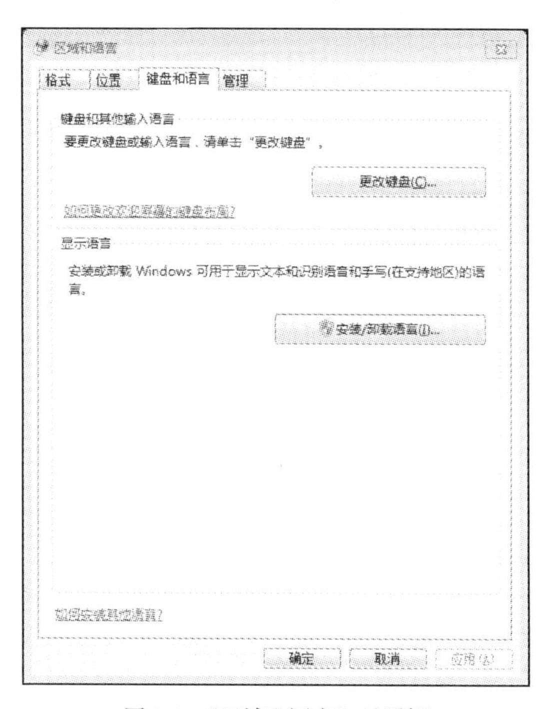

图 2-8 “区域和语言”对话框

单击“更改键盘”按钮，打开“文本服务和输入语言”对话框，如图 2-9 所示。

若要添加输入法，单击“添加”按钮，打开“添加输入语言”对话框，如图 2-10 所示。

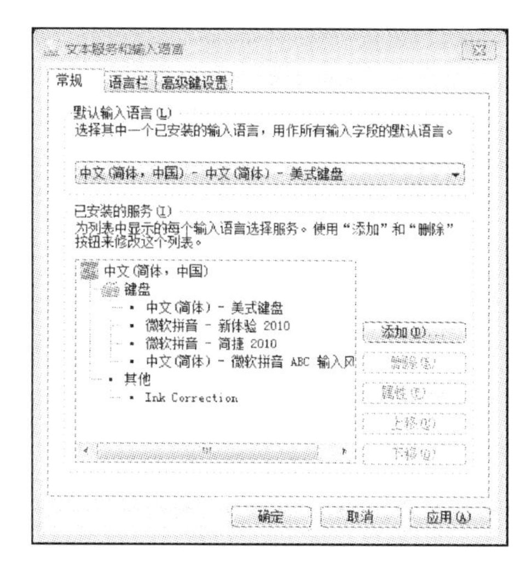

图 2-9 “文本服务和输入语言”对话框

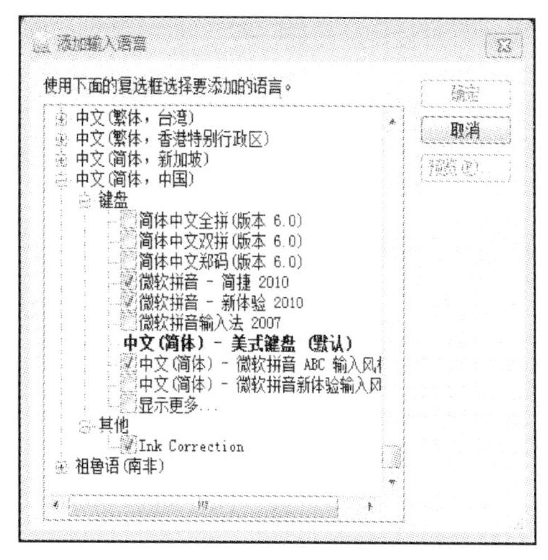

图 2-10 “添加输入语言”对话框

其中被勾选的是已经安装的输入法，未勾选的是尚未安装的输入法，如微软拼音输入法 2007，勾选“微软拼音输入法 2007”，单击“确定”按钮，完成输入法的安装。

若要删除已安装的输入法，在“文本服务和输入语言”对话框中选中相应的输入法，单击“删除”按钮即可完成删除操作。

2. 编辑文本文件

选择菜单“开始”|“所有程序”|“附件”|“记事本”命令，打开记事本软件。单击语言栏上的“M”图标，如图2-11所示。弹出输入法选择列表，选择一种你熟悉的输入法，输入样例中的文字。

图2-11　选择输入法

3. 保存文本文件

选择记事本菜单“文件”|“保存”命令，弹出“另存为”对话框，将文件以“my.txt”为名，保存到“D:\mywork”文件夹中。

4. 设置“只读”属性

右击my.txt文件，选择快捷菜单中的“属性”命令，在弹出的“my.txt属性”对话框中勾选“只读”复选框，再单击“确定”按钮，如图2-12所示。

图2-12　“my.txt属性”对话框

5. 发送桌面快捷方式

右击my.txt文件，在快捷菜单中选择“发送到”|“桌面快捷方式”命令。再到桌面查看快捷方式的建立情况。

6. 添加打印机

打开“开始”菜单，选择“设备和打印机”选项，打开“设备和打印机”窗口，如图2-13所示。

单击“添加打印机”按钮，在弹出的“添加打印机”对话框中选择“添加本地打印机”选项。然后单击“下一步”按钮，如图2-14a所示。进入下一步对话框，选择“使用现有的端口”为“USB001”，单击“下一步”按钮，如图2-14b所示。进入下一步对话框，选择厂商“HP”，打印机为“hp deskjet 5100”，单击“下一步”按钮，进入下一步对话框，如图2-14c所示。在“打印机名称”后输入名称，也可以接受系统提供的名称，单击“下一步”按钮，开始安装驱动程序，如图2-14d所示。在随后打开的对话框中选择“不共享这台打印机”，单击“下一步”按钮，进入下一步对话框，单击“完成”按钮。

7. 打印文本文件

右击my.txt文件，单击快捷菜单中的“打印”命令。

三、实验体验

1. 实验题目

打开记事本，录入自己喜欢的一段文字，保存到d:\mywork中，并命名为love.txt；然后将love.txt发送桌面快捷方式，设置成“隐藏”属性，添加打印机并打印文档。

2. 目的与要求

1）掌握软件的安装。

2）掌握记事本程序的使用。

3）掌握汉字的输入。

4）掌握打印机的安装。

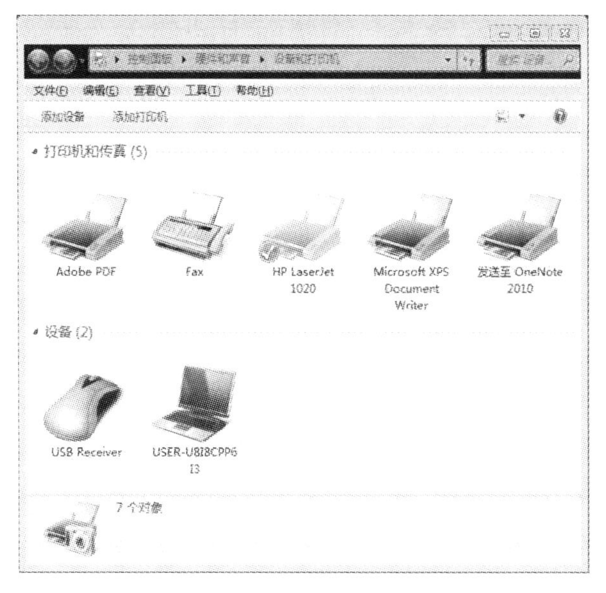

图 2-13 “设备和打印机”窗口

a)

b)

c)

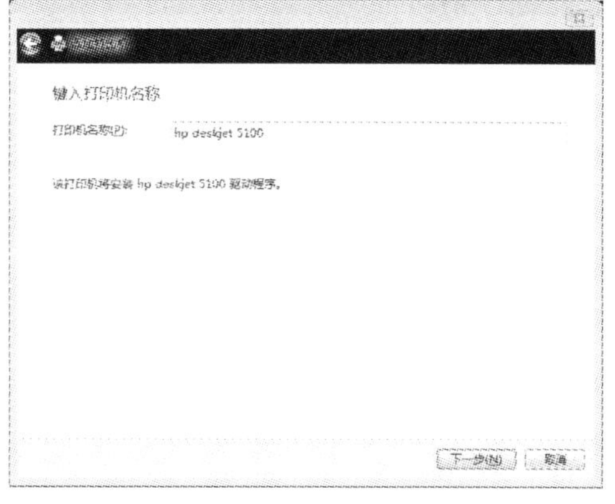

d)

图 2-14 “添加打印机”对话框

实验三　控制面板的使用

一、实验案例

小王想把计算机的 Windows 设置更改一下，使得其更符合自己的习惯。于是他做了以下变更：

1）设置一种桌面背景，使其居中，观察桌面变化，然后取消墙纸。

2）设置一种屏幕保护程序。设置等待时间为 1 分钟，然后等待 1 分钟（不动鼠标、键盘），观察效果。

3）设置屏幕分辨率和颜色数，观察效果。

4）设置键盘属性，更改光标的闪烁速度。

5）设置鼠标属性，修改双击速度和移动中的指针轨迹。

6）打开系统属性，查看系统硬件设备。

二、实验指导

1. 设置桌面背景

1）右击桌面空白处，在弹出的快捷菜单中选择“个性化”选项，单击“桌面背景”图标，打开“选择桌面背景”窗口，如图 2-15 所示。

2）在“图片位置”的下拉列表框中选择“ Windows 桌面背景”，然后在下面的列表框中选择一张图片，在下面的“图片位置”的下拉列表框中选择“居中”，单击“保存修改”按钮，完成设置，回到桌面，观察设置效果。

3）再一次进入“选择桌面背景”窗口，在上面的“图片位置”的下拉列表框中选择“纯色”，然后在图片列表中选择一种颜色，单击“保存修改”按钮，回到桌面，观察设置效果。

2. 设置屏幕保护程序

1）在“个性化”窗口中单击“屏幕保护程序”图标，打开“屏幕保护程序设置”对话框，如图 2-16 所示。

图 2-15　“选择桌面背景”窗口

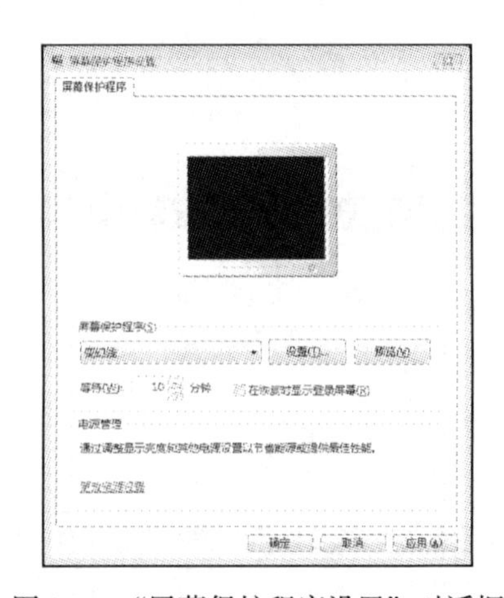

图 2-16　“屏幕保护程序设置”对话框

2）从“屏幕保护程序”列表框中选择一种保护程序，如“三维文字”，在“等待”数字框中输入数字“1”，单击“设置”按钮，打开“三维文字设置”对话框，如图 2-17 所示。

3）在“自定义文字”文本框中输入“别摸我”，其他选项自行设置，单击“确定”按钮。

4）回到“屏幕保护程序设置”对话框，单击“确定”按钮。

5）等待 1 分钟，观察设置效果，出现屏幕保护程序后，轻轻移动鼠标，观察效果。

3. 设置屏幕分辨率和颜色数

1）单击“个性化”窗口左边的“控制面板主页”，打开“控制面板”窗口，单击“外观和个性化”下面的“调整屏幕分辨率”，打开“屏幕分辨率”窗口，如图 2-18 所示。

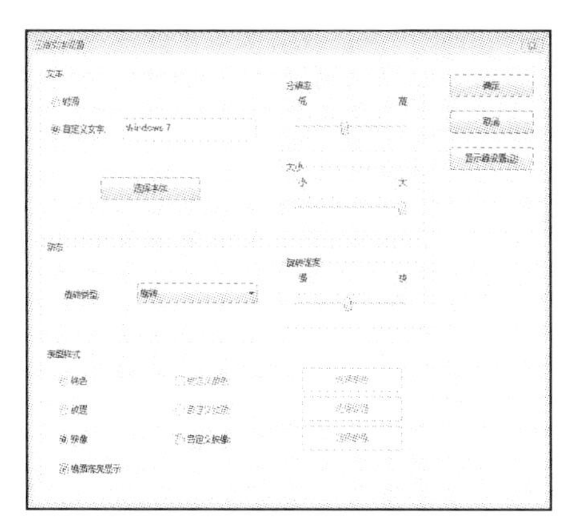

图 2-17　三维文字设置对话框

图 2-18　“屏幕分辨率”窗口

2）移动滑块在“分辨率”列表中选择一种屏幕分辨率。

3）单击“高级设置”按钮，打开“通用即插即用监视器”对话框，单击“监视器”选项卡，如图 2-19 所示。

4）在“颜色”下拉列表框中选择一种颜色设置，如“增强 16 位”，单击“确定”按钮。

5）回到“屏幕分辨率”对话框，单击“确定”按钮，完成设置。

4. 修改键盘属性

1）回到“控制面板”主页，在右上角“查看方式”列表中选择小图标，切换到“所有控制面板项”窗口，如图 2-20 所示，此时不分类列出控制面板小程序图标。

图 2-19　“通用即插即用监视器”对话框

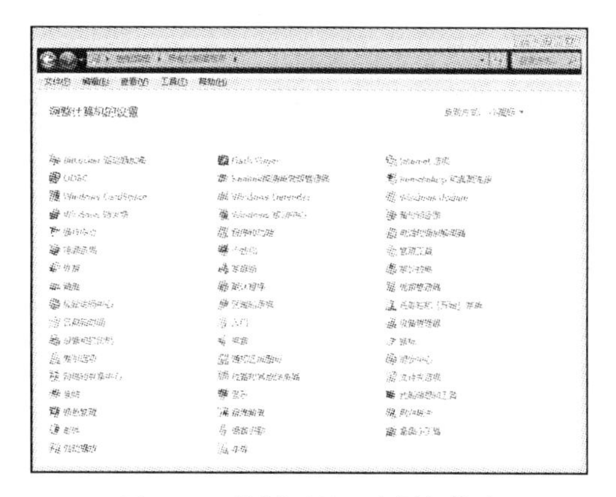

图 2-20　控制面板 – 小图标模式

2）单击“键盘”图标，打开“键盘 属性”对话框，如图 2-21 所示。

3）分别左右拖动“字符重复”中“重复延迟”、“重复速度”下的滑块，然后将光标进入“单击此处并按住一个键以便测试重复速度”中，按住任何一个字符键，观察效果。

4）左右拖动“光标闪烁速度”下的滑块，观察左边的光标效果，单击“确定”按钮。

5. 设置鼠标属性

1）在“所有控制面板项”窗口中，单击“鼠标”，打开“鼠标 属性”对话框，如图2-22所示。左右移动“双击速度”下的滑块，在右边的小方框中双击鼠标左键，观察设置效果。

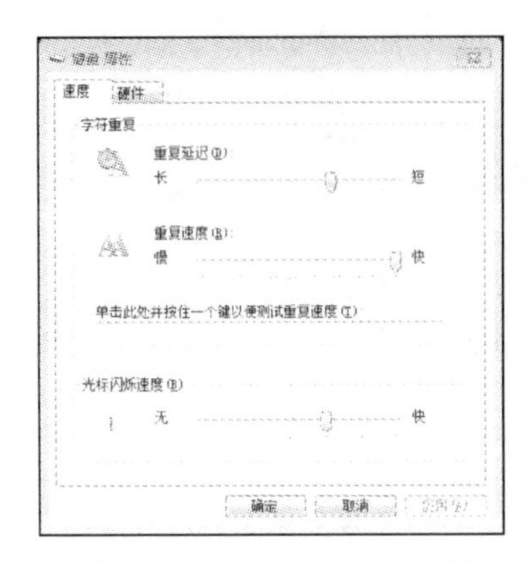

图2-21 “键盘 属性”对话框

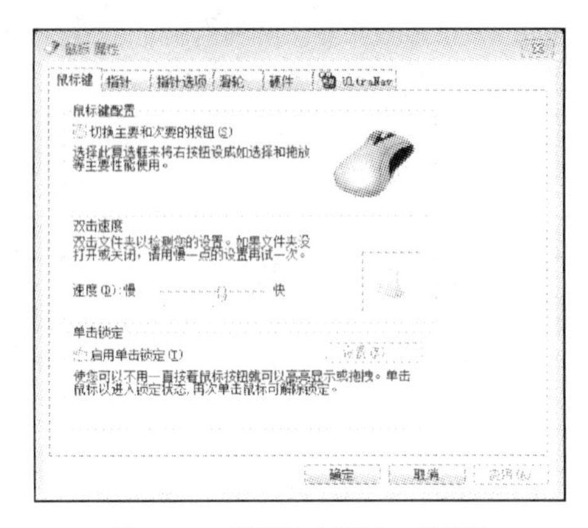

图2-22 “鼠标 属性”对话框

2）选择“指针”选项卡，在方案列表中选择一种指针方案，单击“应用”按钮，观察设置效果。

3）选择“指针选项”选项卡，如图2-23所示。左右移动“移动”下的“选择指针移动速度”下的滑块，选中“可见性”下的“显示指针轨迹”复选框，单击“应用”按钮，观察设置效果。

4）单击“确定”按钮，完成设置。

6. 查看系统属性

在“所有控制面板项”窗口中单击“系统”，打开“系统”窗口，如图2-24所示。

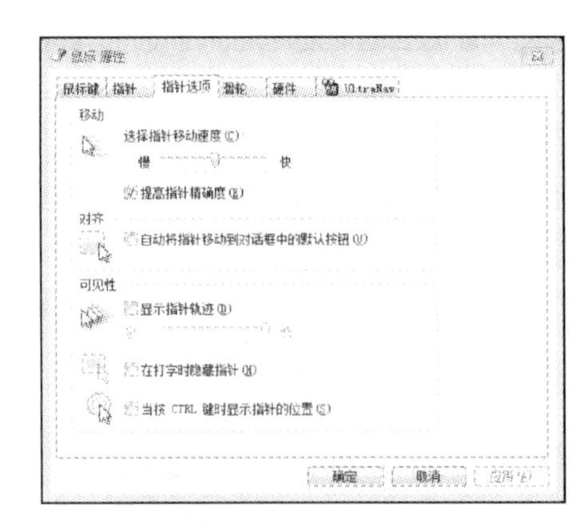

图2-23 “指针选项”选项卡

图2-24 “系统”窗口

查看系统型号、处理器参数、内存、系统类型、计算机名、工作组等参数，根据所学的硬件知识，了解本机的配置情况。

三、实验体验

1. 实验题目

1）选择一张图片作为桌面，设为平铺，观察桌面变化，取消桌面背景。

2）选择“变幻线”为屏幕保护程序。设置等待时间为 1 分钟，然后等待 1 分钟，不动鼠标、键盘，观察效果。

3）更改屏幕分辨率为 800 × 600，设置颜色数为“增强色 16 位”，观察效果。

4）修改键盘属性，更改光标的闪烁速度。

5）修改鼠标属性，修改双击速度和移动中的指针轨迹。

6）打开系统属性，查看系统硬件设备。

2. 目的与要求

1）掌握显示属性的更改。

2）掌握键盘、鼠标的属性更改。

3）了解系统属性。

第 2 章自测题

一、单项选择题（每题 1 分，共 40 分）

1. 下列关于操作系统的叙述中，正确的是________。
   A. 操作系统是源程序开发系统　　B. 操作系统是系统软件的核心
   C. 操作系统用于执行用户键盘操作　　D. 操作系统可以编译高级语言程序
2. Windows 为用户提供的环境是________。
   A. 单用户单任务　　B. 单用户多任务　　C. 多用户单任务　　D. 多用户多任务
3. 对文件的确切定义应该是________。
   A. 记录在磁盘上的一组相关命令的集合
   B. 记录在磁盘上的一组相关程序的集合
   C. 记录在存储介质上的一组相关数据的集合
   D. 记录在存储介质上的一组相关数据记录的集合
4. 在 Windows 中，文件夹系统采用________结构。
   A. 网状　　B. 环形　　C. 树形　　D. 星形
5. Windows 中的文件名最长可达________个字符。
   A. 255　　B. 254　　C. 256　　D. 8
6. 在文件或文件夹的标识符及 DOS 命令中，“*”号可代替________个字符。
   A. 任意　　B. 1　　C. 3　　D. 8
7. 启动 Windows 系统，最确切的说法是________。
   A. 让硬盘中的 Windows 系统处于工作状态
   B. 把硬盘中的 Windows 系统自动装入 C 盘中
   C. 把硬盘中的 Windows 系统装入内存储器的指定区域中
   D. 给计算机接通电源

8. 在 Windows 中，桌面图标所在的磁盘是________。

A. 系统盘　B. A 盘上　C. C 盘上　D. 不属于任何磁盘

9. 若将一个应用程序添加到________文件夹中，以后启动 Windows，即会自动启动该应用程序。

A. 控制面板　B. 启动　C. 文档　D. 程序

10. 在 Windows 中，用“创建快捷方式”创建的图标________。

A. 可以是任何文件或文件夹　B. 只能是可执行程序或程序组
C. 只能是单个文件　D. 只能是可执行文件和文档文件

11. 在 Windows 多媒体数据处理中，以像素点阵形式描述的图像称为________。

A. 位图　B. 投影图　C. 矢量图　D. 几何图

12. 在 Windows 中，按下鼠标左键在不同驱动器的不同文件夹之间拖动某一文件，操作的结果是________。

A. 移动该文件　B. 复制该文件　C. 无任何结果　D. 删除该对象

13. “文件”菜单中的命令项“发送”可用于________。

A. 把选择好的文件移动到另一个文件夹中
B. 把选择好的文件交给某个应用程序去处理
C. 把选择好的文件或文件夹装入内存
D. 把选择好的文件或文件夹复制到目的地

14. 在 Windows 中，欲将整屏内容全部复制到剪贴板中，应使用________键。

A. PrintScreen　B. Alt+PrintScreen　C. Ctrl+Space　D. Shift+Space

15. 在 Windows 中的“剪贴板”是________。

A. 硬盘上的一块区域　B. 软盘上的一块区域
C. 内存中的一块区域　D. 高速缓冲中的一块区域

16. 要对微机磁盘中的某文件进行编辑，则必须将文件读至________。

A. 运算器　B. 寄存器　C. 控制器　D. 内存储器

17. 在 Windows 中，当屏幕上有多个窗口时，________是活动窗口。

A. 可以有多个窗口　B. 有一个固定的窗口
C. 没有被其他窗口盖住的窗口　D. 一个标题栏的颜色与众不同的窗口

18. 在 Windows 中，将一个应用程序窗口最小化后，该应用程序________。

A. 仍在后台运行　B. 暂时停止运行　C. 完全停止运行　D. 出错

19. 为了屏幕的简洁，可将目前不使用的程序最小化，缩成按钮放置在________。

A. 工具栏　B. 任务栏　C. 格式化栏　D. 状态栏

20. 下列叙述中，不正确的是________。

A. 操作系统是主机与外设之间的接口
B. 操作系统是软件与硬件的接口
C. 操作系统是源程序和目标程序的接口
D. 操作系统是用户与计算机之间的接口

21. 在 Windows 中，若删除桌面上某个应用程序的图标则意味着________。

A. 该应用程序连同其图标一起被删除
B. 该应用程序连同其图标一起被隐藏
C. 只删除了图标，对应的应用程序被保留

D. 只删除了该应用程序，对应的图标被隐藏

22. 在 Windows 中，对磁盘文件进行有效管理的一个工具是________。

A. 写字板　　B. 我的公文包　　C. 附件　　D. 资源管理器

23. 格式化硬盘，即________。

A. 删除硬盘上原信息，在盘上建立一种系统能识别的格式

B. 可删除原有信息，也可不删除

C. 保留硬盘上原有信息，对剩余空间格式化

D. 删除原有部分信息，保留原有部分信息

24. 当硬盘空间不足时，在一般情况下，可最先考虑删除________目录下的文件来释放空间。

A. 我的文档　　B. Temp　　C. Fonts　　D. Program files

25. 打开一个文档是指________。

A. 列出该文档名称等有关信息

B. 在屏幕上显示该文档的内容

C. 在应用程序中创建该文档

D. 在相应的应用程序窗口中显示、处理该文档

26. 安装新的中文输入方法的操作在________窗口中进行。

A. 我的电脑　　B. 资源管理器　　C. 文字处理程序　　D. 控制面板

27. 打开下拉菜单，在某命令项的右面括弧中有一个带下画线的字母 O，此时要想执行该项操作，可以在键盘上按________。

A. O 键　　B. Ctrl+O 键　　C. Alt+O 键　　D. Shift+O 键

28. 为了执行一个应用程序，可以在“资源管理器”窗口内，用鼠标________。

A. 左键单击一个文档　　B. 左键双击一个文档

C，左键单击相应的可执行程序　　D. 右键单击相应的可执行程序

29. 在 Windows 中所述的文档文件________。

A. 只包括文本文件　　B. 只包括 Word 文档

C. 包括文本文件和图形文件　　D. 包括文本文件、图形文件和声音文件等

30. 执行________操作，将删除选中的文件或文件夹，而不会将它们放入回收站。

A. 按 Shift+Del 键　　B. 按 Del 键

C. 在“文件”菜单中选择“删除”命令　　D. 打开快捷菜单，选择“删除”命令

31. 我们平时所说的“数据备份”中的数据包括________。

A. 内存中的各种数据　　B. 各种程序文件和数据文件

C. 存放在 CD-ROM 上的数据　　D. 内存中的各种数据、程序文件和数据文件

32. 在“资源管理器”窗口中，要想显示隐含文件，可以利用________菜单来进行设置。

A. 查看　　B. 视图　　C. 工具　　D. 编辑

33. 菜单选项后面，有的跟有省略号（…），有的跟有三角标记（▲），下列说法正确的是________。

A. 选择跟有省略号的会弹出一个相应对话框，跟有三角标记的有下级子菜单

B. 选择跟有三角标记的会弹出一个相应对话框，跟有省略号的有下级子菜单

C. 选择跟有省略号的会弹出一个相应对话框，跟有三角标记的会弹出一个窗口

D. 选择跟有省略号的会弹出一个窗口，跟有三角标记的有下级子菜单

34. Windows 中改变日期时间的方法为________。

A. 在系统设置中设置
B. 在“控制面板”中双击“日期/时间”
C. 单击“任务栏”右侧的数字时钟
D. 在资源管理器中设置

35. 在 Windows 中，剪贴板的作用是________。
A. 可用于传递信息的临时存储区
B. 保存被删除的文件
C. 绘画专用工具
D. 修复磁盘的工具

36. PnP 的含义是指________。
A. 不需要 BIOS 支持即可使用的硬件
B. 在 Windows 系统所能使用的硬件
C. 安装在计算机上不需要配置任何驱动程序就可使用的硬件
D. 硬件安装在计算机上后，系统会自动识别并完成驱动程序的安装和配置

37. 汉字操作系统在半角方式下显示一个汉字，1 个汉字占用________的显示位置。
A. 2 个英文字符 B. 1 个英文字符 C. 4 个英文字符 D. 8 个英文字符

38. 在中文 Windows 中，中文和英文输入方式的切换是按组合键________。
A. Ctrl+Space B. Shift+Space C. Alt+Space D. Ctrl+Alt

39. 在安装 Windows 的微型计算机中，如果鼠标突然失灵，则可用________组合键来结束一个正在运行的应用程序（任务）。
A. Alt+F4 B. Ctrl+F4 C. Shift+F4 D. Alt+Shift+F4

40. 在 Windows 中，应用程序窗口间的切换可按________键。
A. Alt+Tab B. Tab C. Ctrl+Tab D. Esc

二、填空题（每题 1 分，共 30 分）

1. 在 Windows 中的回收站窗口中选定要恢复的文件，单击“文件”菜单中的________命令，恢复到原来的位置。
2. Windows 中，名字前带有“________”记号的菜单选项表示该项已经选用，在同组的这些选项中，只能有一个且必须有一个被选中。
3. 如果想要通过删除文件来留出硬盘空间，那么必须对文件进行________删除。
4. 要查找所有第一个字母为 A 且含有 wav 扩展名的文件，那么在“搜索”框中填入________。
5. Windows 成功地将桌面操作系统和________联系在一起。
6. 扩展名为 exe、com、pif 等代表的文件类型是________文件。
7. 扩展名为 ovl、sys、drv、dll 等代表的文件类型是________文件。
8. 在 Windows 中文标点方式下，键面符“^”对应的中文标点是________。
9. 选定多个连续的文件或文件夹，操作步骤为单击所要选定的第一个文件或文件夹，然后按住________键，单击最后一个文件或文件夹。
10. Windows 窗口右上角具有最小化、最大化（或复原）和________3 个按钮。
11. 当鼠标指针自动变成四箭头形时，表示可以________。
12. 当单击窗口上的关闭按钮后，窗口在屏幕上消失，并且图标也从________上消失。
13. 在 Windows 中文标点方式下，键面符“^”对应的中文标点是________。
14. 列表框显示多个选择项，当一次不能全部显示在列表框中时，系统会自动提供滚动条，用户每次能从列表框选择________。
15. 在 Windows 文件夹的树形结构中，处于顶层的文件夹是________。
16. 在 Windows 中，计算机所拥有的磁盘是以________的形式出现在“计算机”内的。

17. 直接用鼠标对文档文件进行拖曳操作，若源位置和目标位置不在同一个驱动器上，则该拖曳操作产生的效果是________。
18. 在 Windows 中，通过“发送到”命令，将文档发送到同一个磁盘上，则发送操作等同于________。
19. 在 Windows 中，文件名不能超过________个字符。
20. Windows Media Player 是一通用的多媒体播放机，可用于接收以当前最流行格式制作的音频、________和混合型多媒体文件。
21. 可通过输入________命令退出命令提示符方式，返回到 Windows 窗口。
22. 用 Windows 的“写字板”所创建文件的默认扩展名是________。
23. 在 Windows 中，和文件“计算机文件基础 .doc”对应的短文件名为________。
24. 在 Windows 默认环境中，要改变屏幕保护程序的设置，应首先单击________窗口中的“外观和个性化”图标。
25. 用 Windows 的“记事本”所创建文件的默认扩展名是________。
26. 在 Windows 中，各个应用程序之间可通过________交换信息。
27. 在 Windows 中，要将当前活动窗口的内容存入剪贴板，应按________键。
28. 在 Windows 中，“回收站”是________中的一块区域。
29. 在 Windows 中，可以使用“计算机”或________来完成计算机系统的软、硬件资源管理。
30. 在中文 Windows 中，利用________中的“更改键盘”按钮，能够对系统中的输入法进行添加 / 删除。

三、判断题（每题 1 分，共 10 分，正确的填“T”，错误的填“F”）

(　　) 1. 在多级目录结构中，允许两个不同内容的文件在不同目录中具有相同的文件名。
(　　) 2. Windows“开始”状态条可以隐藏起来。
(　　) 3. Windows 提供多任务并行处理的能力。
(　　) 4. 在 Windows 环境下，也可以运行一些 DOS 应用程序。
(　　) 5. 在 Windows 环境中，删除操作所删除的文件是不能恢复的。
(　　) 6. 利用“控制面板”中的“日期 / 时间”项，可以获得各种格式的日期 / 时间。
(　　) 7. 桌面上每个快捷方式图标，均须对应一个应用程序才可运行。
(　　) 8. Windows 的“控制面板”只能对硬件进行设置，不能删除或添加应用程序。
(　　) 9. 利用鼠标通过正确的拖放也可以实现文件或文件夹的复制或移动，但这种方式复制或移动的对象，均不进入粘贴板。
(　　) 10. 一台 Windows 系统的微机，被设置成 256 色，则运行某些图形处理软件，图形色彩会失真甚至根本不能运行。

四、问答题（每题 4 分，共 20 分）

1. 简述 Windows 的特点。
2. 如何退出 Windows？为什么不能直接关闭电源？
3. 剪贴板的作用是什么？
4. 回收站的作用是什么？如何还原回收站中的文件？
5. 使用“控制面板”中的“程序和功能”删除 Windows 应用程序有什么好处？

第3章　字处理软件 Word 2010

实验一　Word 文档的基本编辑与排版操作

一、实验案例

经过了7月的全国高等学校招生考试之后，小王幸运地被武汉大学某专业录取。刚跨入大学校门的他，就被武汉大学那优美的校园环境和人文景观所吸引。自幼喜欢写点东西的他随笔写下了以下几段话语：

武大印象

虽然是一个武汉人，我以前却从未来过武大，很遗憾，但也不遗憾。今天当我一走进武大校园时，就一下子呆住了。我被珞珈那如诗如画的美景深深吸引，为武大百年悠久的历史所惊叹。我感觉到自己被这里淳朴、浓厚的人文气息包围着、熏陶着。顿时一股如潮水般的幸福涌上心头。“武大真的好大！”我周围的人时常这么说。“嘿，武大东西真贵！”这些话我也有时听到。

总之，武大给我的印象就是“大”、“美”、“人（人多）”。

宿舍文化

我被安排住进了梅园六舍。其实早就听说过“武大四大名园”，真的来到其中还是第一次。梅园很静，我觉得。梅树，稀稀地生着。梅花？没有，也不可能有，因为还是九月。

寝室八人，分别来自祖国的四面八方，有广西的、重庆的……就只有我一个是“地主”。八个不相识的小伙子住到了一起，在开始短暂的矜持之后，不知道谁先开口，于是空气中就多了许许多多的温馨。但是寝室文化中没有了先前幻想过的“狂放不羁”。没有金属音乐，也没有通宵的长谈。彼此之间仍旧是那么“彬彬有礼”的。或许这也是一种文化吧！！！

小王利用在计算机课程中学习的知识，对文档进行了排版，并添加了本学期的课程表，经过一番努力，一个 Word 文档创建成功了。文档效果如图 3-1 所示。

二、实验指导

小王同学创建的 Word 文档虽然看上去不是很专业，但对于一个初学者来说已经是一个好的开端。Word 是一个功能强大的文字处理软件，必须从基础的知识和基本操作入手，从入门、提高到精通需要一个长期反复的实践过程。下面就介绍上述案例中涉及的知识点和实现步骤。

1. 创建文档，输入文字

1）启动 Word 2010。在安装了 Word 2010 的计算机中启动 Word 2010，Word 2010 默认打

开一个空白文档。

武大印象

虽然是一个武汉人，我以前却从未来过武大，很遗憾，但也不遗憾。今天当我一走进武大校园时，就一下子呆住了。我被珞珈那如诗如画的美景深深吸引，为武大百年悠久的历史所惊叹。我感觉到自己被这里淳朴、浓厚的人文气息包围着、熏陶着。顿时一股如潮水般的幸福涌上心头。“武大真的好大！”我周围的人时常这么说。“嘿，武大东西真贵！”这些话我也有时听到。

总之，武大给我的印象就是“大”、“美”、“人（人多）”。

宿舍文化

我被安排住进了梅园六舍。其实早就听说过“武大四大名园”，真的来到其中还是第一次。梅园很静，我觉得。梅树，稀稀地生着。梅花？没有，也不可能有，因为还是九月。

寝室八人，分别来自祖国的四面八方，有广西的、重庆的……就只有我一个是“地主”。八个不相识的小伙子住到了一起，在开始短暂的矜持之后，不知道谁先开口，于是空气中就多了许许多多的温馨。但是寝室文化中没有了先前幻想过的“狂放不羁”，没有金属音乐，也没有通宵的长谈。彼此之间仍旧是那么“彬彬有礼”的。或许这也是一种文化吧!!!

我的课程表

星期 节次	星期一	星期二	星期三	星期四	星期五
1~2	高等数学	大学英语	高等数学	计算机基础	大学英语
3~4	大学语文	法律基础	英语口语		军事思想
5~6	网页设计与制作		体育		法律基础

图 3-1　实验－案例预览效果图

2）文字录入。在编辑区输入上面给出的文字。注意，每个自然段结束后，按下回车键，再输入下一个自然段。

3）保存文件。将输入的文字保存为 Word 文档文件。选择“文件”选项卡中的“保存”命令，或快速访问工具栏上的“保存”按钮，在弹出的“另存为”对话框中选择文件的保存位置、文件类型，输入文件名，如：e:\ 武大印象 .docx，然后单击“保存”按钮。

为了防止信息丢失，在编辑文档的过程中应经常保存文档。如果文档已经有正式的文件名了，则在执行保存操作时，Word 窗口基本保持不变。

2. 格式的设置

1）字体、字号的设置。选中“武大印象”，设置格式为华文行楷、二号字、红色，命令按钮的位置如图 3-2 所示。

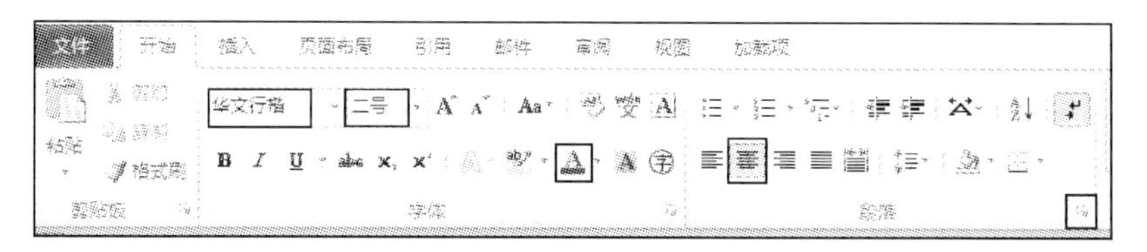

图 3-2　“开始”选项卡

2）段落格式设置。选中“武大印象”，单击段落组右下脚的对话框启动器，如图 3-2 所示，在弹出的“段落”对话框中进行设置：对齐方式设置为居中；段前间距、段后间距为“1 行”，如图 3-3 所示。

3）选中“武大印象”(包括段落标记符)，单击“开始”选项卡“剪贴板”组中的“格式刷”，再用鼠标拖选“宿舍文化”，放开鼠标，“宿舍文化”与“武大印象”具有相同的格式。

4）选中“武大印象”下面的两个自然段（“虽然是一个武汉人……（人多）。”），设置为华文细黑、小四号字。

5）将“宿舍文化”下面的 2 个自然段（“我被安排住进了梅园六舍……也是一种文化吧！！！”）设置为蓝色、仿宋 _GB2312、五号字；行距（段落格式）设置为“固定值”、“18 磅”。

7）设置分栏。

在文档的结尾处插入一个回车符。

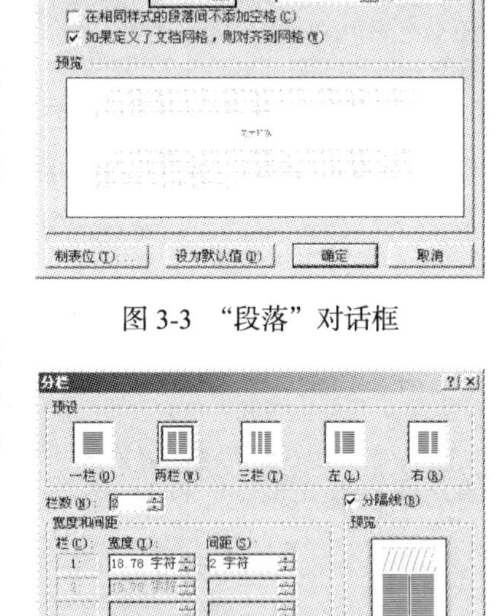

图 3-3 “段落”对话框

选中文档的最后两个自然段（不包含刚插入的回车符），单击“页面布局”选项卡“页面设置”组中的“分栏”命令，在弹出的列表框中选择“更多分栏”，弹出“分栏”对话框，如图 3-4 所示。在对话框中做以下设置：

- 设置“预设”为“两栏”。
- 选中“分隔线”复选框。
- 间距设置为“2 字符”。
- 选中“栏宽相等”复选框。

图 3-4 “分栏”对话框

3. 插入空表格

1）移动插入点到要插入表格的位置。

2）单击“插入”选项卡，单击“表格”组中的“表格”命令，在弹出的下拉列表中单击“插入表格”，在弹出的“插入表格”对话框中输入表格的行数和列数，如：4 行 6 列。

3）单击“确定”按钮。

此时一个空白的表格就插入在指定的位置了。

4. 输入表格内容

按照表格内容的输入方法，将课程表中的星期、节次和课程填入表中，如表 3-1 所示。

表 3-1 课程表

星期节次	星期一	星期二	星期三	星期四	星期五
1 ～ 2	高等数学	大学英语	高等数学	计算机基础	大学英语
3 ～ 4	大学语文	法律基础	英语口语		军事思想
5 ～ 6	网页设计与制作		体育		法律基础

5. 编辑表格

插入表格时，表格的行高为一行文本的高度，当输入的内容超过文本行高时，Word 自动增大行高；表格的宽度与页面宽度相等，各列的列宽按表格的宽度平均分布。所以要对表格进行适当的调整或编辑。

1）选中整表格，单击“表格工具”|“布局”选项卡，在“单元格大小”组中设置行高为1.2 厘米，列宽为 2.25 厘米。

2）选中整表格，单击“表格工具”|“布局”选项卡，在“对齐方式”组中选择“水平居中”。

3）选中 2 ～ 5 列，设置文字格式为“华文行楷”、“小四”号。

4）在第 1 行第 1 列单元格中，设置“星期”的段落格式为“文本右对齐”，“节次”的段落格式为“文本左对齐”，并将该单元格文字的字号设置为“五号”。

5）单击“表格工具”|“设计”选项卡，单击“绘图边框”组中的“绘制表格”，在第 1 行第 1 列单元格中，按下鼠标左键从单元格左上角拖到该单元格右下角。单元格中出现一条斜线。

第 3 行第 5 列单元格中间，从单元格左侧按下鼠标左键并拖向该单元格右侧，释放鼠标，第 3 行第 5 列单元格被水平划分为两个单元格，如图 3-5 所示。

星期 节次	星期一	星期二	星期三	星期四	星期五
1~2	高等数学	大学英语	高等数学	计算机基础	大学英语
3~4	大学语文	法律基础	英语口语		军事思想
5~6	网页设计与制作		体育		法律基础

图 3-5　拆分单元格

7）单击“表格工具”|“设计”选项卡，单击“绘图边框”组中的“擦除”命令，鼠标指针变成橡皮形状，将鼠标移到“计算机基础”单元格的下边框，从左边按下鼠标左键并拖向该单元格右侧，释放鼠标，“计算机基础”单元格的下边框被删除。

6）单击“绘图边框”组中的“绘制表格”，将“绘图边框”中的线形设置为“双实线”，线条粗细设置为“0.75 磅”，绘制表格第 3 行和第 4 行间的“双实线”；

完成以上操作后，文档的效果如图 3-1 所示。

三、实验体验

1. 题目

（1）创建文档，输入以下文本

> 校戏剧社招新
> 校戏剧社招新啦！
> 你喜欢话剧吗？你想过一把话剧瘾吗？你想用戏剧来诠释自己的大学生活吗？你想展示你的表演天赋吗？你想释放激情，激扬青春吗？你想展现个人风采，张扬个性吗？那就不要再犹豫了，梦工场话剧团——一个充分展示自我魅力的天地，一个让你随心所欲表达自我的舞台，热忱欢迎你的加入！
> 我们需要的只是你的热情，即使没有表演的经验，我们会在有趣的课程中让你学会表演，爱上表演，在这里，所有的梦都能在那一片广阔的舞台上实现！

作为部门，我们无需团费，拥有充足的资金的满满的表演机会。每周我们都开设表演培训班，当然也无须任何费用的哈，本学期有3个大戏和多个小型表演，所以表演的机会多多哦！
加入条件：热爱戏剧、影视艺术！愿意为理想而奋斗！
重点招募：演员、导演、编剧、摄影、摄像、影视后期、外联、网络维护、美工、作曲、作词，以及爱好戏剧、影视艺术的同学
怎样加入：10月10日至11日，汉卿话剧社展台现场报名！
E-mail: moshui@sohu.com
联系人：陈 锋 027-62038892
校戏剧社
2014年10月5日

附：校戏剧社近期活动安排
时间 活动安排 地点
2014年9月13日14：30-17：00 戏剧讲座 教五楼报告厅
2014年9月20日14：00-17：00 招新面试 教三楼001
2014年9月27日14：30-16：30 戏剧：山水夜话 校学生活动中心

（2）编辑文本

- 将所建的文档文件保存在计算机中，文件名为招新宣传单.docx。
- 将“校戏剧社招新啦！”设置成华文新魏、四号。并分别复制到段落“我们需要的只是你的热情……”、“作为部门，我们无须团费，……”前。
- 使用“替换”功能将文中所有“校戏剧社”替换为“山水戏剧社”。
- 将标题“山水戏剧社招新”设置成宋体，小二号，加粗，居中。
- 将需要段前空2个字符的段落设置首行缩进2个字符。
- 分别在“加入条件……”、“重点招募……”、“怎样加入……”前加入符号“★”，并将这几段的段落格式设置为居中。
- 将“加入条件……”一段的段前间距设置为“1行”。
- 将“E-mail……”一段的段前间距设置为“4行”。
- 将正文最后4段（“E-mail……10月5日”）段落格式设置成“文本右对齐”。

（3）将文本转换成表格

- 将戏剧社活动安排（最后4行）转换成表格，并为表格设置适当的边框和底纹。

排版后的效果图如图3-6所示。

2. 目的与要求

- 掌握新建Word文档的方法。
- 掌握文字、段落格式的设置。
- 掌握文字转换成表格的方法。
- 掌握表格格式的设置。

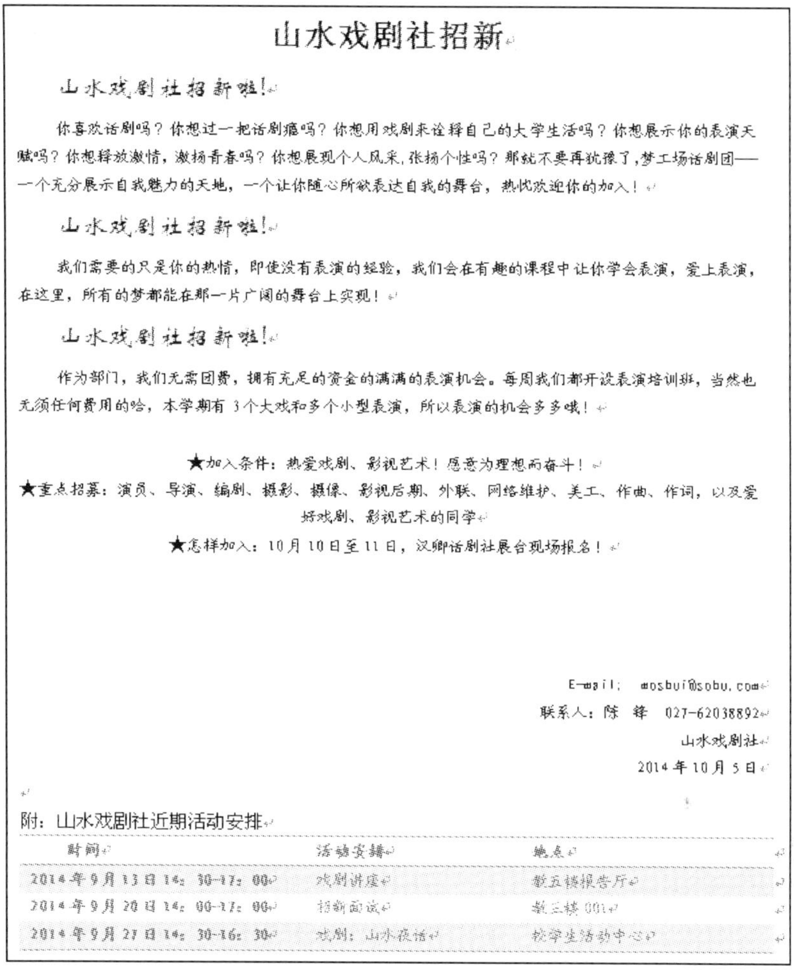

山水戏剧社招新

山水戏剧社招新啦!

你喜欢话剧吗？你想过一把话剧瘾吗？你想用戏剧来诠释自己的大学生活吗？你想展示你的表演天赋吗？你想释放激情，激扬青春吗？你想展现个人风采，张扬个性吗？那就不要再犹豫了，梦工场话剧团——一个充分展示自我魅力的天地，一个让你随心所欲表达自我的舞台，热忱欢迎你的加入！

山水戏剧社招新啦!

我们需要的只是你的热情，即使没有表演的经验，我们会在有趣的课程中让你学会表演，爱上表演，在这里，所有的梦都能在那一片广阔的舞台上实现！

山水戏剧社招新啦!

作为部门，我们无需团费，拥有充足的资金的满满的表演机会。每周我们都开设表演培训班，当然也无须任何费用的哈，本学期有 3 个大戏和多个小型表演，所以表演的机会多多哦！

★加入条件：热爱戏剧、影视艺术！愿意为理想而奋斗！

★重点招募：演员、导演、编剧、摄影、摄像、影视后期、外联、网络维护、美工、作曲、作词，以及爱好戏剧、影视艺术的同学

★怎样加入：10 月 10 日至 11 日，汉卿话剧社展台现场报名！

E-mail: mosbui@sobu.com

联系人：陈　锋　027-62038892

山水戏剧社

2014 年 10 月 5 日

附：山水戏剧社近期活动安排

时间	活动安排	地点
2014 年 9 月 13 日 14：30-17：00	戏剧讲座	教五楼报告厅
2014 年 9 月 20 日 14：00-17：00	招新面试	教三楼 001
2014 年 9 月 27 日 14：30-16：30	戏剧：山水夜话	校学生活动中心

图 3-6　排版后的效果图

实验二　长文档的编辑

一、实验案例

长文档的编辑主要包括页面设置，插入封面、目录、标引、题注等。本实验主要讲解如何为长文档插入封面和目录、进行页面设置。

下面是从本书配套教材摘选的一些文字（为了节省篇幅，其中有的段落内容省略了）:

第 1 章　计算机基础知识

电子计算机（Electronic Computer）又称电脑（Computer），是一种能够存储程序和数据、自动执行程序、自动完成各种数字化信息处理的电子设备，是 20 世纪最伟大的发明之一。……

1.1 计算机概论

1.1.1 计算机的应用

计算机的应用领域已渗透到社会的各行各业，正在改变着传统的工作、学习和生活方式，

推动着社会的发展。计算机的主要应用领域如下：
……
1.1.2 计算机的发展
1. 计算机的发展历程
计算机的发展是人类计算工具不断创新和发展的过程。我国唐朝使用的算盘和17世纪出现的计算尺，是人类最早发明的手动计算工具。
……
1.2 计算机常用的数制及其转换
数制也称计数制，是指用一组固定的符号和统一的规则来表示数值的方法。编码是采用少量的基本符号，选用一定的组合原则，以表示大量复杂多样的信息的技术。计算机是信息处理的工具，任何信息必须转换成二进制形式数据后才能由计算机进行处理、存储和传输。
……
第2章 Windows 7
Windows操作系统是目前应用最为广泛的一种图形用户界面操作系统。
……
2.1 Windows 7概述
2.1.1 Windows的发展历史
1981年，IBM公司推出了个人电脑（Personal Computer，PC），它选择了Intel公司的8088/8086作为PC机的微处理器，并选择DOS作为PC机的操作系统。
……
第3章 字处理软件 Word 2010
字处理软件Word 2010是微软公司Office 2010办公软件套件中的一个组件，深受广大用户的喜爱。
……
3.1 Word 2010概述
Word 2010是微软公司推出的字处理软件。Word 2010不仅提供了相当出色的文档处理功能，并且可以创建专业水准的文档，用户可以更加轻松地和他人协同工作。作为一款文字处理软件。
……

现在我们试着为这几段文字进行页面设置、添加封面、添加页码并制作目录。最终的效果图如图3-7所示。

二、实验指导

1. 页面设置

单击“页面布局”选项卡，单击“页面设置”组中的对话框启动器，在弹出的“页面设置”对话框中做以下设置，如图3-8所示。

- 设置“页边距”的“上”、“下”、“左”、“右”均为“2.5厘米”。
- 纸张方向为“纵向”。

● 在“应用于”下拉列表中选择“整篇文档”。

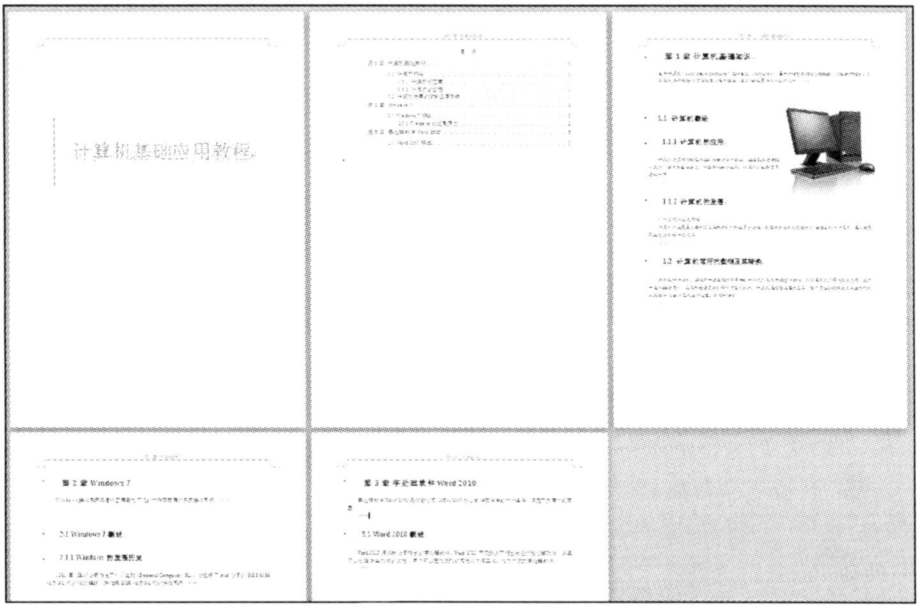

图 3-7　排版后的效果图

2. 插入封面

在“插入”选项卡“页”组中单击“封面”按钮，在下拉列表中选择一种封面。例如“边线型”，如图 3-9 所示。

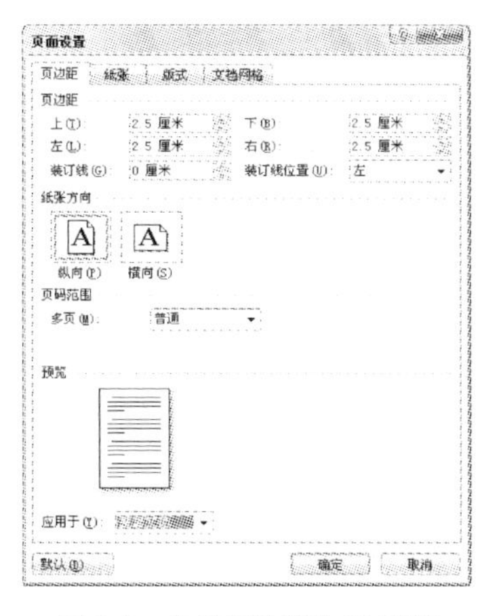

图 3-8　“页面设置”对话框

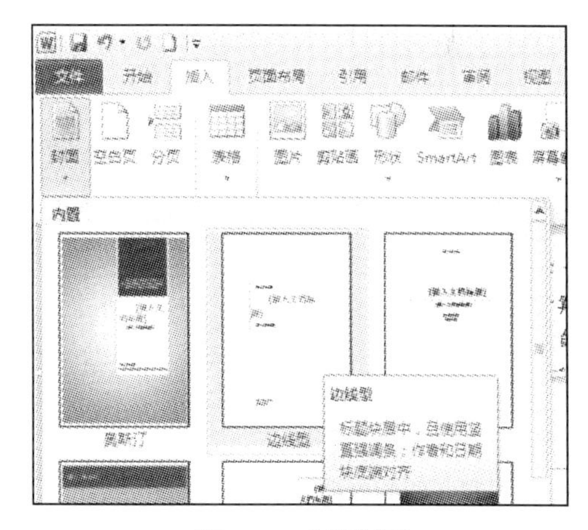

图 3-9　内置封面

插入封面后，通过单击选择封面区域（如标题和键入的文本）可以使用自己的文本替换示例文本。如果有些示例文本暂时没有适合的文本就键入空格，否则打印时，示例文本会被打印出来，影响美观。

3. 插入图片

1）在第 1 章的适当位置插入一张事先准备好的计算机图片（图片在“我的文档”文件夹中），在“插入”选项卡“插图”组中单击“图片”按钮，弹出“插入图片”对话框，如图 3-10 所示，在对话框中单击要插入的图片，再单击“插入”按钮。

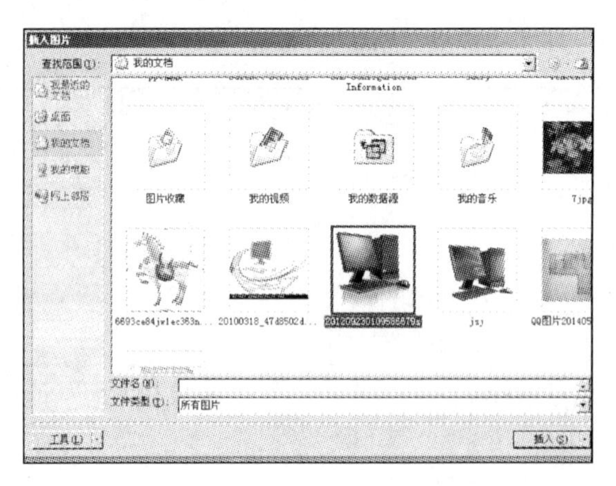

图3-10 “插入图片”对话框

2）插入的图片在文档中太大，可单击图片，用鼠标拖曳图片上的控点可缩放图片。

3）图片上右击，在弹出的菜单中选择“大小和位置”选项，弹出“布局”对话框，如图3-11所示。在“环绕方式”中选择“四周型”，单击“确认”按钮。然后在文档中调整图片到适当位置即可。

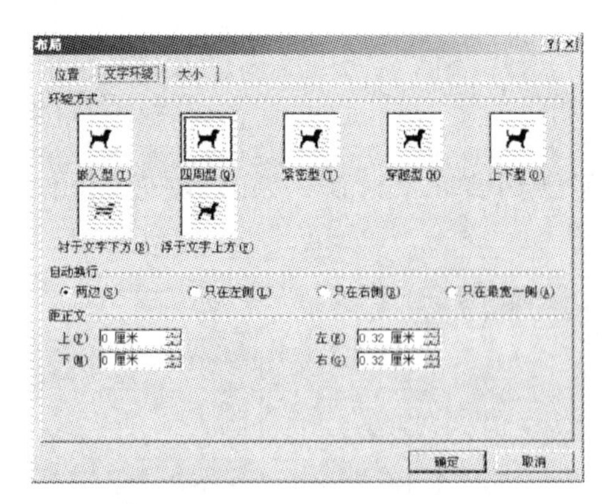

图3-11 “布局”对话框

4. 插入页码

将插入点放在正文中，单击“插入”选项卡“页眉和页脚”组中的“页码”选项，在下拉菜单中选择页码所在位置即可，如图3-12所示。

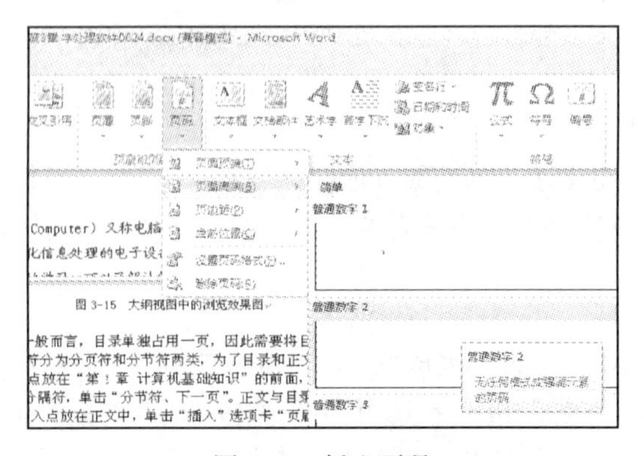

图3-12 插入页码

5. 插入页眉 / 页脚

根据插入页眉 / 页脚的内容是否相同，可以分为以下三种情况：①所有页的页眉 / 页脚相同（页码除外）；②奇偶页的页眉 / 页脚不同，首页不同；③不同章节的页眉 / 页脚 不同。

本例是一篇长文档，因此，属于第三种情况，具体操作如下：

（1）插入分节符

将光标置于文字“第 2 章”的前面，在“页面布局”选项卡“页面设置”组中，单击“分隔符”，在弹出的下拉菜单中选择“分节符”下的“下一页”选项，如图 3-13 所示。

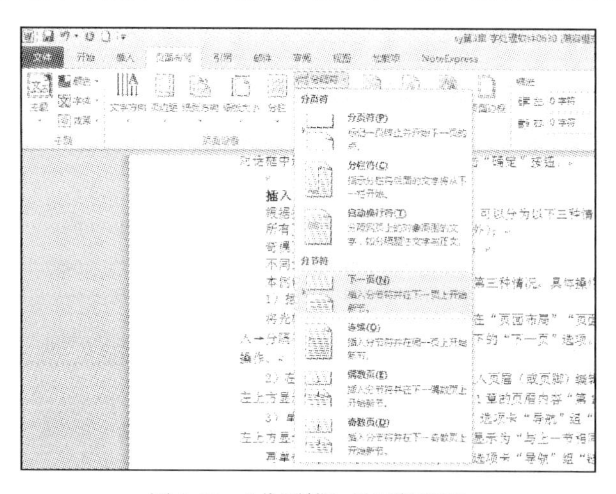

图 3-13 “分隔符”的下拉列表

将光标置于文字“第 3 章”的前面，重复上述步骤，即可插入一个分节符。

（2）为各章设置不同的页眉。

1）在“第 1 章”所在页的页眉区双击，也可进入页眉编辑状态，此时如果是在页眉区，则左上方显示为“页眉 – 第 1 节 –”，输入第 1 章的页眉内容“第 1 章 计算机概述”。

2）单击“页眉和页脚工具” | “设计”选项卡“导航”组“下一节”按钮跳到第 2 节，此时左上方显示为“页眉 – 第 2 节 –”，右上方显示为“与上一节相同”，中间显示为“第 1 章”，如图 3-14 所示。

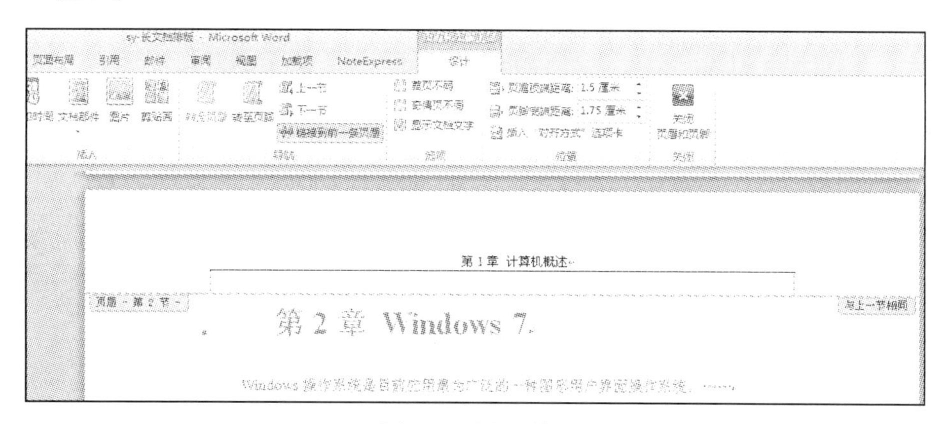

图 3-14 设置页眉

单击“页眉和页脚工具” | “设计”选项卡“导航”组“链接到前一条页眉”按钮，则右上方显示的“与上一节相同”消失，此时在页眉里将文字修改为“第 2 章 Windows 7”。

3）重复步骤2，将第3节的页眉设置为“第3章 字处理软件 Word 2010”。

设置好页眉后，在正文处双击鼠标，恢复到正文编辑状态。

6. 插入目录

要想在长文档中成功插入一个目录，主要有以下四步：

1）使用内置样式设置将要出现在目录中的标题。

2）插入目录，并将目录与正文分开。

3）重新设置正文页码。

4）刷新目录。

具体操作步骤如下：

（1）设置样式

将 Word 内部标题样式应用到文档中希望出现在目录中的标题上。

方法1：

1）选中一个希望出现在目录中的标题，如“第1章 计算机基础”。

2）单击“开始”选项卡，单击“样式”组中的某个标题样式，如“标题1”或“标题2”，本例设置为“标题2”。

3）对其他希望出现在目录中的标题重复以上三个步骤。注意，在选择标题样式时，“1.1 计算机概论”的级别要比“第1章 计算机基础”的小。可以选择“标题3”、“标题4”等，本例设置为“标题4”。

本例将“1.1.1 计算机应用”设置为“标题5”。

方法2：

1）单击状态栏右侧的视图按钮中的“大纲视图”按钮，转换到“大纲视图”。

2）选中一个希望出现在目录中的标题。如“第1章 计算机基础”。

3）单击“大纲”选项卡中“大纲工具”中“⇦”按钮。可以在“⇦”按钮的右侧看到标题当前的级别，如图3-15所示。

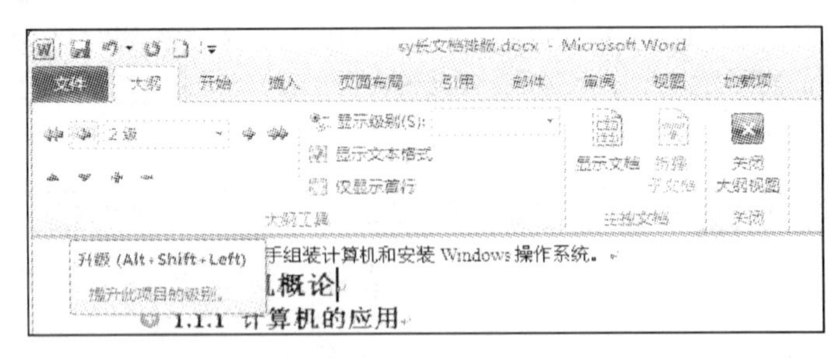

图3-15 “大纲”选项卡

4）如果级别不符合需要，可以继续单击“⇦”或“⇨”按钮，直到设置成符合要求的大纲级别。

5）对其他希望出现在目录中的标题重复以上步骤。

（2）插入目录

1）在页面视图下，将光标定位于要建立目录的地方，一般在封面的后面，正文的前面。

2）在“引用”选项“目录”组中单击“目录”按钮，在下拉列表中选择“插入目录…”，打开“目录和索引”对话框，单击对话框中的“目录”选项卡。

3）设置“格式”框中的格式和“显示级别”中的显示级别，显示级别为想要出现在目录中的所有标题中级别最小的那个级别（这里选择“5”级），如图 3-16 所示。

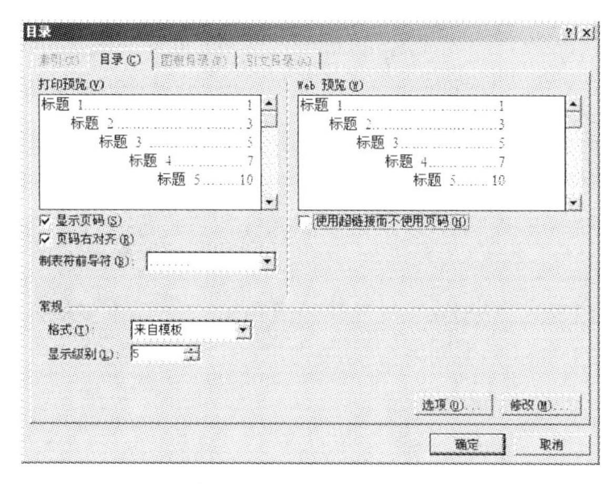

图 3-16 “目录”对话框

4）单击“确定”按钮，即可在文档中看到插入的目录。

在大纲视图中的浏览效果如图 3-17 所示。

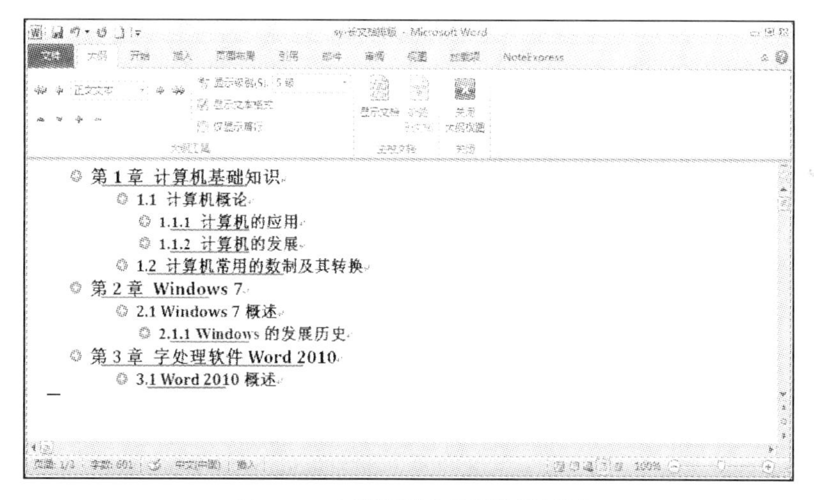

图 3-17 大纲视图中的浏览效果图

一般而言，目录单独占用一页，因此需要将目录和正文分开，正文从一页的顶端开始。为了给目录和正文设置不同页码，此处选择插入分节符。将插入点放在“第 1 章 计算机基础知识”的前面，单击“页面布局”选项卡“页面设置”组中的分隔符，单击“分节符”|“下一页”选项。正文与目录分别显示在不同的页。

（3）重新设置正文页码

一般，目录的页码和正文的页码是分别编码的，因此，需要对正文重新设置页码。前面已经插入了页码，此处只需重新设置页码即可。操作步骤如下：

将光标移到“第 1 章”所在的页，双击页码所在的位置，切换到页眉 / 页脚编辑状态。

注意，“页眉和页脚工具”|“设计”选项卡“导航”组中的“链接到前一条页眉”按钮应处于未选中状态。

单击“页眉和页脚”组“页码”按钮，在下拉列表中选择“设置页码格式”，在页码格式对话框中选择“起始页码”，输入“1”。单击“确定”按钮即可。

（4）更新目录

由于正文页面发生了变化，因此需要刷新一下目录。单击“引用”选项卡“目录”组中的“更新目录”命令按钮即可。

完成上述操作后的效果图，如图 3-7 所示。

三、实验体验

1. 题目

编辑一篇较长的文档，为其制作封面，并生成目录，及插入页码。具体要求如下：

- 文档中至少包括 3 个以上不同的标题级别。
- 文字内容至少占用 6 页 A4 版面。
- 插入封面，自行设计封面内容。
- 目录单独占用一页。
- 为正文添加页码，并使正文的页码从“1”开始。
- 为正文设置页眉（封面和目录页不要页眉）。

2. 目的与要求

- 掌握样式的使用。
- 掌握分节符的用法。
- 掌握页面的设置。
- 掌握插入目录的方法。

实验三　邮件的合并

一、实验案例

小王暑假在某房地产公司实习的主要工作是协助上级完成公司组织的各项活动。为丰富公司的文化生活，公司将定于 2014 年 8 月 21 日下午 15:00 在会所会议室以爱岗敬业“激情飞扬在盛夏，创先争优展风采”为主题的演讲比赛。小王自告奋勇报名参加此项活动的组织工作。比赛需邀请评委，评委人员保存在名为“评委 .docx”的 Word 文档中，公司联系电话为 021-66668888。

根据上述内容制作请柬，具体要求如下：

1）制作一份请柬，以“董事长：李科勒”名义发出邀请，请柬中需要包含标题、收件人名称、演讲比赛时间、演讲比赛地点和邀请人。

2）对请柬进行适当的排版，具体要求：改变字体、调整字号，且标题部分（“请柬”）与正文部分（以“尊敬的 XXX”开头）采用不相同的字体和字号，以美观且符合中国人阅读习惯为准。

3）在请柬的后面附带比赛的流程图，用 SmartArt 流程图说明演讲比赛的四个阶段：领导致辞、正式比赛、评委点评、颁奖。

4）进行页面设置，加大文档的上边距；为文档添加页脚，要求页脚内容包含本公司的联系电话。

5）运用邮件合并功能制作内容相同、收件人不同（收件人为“评委 .docx”中的每个人，采用导入方式）的多份请柬，要求先将合并主文档以“请柬 1.docx”为文件名进行保存，再进行效果预览后生成可以单独编辑的单个文档“请柬 2.docx”，如图 3-18 所示。

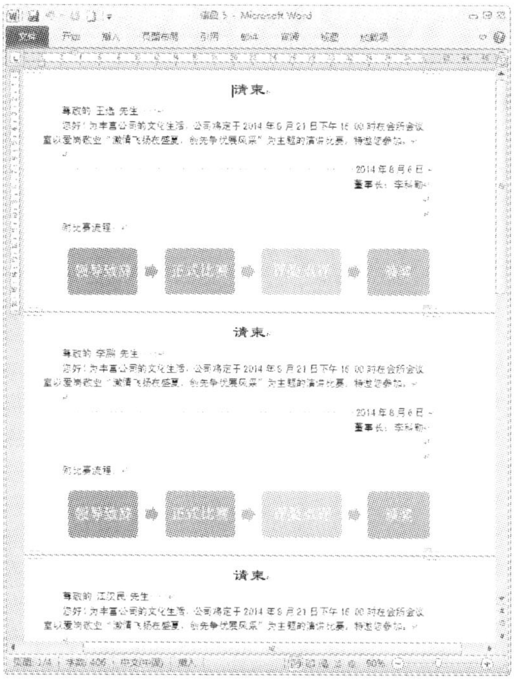

图 3-18　可以单独编辑的单个文档

二、实验指导

本实验案例涉及的知识点和实现步骤如下：

1. 实现步骤

1）启动 Word 2010，新建一空白文档。

2）输入请柬必须包含的信息。请柬文字内容如图 3-19 所示。

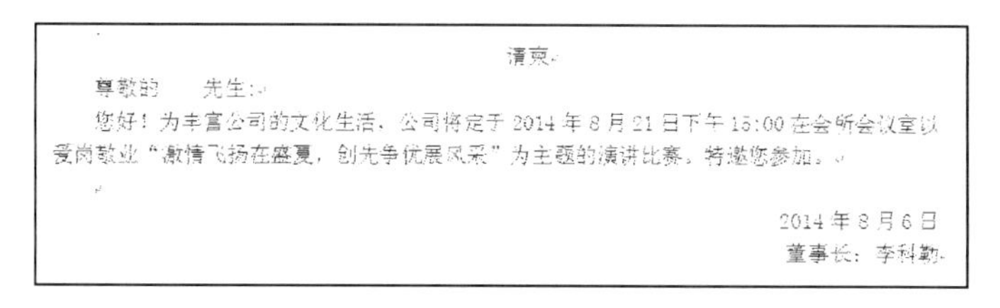

请柬

尊敬的　　先生：

您好！为丰富公司的文化生活，公司将定于 2014 年 8 月 21 日下午 15:00 在会所会议室以爱岗敬业“激情飞扬在盛夏，创先争优展风采”为主题的演讲比赛，特邀您参加。

2014 年 8 月 6 日

董事长：李科勤

图 3-19　请柬文字内容

2. 设置格式

1）对已经初步做好的请柬进行适当的排版。选中“请柬”二字，单击“开始”选项卡“字体”组中的“字号”下拉按钮，在弹出的下拉列表中选择适合的字号，本例中选择“小初”。在“字体”下拉列表中设置字体，本例选择“隶书”。

2）选中除“请柬”以外的正文部分，单击“开始”选项卡“字体”组中的下拉按钮，在弹出的列表中选择适合的字体，本例中选择“黑体”，字号设置为“五号”。

3. 插入流程图

1）在“插入”选项卡“插图”组中，单击 SmartArt 按钮，弹出“选择 SmartArt 图形”

对话框，在左侧的列表区中单击“流程”选项，在中间的选项区中选择第一个——“基本流程”，如图 3-20 所示。单击“确定”按钮后即可在文档中插入一个流程结构图，如图 3-21 所示。

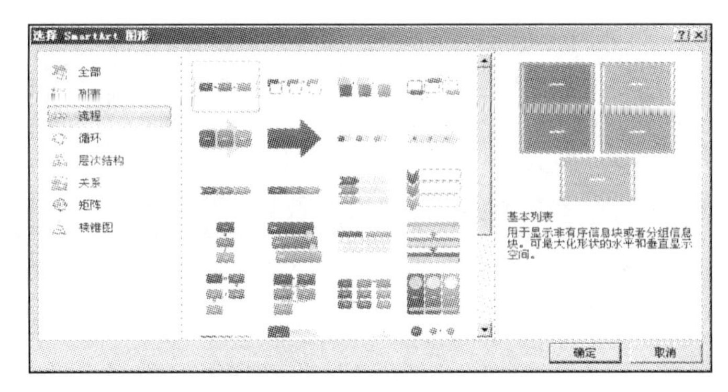

图 3-20 “选择 SmartArt 图形”对话框

图 3-21 基本流程图

2）调整大小。插入的 SmartArt 图可能比较大，可将鼠标移到图形外边框，拖动鼠标可缩小或放大边框。

3）输入文字。单击流程图左侧的三角，出现“自此键入文字”输入框，在输入框中输入需要的文字，如图 3-22 所示。

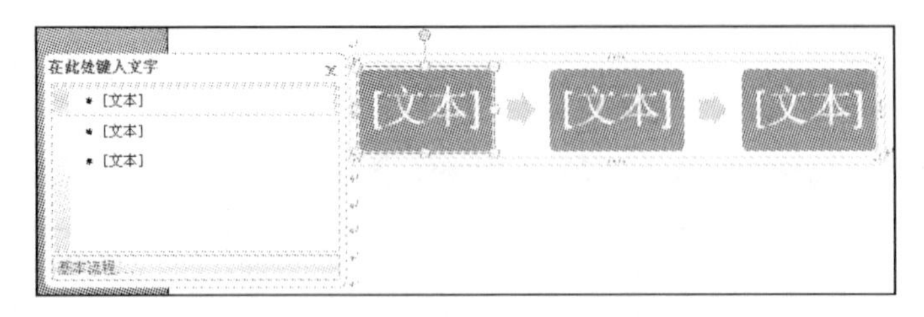

图 3-22 “在此键入文字”输入框

4）添加一个形状。插入的流程图默认只有三个形状，可以在输入文字框中输入 Enter 增加一个形状，如图 3-23 所示。也可单击“SmartArt 工具”|“设计”选项卡中“创建图形”组中“添加形状”的下三角按钮，在下拉列表中选择“在后面添加形状”选项，如图 3-24 所示。

5）更改形状颜色。流程图处于选中状态，在“SmartArt 工具”|“设计”选项卡的“SmartArt 样式”组中单击“更改颜色”按钮，在弹出的下拉列表中选择一种颜色样式，如图 3-25 所示。

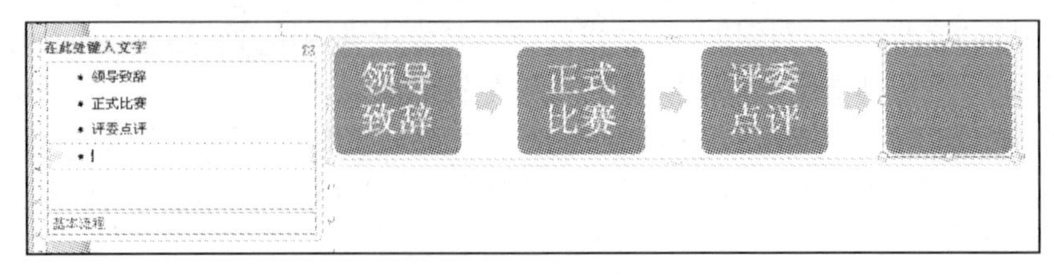

图 3-23 添加一个形状

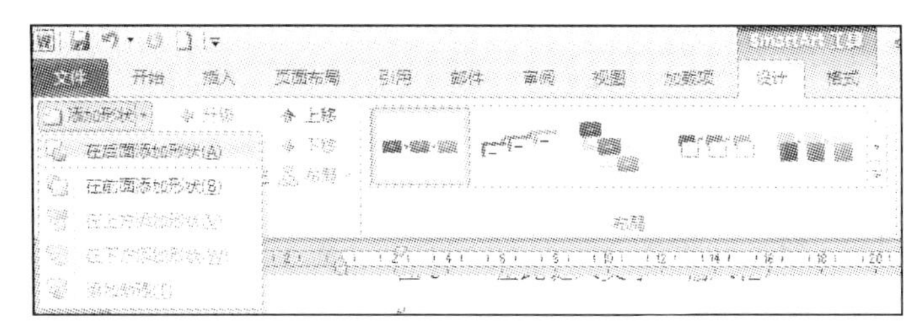

图 3-24 “添加形状”下拉列表

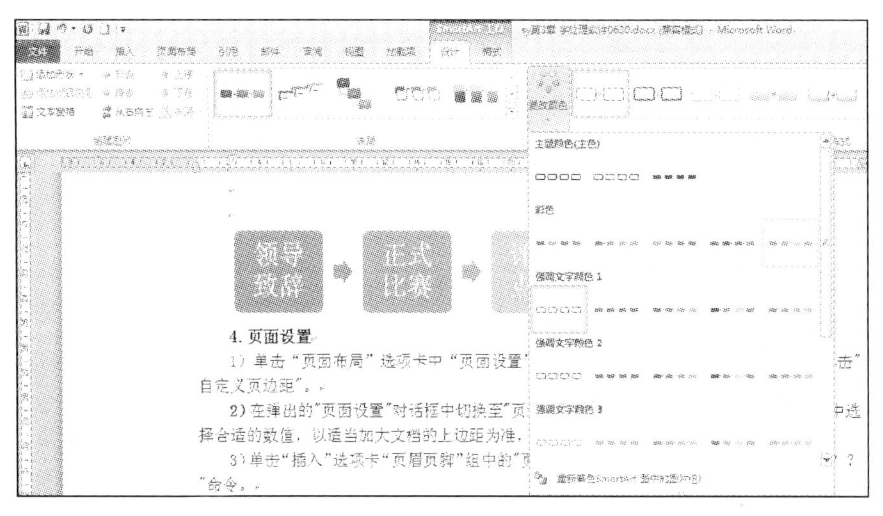

图 3-25 更改 SmartArt 图形颜色

4. 页面设置

1）单击“页面布局”选项卡中“页面设置”组中的“页边距”下拉按钮，在下拉列表中单击“自定义页边距”。

2）在弹出的“页面设置”对话框中切换至“页边距”选项卡。在“页边距”选项的“上”微调框中选择合适的数值，适当加大文档的上边距，本例选择“3 厘米”。

3）单击“插入”选项卡“页眉页脚”组中的“页眉”按钮，在弹出的下拉列表中选择“空白”命令。

4）在光标显示处输入公司的联系电话”021-66668888”。

5. 邮件合并

1）在“邮件”选项卡上的“开始邮件合并”组中单击“开始邮件合并”下拉按钮，在弹出的下拉列表中选择“邮件合并分步向导”命令，如图 3-26 所示。

2）打开“邮件合并”任务窗格，进入“邮件合并分步向导”的第 1 步。在“选择文档类型”中选择一个希望创建的输出文档的类型，此处我们选择“信函”单选按钮，如图 3-27 所示。

3）单击“下一步: 正在启动文档”超链接，进入“邮件合并分步向导”的第 2 步，在“选择开始文档”选项区域中选中“使用当前文档”单选按钮，如图 3-28 所示。

4）接着单击“下一步：选取收件人”超链接，进入第 3 步，在“选择收件人”选项区域中选中“使用现有列表”单选按钮，如图 3-29 所示。单击“浏览”超链接，打开“选取数据源”对话框，选择“评委 .docx”文件后单击“打开”按钮，进入“邮件合并收件人”对话框，如图 3-30 所示，单击“确定”按钮。

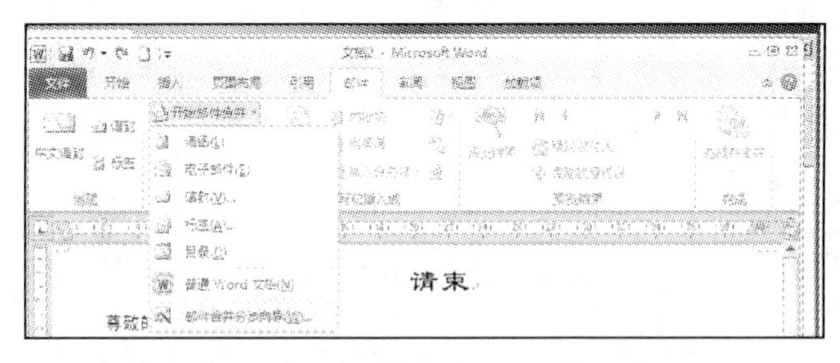

图 3-26 “开始邮件合并”下拉列表

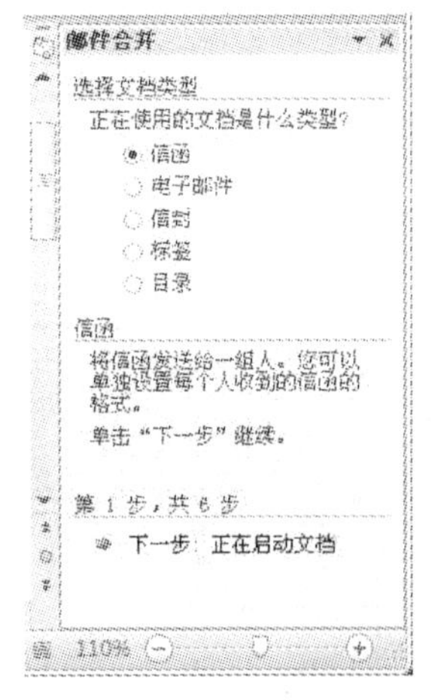

图 3-27 确定主文档类型

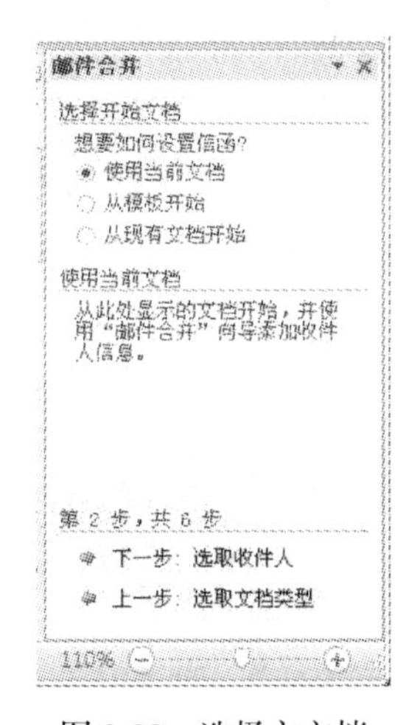

图 3-28 选择主文档

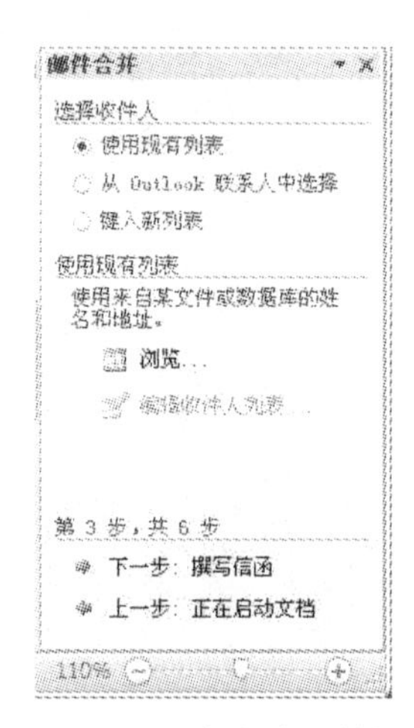

图 3-29 选择邮件合并数据源

5）选择了收件人的列表之后，单击“下一步：撰写信函”超链接，进入第 4 步。在“撰写信函”区域中选择“其他项目”超链接，如图 3-31 所示。打开“插入合并域”对话框，如图 3-32 所示。在“域”列表框中按照题意选择“姓名”域，单击“插入”按钮。插入完所需的域后，单击“关闭”按钮，关闭“插入合并域”对话框。文档中的相应位置就会出现已插入的域标记。

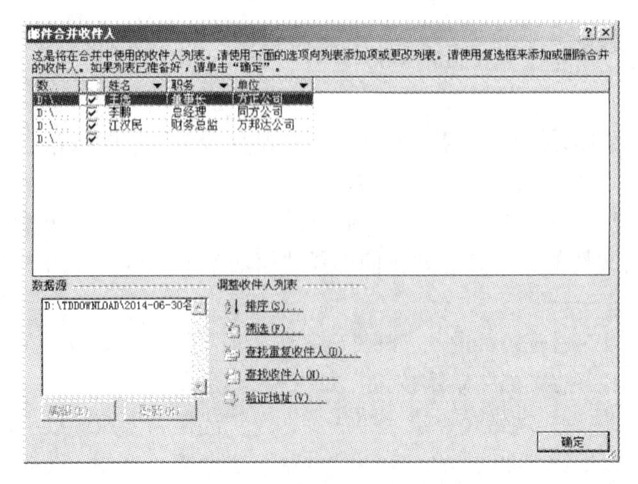

图 3-30 设置合并邮件收件人信息

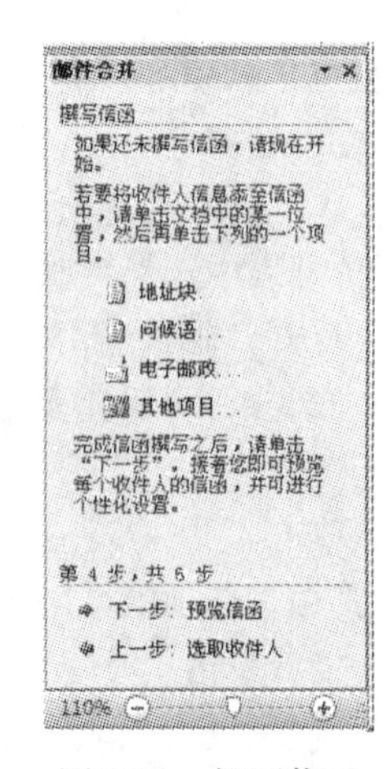

图 3-31 撰写信函

6）在“邮件合并”任务窗格中，单击“下一步：预览信函”超链接，进入第 5 步。在“预览信函”选项区域中，单击“<<”或“>>”按钮，可查看具有不同邀请人的姓名和称谓的信函，如图 3-33 所示。

7）预览并处理输出文档后，单击“下一步：完成合并”超链接，进入“邮件合并分步向导”的最后一步，如图 3-34 所示。此处，我们单击“编辑单个信函”超链接，打开“合并到新文档”对话框，在“合并记录”选项区域中，选中“全部”单选按钮，如图 3-35 所示。

8）最后单击“确定”按钮，Word 就会将存储的收件人的信息自动添加到请柬的正文中，并合并生成一个新文档，如图 3-18 所示。以“请柬 2.docx”为文件名进行保存。

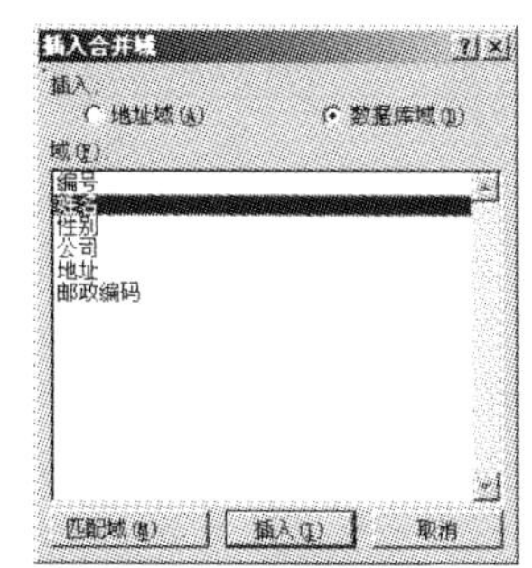

图 3-32　插入合并域

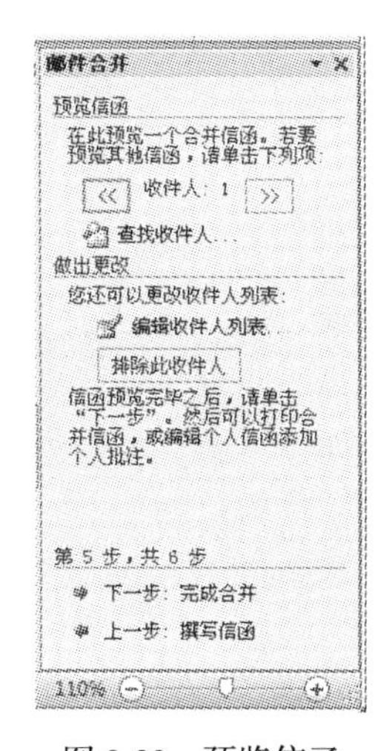

图 3-33　预览信函

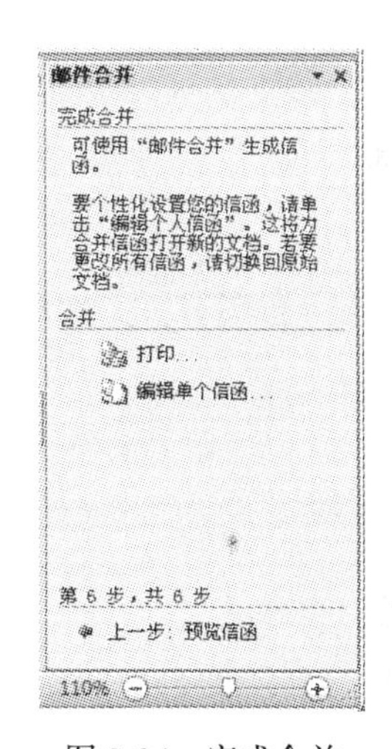

图 3-34　完成合并

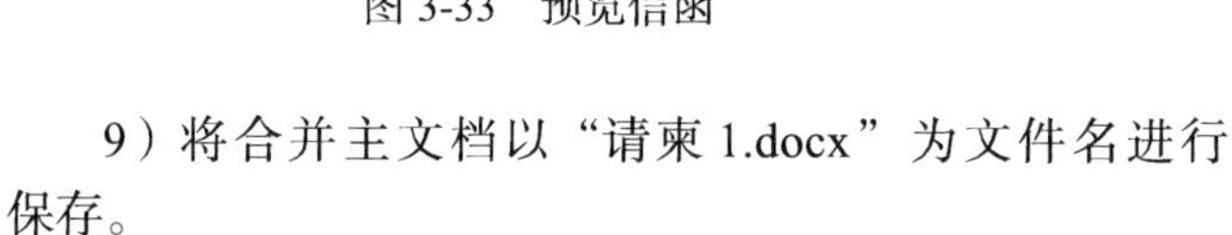

9）将合并主文档以“请柬 1.docx”为文件名进行保存。

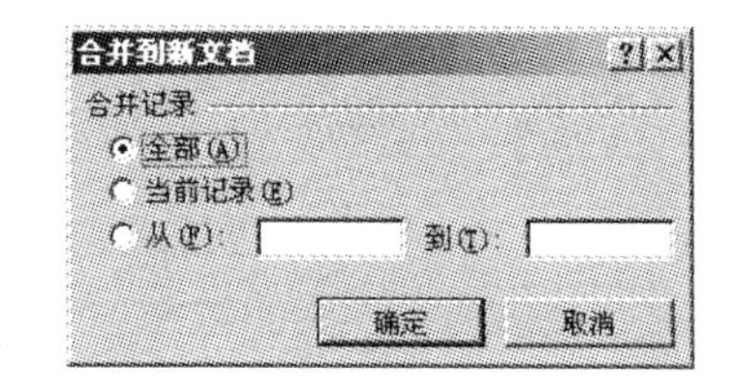

图 3-35　合并到新文档

三、实验体验

1. 题目

1）绘制如图 3-36 所示的组织结构图。

2）书娟是海明公司的前台文秘，她的主要工作是管理各种档案，为总经理起草各种文件。新年将至，公司定于 2015 年 2 月 5 日下午 2:00 在中关村启明大厦办公大楼五层多功能厅举办联谊会，重要客人名录保存在名为“重要客户名录 .docx”的 Word 文档中，公司联系电话为 010-66668888。根据上述内容制作请柬，具体要求如下：

1）制作一份请柬，以“董事长：赵蕈”名义发出邀请，请柬中需要包含标题、收件人名称、联谊会时间、联谊会地点和邀请人。

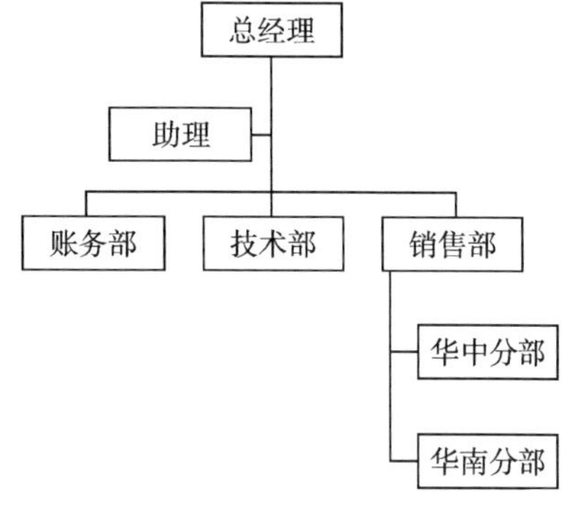

图 3-36　组织结构图示例

2）对请柬进行适当的排版，具体要求：改变字体、加大字号，且标题部分（“请柬”）与正文部分（以“尊敬的 XXX”开头）采用不相同的字体和字号；加大行间距和段间距；对必要的段落改变对齐方式，适当设置左右及首行缩进，以美观且符合中国人的阅读习惯为准。

3）在请柬的左下角位置插入一幅图片（图片自选），调整其大小及位置，不影响文字排列、不遮挡文字内容。

4）进行页面设置，加大文档的上边距；为文档添加页眉，要求页眉内容包含本公司的联系电话。

5）运用邮件合并功能制作内容相同、收件人不同（收件人为“重要客户名录.docx”中的每个人，采用导入方式）的多份请柬，要求先将合并主文档以“请柬1.docx”为文件名进行保存，再进行效果预览后生成可以单独编辑的单个文档“请柬2.docx”。

2. 目的与要求

- 掌握插入 SmartArt 图形和设置的方法。
- 掌握邮件合并的过程。

第3章自测题

一、单项选择题（每题1分，共40分）

1. Word 2010 是一种________。

A. 系统软件　B. 多媒体制作软件　C. 文字处理软件　D. 网络浏览器

2. 在 Word 2010 中，每一页都要出现的一些信息应放在________中。

A. 文本框　B. 第一页　C. 脚注　D. 页眉 / 页脚

3. 在 Word 2010 中编辑文本时，若要将文档中所有的“电脑”都改为“计算机”，用________操作最方便。

A. 中英文转换　B. 替换　C. 改写　D. 翻译

4. 在 Word 2010 中，功能区包含________。

A. 选项卡、组、命令　B. 菜单、组、命令

C. 选项卡、菜单、命令　D. 选项卡、菜单、组

5. 在 Word 2010 中，下面关于快速访问工具栏上“撤销”命令的叙述中，正确的是________。

A. 已经做的操作不能撤销

B. 只能撤销上一次存盘后的操作内容

C. 只能撤销上一次的操作内容

D. 能撤销“可撤销操作列表”中的所有操作

6. Word 2010 中，关于“快速访问工具栏”的说法正确的是________。

A. “快速访问工具栏”上的命令不能随意添加或删除

B. “快速访问工具栏”的位置不可以改变，它始终显示功能区的上面

C. “快速访问工具栏”始终可见，不能设置为隐藏

D. 以上说法都不对

7. Word 2010 中，当鼠标移动至一行行首的左侧时，鼠标指针变为向右指向的箭头，此时单击左键将选择________文字。

A. 一行　B. 一段　C. 一个单词　D. 一页

8. 在 Word 2010 中，如果将选定的文档内容置于一行的正中间，只需单击格式工具栏上的________按钮即可。
   A. 两端对齐　B. 左对齐　C. 居中对齐　D. 右对齐
9. Word 2010 中的“格式刷”命令可用于复制文本或段落的格式，若要将选中的文本或段落格式重复应用多次，应________操作。
   A. 单击格式刷　B. 右击格式刷　C. 双击格式刷　D. 拖动格式刷
10. 在 Word 2010 中，要改变行间距，应选择________组中的命令。
    A.“页面布局”选项卡中的“分隔符”
    B.“开始”选项卡中的“样式”
    C.“开始”选项卡中的“段落”
    D.“视图”选项卡中的“缩放”
11. 在 Word 2010 中，每按一次“Backspace”(“←”)都会________。
    A. 删除光标插入点前的一个汉字或字符
    B. 剪切光标插入点后的一个汉字或字符
    C. 删除光标插入点前的一个词
    D. 插入符号“←”
12. 在 Word 2010 编辑状态下，若用鼠标选取一个矩形块文本，应该在选取的同时按____键。
    A. Alt　B. Ctrl　C. Shift　D. Tab
13. 在 Word 2010 中，插入的图片________。
    A. 可以修改，但改动后无法恢复　B. 可以编辑，但不可以改变大小
    C. 可以删除，但不能复制　D. 可以嵌入，也可以浮于文字上方
14. 在 Word 2010 中，“开始”选项卡中“剪贴板”组中的“剪切”和“复制”命令呈浅灰色而不能使用时，则表示________。
    A. 选定的内容是页眉或页脚　B. 选定的内容太大，剪切板放不下
    C. 剪切板中没有信息　D. 在文档中没有选定任何信息
15. 用 Word 2010 编辑文件时，用户可以设置文件的自动保存时间间隔。如果改变自动保存时间间隔，将选择________。
    A. 开始选项卡　B. 视图选项卡　C. 文件选项卡　D. 快速访问工具栏
16. 在 Word 2010 的编辑状态下，设置了由多个行和列组成的表格。如果选中一个单元格，再按 Del 键，则________。
    A. 删除该单元格所在的行　B. 删除该单元格，右方单元格左移
    C. 删除该单元格的内容　D. 删除该单元格，下方单元格上移
17. 在 Word 2010 中，如果要为文档自动加上页码，可以使用________选项卡中的“页码”命令。
    A. 文件　B. 插入　C. 编辑　D. 格式
18. 在 Word 2010 查找替换过程中，如果只替换当前被查到的字符串，应单击________按钮。
    A. 查找下一处　B. 全部替换　C. 替换　D. 格式
19. Word 2010 中，鼠标拖动选定文本的同时按下 Ctrl 键执行的是________。
    A. 移动操作　B. 剪切操作　C. 复制操作　D. 粘贴操作
20. Word 2010 中，若要高效率地完成一篇长文档，文档的纲目结构应该是首先完成的工作，________是构建文档纲目结构的最佳途径。

A. 大纲视图　　B. 普通视图　　C. 页面视图　　D. Web 版式视图

21. 在 Word 2010 中，对“开始”选项卡“编辑”组中的“替换”命令描述错误的是________。
  A. 可以将文档中的字符替换为其他字符
  B. 可以对替换的字符进行格式设置
  C. 可以将文档中的图片直接用该命令替换
  D. 并不是文档中出现的所有信息都能替换

22. 用 Word 2010 编辑文件时，用户若需要在文档插入符所在位置插入磁盘上的某一张图片，将选择________中的命令。
  A. 视图选项卡　　B. 编辑选项卡　　C. 格式选项卡　　D. 插入选项卡

23. 在 Word 2010 中，对某个段落的全部文字进行下列设置，属于段落格式设置的是______。
  A. 设置为四号字　　B. 设置为楷体字
  C. 设置为 1.5 倍行距　　D. 设置为 4 磅字间距

24. 在 Word 2010 编辑状态下，若要对字体设置下标效果，应________。
  A. 双击“开始”选项卡　　B. 单击“字体”组的启动器
  C. 单击“开始”选项卡中的“格式刷”　　D. 单击“样式”组的启动器

25. 关于 Word 2010 分栏排版的说法正确的是________。
  A. 分栏排版只能把文档分为两栏，栏宽必须相等
  B. 分栏排版只能把文档分为两栏，但栏宽可以不相等
  C. 分栏排版可以把文档分为两栏，但栏宽必须相等
  D. 分栏排版可以把文档分为两栏，栏宽可以不等

26. 在 Word 2010 中能快速复制文档中字符的格式，并可将此格式应用到其他字符上的工具是________。
  A. 制表位　　B. 格式刷　　C. 剪贴板　　D. 脚注和尾注

27. 在 Word 2010 中，查看文档的打印效果应当使用的命令是________。
  A.“开始”选项卡的“打印预览”命令
  B.“页面布局”选项卡的“页面设置”命令
  C.“快速访问工具栏”中的“打印预览”命令
  D.“视图”选项卡的“显示比例”命令

28. 在 Word 2010 中，文档修改后若要换一个文件名存放，需用“文件”选项卡中的________命令。
  A. 保存　　B. 打开　　C. 另存为　　D. 新建

29. 在 Word 2010 中，要使文字能够环绕图形，应设置的环绕方式为________。
  A. 嵌入型　　B. 衬于文字上放　　C. 四周型　　D. 衬于文字下方

30. 在 Word 2010 中，如果双击左侧的选定栏，就选择了________。
  A. 一行　　B. 一段　　C. 多行　　D. 一页

31. 在 Word 2010 中，Ctrl+A 的组合键所完成的操作是________。
  A. 撤销上一步操作　　B. 选择整个文档
  C. 执行复制操作　　D. 仅选择文档中的文字

32. 在 Word 2010 中，“粘贴”命令的快捷键为________。
  A. Ctrl + X　　B. Ctrl + C　　C. Ctrl + V　　D. Ctrl + Z

33. 在 Word 2010 中，“撤销”命令的快捷键为________。

A. Ctrl + X　B. Ctrl + Y　C. Ctrl + V　D. Ctrl + Z

34. 在 Word 2010 中，对于插入文档中的图片，不能进行的操作是________。
A. 放大或缩小　B. 修改图片中的图形　C. 移动　D. 剪裁

35. 在 Word 2010 中，对文档进行打印之前最好能进行________，以确保取得满意的打印效果。
A. 分页　B. 打印预览　C. 保存　D. 另存为

36. 在 Word 2010 的编辑状态，打开文档 ABC，修改后另存为 ABD，则文档 ABC________。
A. 被文档 ABC 覆盖　B. 被修改未关闭
C. 被修改并关闭　D. 未修改被关闭

37. 在 Word 2010 中，对已经输入的文档进行分栏操作，需要使用的选项卡是________。
A. 分段　B. 分页　C. 分节　D. 分章

38. 在 Word 2010 中，在选定文档内容后，按下快捷键 Ctrl+C 是将选定的内容复制到______。
A. 指定位置　B. 剪贴板　C. 另一个文档中　D. 磁盘

39. 在 Word 2010 中，如果将选定的字符进行加粗，只需单击“开始”选项卡“字体”组中的________按钮即可。
A. *I*　B. U　C. B　D. A

40. 在 Word 2010 中编辑文本时，编辑区中自动产生在文本下方的“水波浪线”在打印时________出现在纸上。
A. 不会　B. 一部分　C. 全部　D. 大部分

二、填空题（每空 2 分，共 30 分）

1. Word 2010 中要使用“字体”对话框进行字符编排，可选择________选项卡中的“字体”选项，打开“字体”对话框。
2. 在 Word 2010 中，在图形编辑状态下，单击“□”按钮，按下________键的同时拖动鼠标，可以画出正方形。
3. 在 Word 2010 中，按________键和________键的组合键可以选定文档中的所有内容。
4. Word 2010 中________栏位于 Word 窗口的最下方，用来显示当前正在编辑的位置、字数、状态等信息。
5. 在 Word 2010 中，对某些字符加上着重号可以在________对话框中进行设置。
6. Word 2010 为用户提供了________、________、________、________以及 Web 版式在内的五种不同的视图方式。
7. Word 2010 为段落提供了左对齐、________、________、________、分散对齐五种不同的对齐方式。
8. 在 Word 2010 中，编辑一个 Word 2010 文档过程中，如果需要以新的文件名保存该文档，则应在文件选项卡中选择________命令。
9. 在 Word 2010 中，段落标记符是输入________键产生的。

三、判断题（每题 1 分，共 10 分，正确的填“T”，错误的填“F”）

(　　) 1. 在 Word 2010 下保存文件时，默认的文件扩展名是 doc。
(　　) 2. 在 Word 2010 中，执行“文件”选项卡中的“关闭”命令项将结束 Word 2010 应用程序运行。

(　　) 3. 在 Word 2010 中，可以应用剪切操作对选中的对象进行删除。
(　　) 4. 在 Word 2010 中，查找（替换）只能查找（替换）文字。
(　　) 5. 在 Word 2010 中，当前正在编辑文档的文件名能显示在标题栏上。
(　　) 6. 在 Word 2010 中，“保存”和“另存为”的功能完全一样。
(　　) 7. 在 Word 2010 中，对之前进行的任意操作都可以通过“撤销”功能给予取消。
(　　) 8. 在 Word 2010 中，若需要将文档中的一段文字从当前位置移到另一处，当选定该文字后复制该文字。
(　　) 9. 在 Word 2010 中，进行文本格式化的最小单位是字符。
(　　) 10. 在 Word 2010 中，要选中一段文字可以在该段文字的任意地方双击鼠标。

四、简答题（每题 5 分，共 20 分）

1. Word 2010 的“保存”和“另存为”命令在功能上有何异同？
2. 在 Word 2010 中，表格的创建有哪两种方法，在选择不同方法创建表格时的依据是什么？
3. 什么是邮件合并？
4. 在 Word 2010 中，要使一篇长文档的各章具有不同的页眉，应该如何操作？

第 4 章　电子表格软件 Excel 2010

实验一　数据的处理与图表的创建

一、实验案例

期末考试成绩出来了，如表 4-1 所示。班长小张需要将同学们的几科考试成绩进行统计：求出每门课程的最高分、平均分和标准差；求出每人的总分，将总分比平均总分高 10% 的评为优秀，将总分比平均总分高 5% 的评为良好，其余为合格；将 90 分以上的考试成绩用蓝色显示，单元格底纹设置为灰色，结果如图 4-1 所示。

表 4-1　考试成绩表

学号	姓名	数学	英语	计算机	政治	总分	总评
20140403100001	王小丫	90	88	95	92		
20140403100002	占海龙	88	76	87	76		
20140403100003	汪洋	92	92	89	88		
20140403100004	左子玉	88	95	87	90		
20140403100005	刘利立	84	92	78	78		
20140403100006	周畅	72	86	94	92		
20140403100007	李婧	95	96	87	95		
20140403100008	葛红	70	74	72	73		
20140403100009	吴小仪	68	66	90	64		
20140403100010	张霞	83	88	75	90		

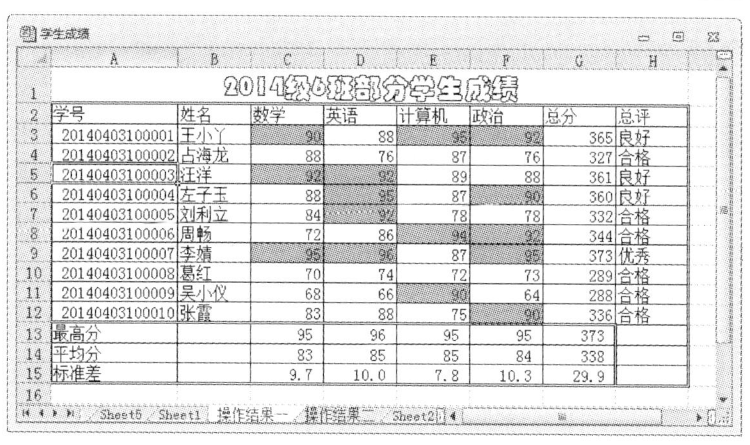
学生成绩

2014级6班部分学生成绩

学号	姓名	数学	英语	计算机	政治	总分	总评
20140403100001	王小丫	90	88	95	92	365	良好
20140403100002	占海龙	88	76	87	76	327	合格
20140403100003	汪洋	92	92	89	88	361	良好
20140403100004	左子玉	88	95	87	90	360	良好
20140403100005	刘利立	84	92	78	78	332	合格
20140403100006	周畅	72	86	94	92	344	合格
20140403100007	李婧	95	96	87	95	373	优秀
20140403100008	葛红	70	74	72	73	289	合格
20140403100009	吴小仪	68	66	90	64	288	合格
20140403100010	张霞	83	88	75	90	336	合格
最高分		95	96	95	95	373	
平均分		83	85	85	84	338	
标准差		9.7	10.0	7.8	10.3	29.9	

Sheet5 Sheet1 操作结果一 操作结果二 Sheet2

图 4-1　“学生成绩”表操作结果一

小张把对考试成绩的统计结果交给辅导员，辅导员要求小张对每门课程的成绩进行分段统计，结果如图 4-2 所示。

最后，建立各科成绩分段统计结果的图表如图 4-3 所示。

2014级6班部分学生成绩

学号	姓名	数学	英语	计算机	政治	总分	总评
20140403100001	王小丫	90	88	95	92	365	优秀
20140403100002	占海龙	88	76	87	76	327	
20140403100003	汪洋	92	92	89	88	361	优秀
20140403100004	左子玉	88	95	87	90	360	优秀
20140403100005	刘利立	84	92	78	78	332	
20140403100006	周畅	72	86	94	92	344	
20140403100007	李婧	95	96	87	95	373	优秀
20140403100008	葛红	70	74	72	73	289	
20140403100009	吴小仪	68	66	90	64	288	
20140403100010	张霞	83	88	75	90	336	
分段统计	>=90	3	4	3	5		
	80~90	4	3	4	1		
	70~79	2	2	3	3		
	60~69	1	1	0	1		

图 4-2 “学生成绩”表操作结果二

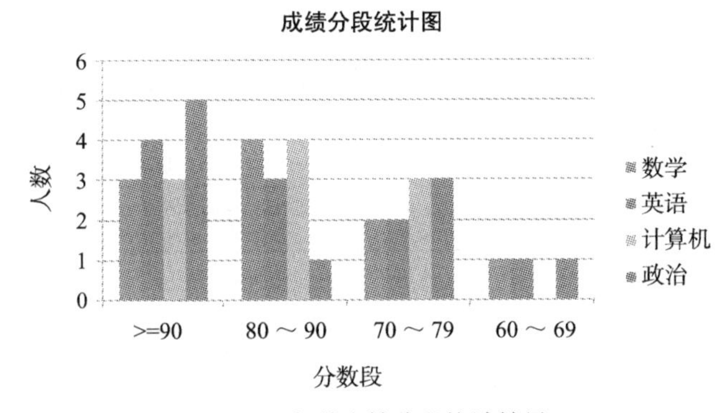

图 4-3 各科成绩分段统计结果

二、实验指导

1. 数据输入

启动 Excel 2010（中文版），出现默认的空白工作簿“工作簿 1”，其中有三张空白工作表 Sheet1、Sheet2、Sheet3。Sheet1 为当前工作表，在 A1 单元格中输入标题“2014 级 6 班部分学生成绩”；在第二行的 A 列～ H 列中分别输入“学号”、“姓名”、“数学”、“英语”、“计算机”、“政治”、“总分”、“总评”列标题。

1）A 列中数据用自动填充法：在 A3、A4 单元格中分别输入“20140403100001”、“20140403100002”，由于输入的数字多于 11 位，系统自动用科学计数法显示数据。

2）选中 A3、A4 单元格区域，在“开始”选项卡的“单元格”组中单击“格式”按钮，选择“设置单元格格式”命令，系统弹出“设置单元格格式”对话框，在“数字”选项卡的分类框中选择“自定义”，在“类型（T）:”下的文本框中连续输入 13 个数字“0”，即“0000000000000”，单击“确定”按钮，此时 13 位的学号数据不再是科学计数法的显示方式。如果单元格显示“##”，则将单元格拉宽些即可。

3）选中 A3、A4 单元格区域，再用鼠标拖曳单元格区域填充柄至 A12 处结束。

4）在其余各单元格中按表 4-1 中的数据分别输入。

2. 利用函数或公式计算总分

计算总分可以利用 SUM 函数或直接输入公式的方法求和，下面分别以 G3G4 单元格为例说明两种方法的具体操作步骤。

（1）利用系统提供的 SUM 函数进行求和

双击 G3 单元格，在 G3 中输入等号“=”，编辑栏的左边会出现一函数名下拉列表，单击“▼”，则会出现函数名列表，如图 4-4 所示。

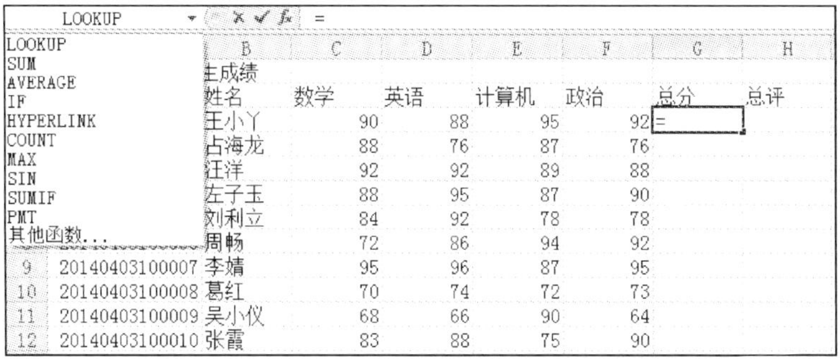

LOOKUP ▾ × ✓ fx =

LOOKUP
SUM
AVERAGE
IF
HYPERLINK
COUNT
MAX
SIN
SUMIF
PMT
其他函数...

		B	C	D	E	F	G	H
		生成绩						
		姓名	数学	英语	计算机	政治	总分	总评
		王小丫	90	88	95	92	=	
		占海龙	88	76	87	76		
		汪洋	92	92	89	88		
		左子玉	88	95	87	90		
		刘利立	84	92	78	78		
		周畅	72	86	94	92		
9	20140403100007	李婧	95	96	87	95		
10	20140403100008	葛红	70	74	72	73		
11	20140403100009	吴小仪	68	66	90	64		
12	20140403100010	张霞	83	88	75	90		

图 4-4 函数名列表

选择 SUM 函数，随即弹出“函数参数”对话框，在 Number1 栏中输入求和的范围或单元格区域，单击右边的小按钮后用鼠标从 C3 单元格拖至 F3 单元格后按 Enter 键（或直接在 Number1 栏中的空白处输入 C3:F3），如图 4-5 所示，再按“确定”按钮，G3 单元格中就出现了总分的值。

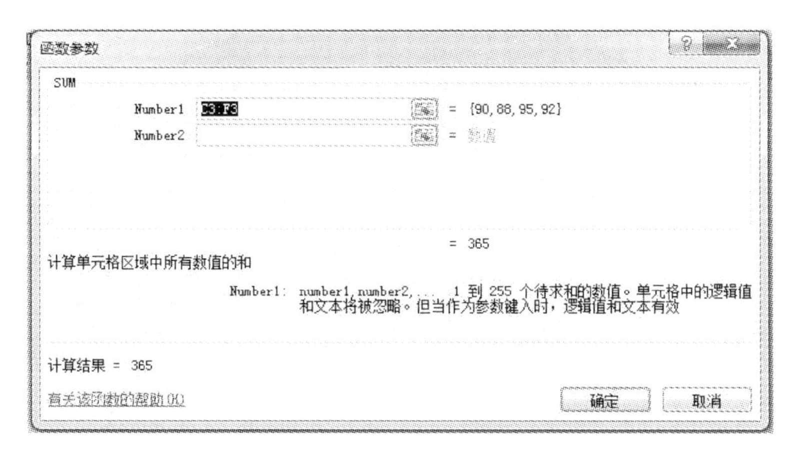

图 4-5 “函数参数”对话框

（2）利用公式求和

先选中 G4 单元格为活动单元格，单击编辑栏上的“=”，然后在编辑栏中直接填入公式“=C4+D4+E4+F4”，按 Enter 键即可。

求出了 G4 单元格的值后，再将 G4 单元格的填充柄拖曳至 G12，即可求出所有考生的成绩总分。

3. 求最高分、平均分和标准差

（1）求最高分

在 A13 单元格中输入“最高分”，在 C13 单元格中输入公式“=MAX（C3:C12）”，求出数学成绩的最高分为 95，选定 C13 单元格，利用填充柄将 C13 中的公式填充到 D13、E13、F13 和 G13 中。

（2）求平均分

在A14单元格中输入“平均分”，在C14单元格中输入公式“=AVERAGE（C3:C12）”，求出数学成绩的平均分为83，选定C14单元格，利用填充柄将C14中的公式填充到D14、E14、F14和G14中。

（3）求标准差

1）在A15单元格中输入“标准差”，选定C15元格，单击“公式”选项卡中的“插入函数”按钮，在弹出的“插入函数”对话框中选择“STDEV”函数，如图4-6所示。

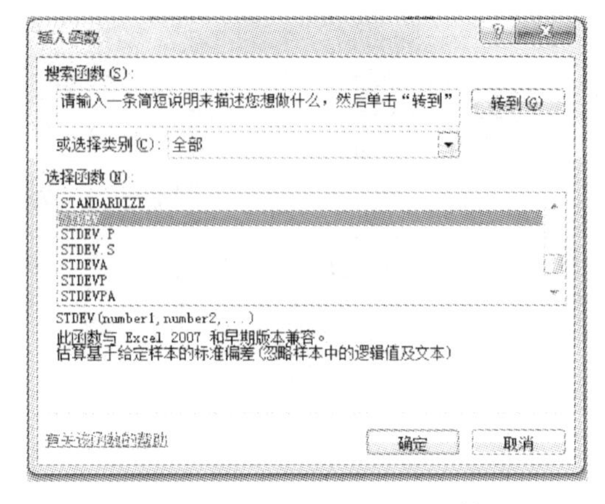

图4-6 选择“STDEV”函数

2）在系统弹出的“函数参数”对话框的Number1中输入C3:C12，按下“确定”按钮，在C15元格中得到标准差的值9.660918，选定C15单元格，右击鼠标，在弹出的快捷菜单中选择“设置单元格格式”命令，弹出“设置单元格格式”对话框，选定“数字”选项卡，设置“数值”的小数位为1位，如图4-7所示。

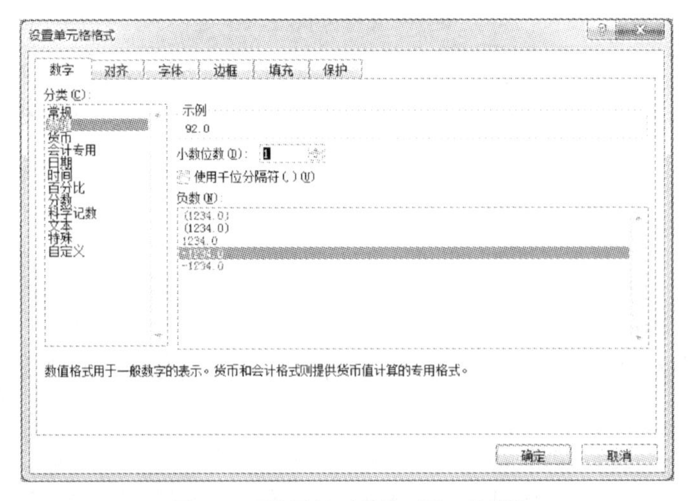

图4-7 “设置单元格格式”对话框

3）单击“确定”按钮后，C15单元格中的数据值为1位小数9.7，选定C15单元格，利用填充柄将C15中的公式以及格式填充到D15、E15、F15和G15中，结果如图4-8所示。

4. 求总评等级

如图4-8所示，利用IF函数求总评结果。在H3单元格输入公式：“=IF（G3>=（$G$14+$G$14*0.1），"优秀"，IF（G3>（$G$14+$G$14*0.05），"良好"，"合格"））”。

说明：公式中“G3”为单元格地址的相对引用，当公式“=IF(G3>=($G$14+$G$14*0.1)，"优秀"，IF（G3>（$G$14+$G$14*0.05），"良好"，"合格"））”被填充到H4至H12单元格后，公式中的单元格地址将相对变为G4至G12；而G14单元格为求出的平均总分，每位同学的总评结果都需要与平均总分进行比较，公式被填充时，所引用的单元格地址G14不发生变化，所以“$G$14”单元格引用为绝对引用。

	A	B	C	D	E	F	G	H
1	2014级6班部分学生成绩							
2	学号	姓名	数学	英语	计算机	政治	总分	总评
3	20140403100001	王小丫	90	88	95	92	365	
4	20140403100002	占海龙	88	76	87	76	327	
5	20140403100003	汪洋	92	92	89	88	361	
6	20140403100004	左子玉	88	95	87	90	360	
7	20140403100005	刘利立	84	92	78	78	332	
8	20140403100006	周畅	72	86	94	92	344	
9	20140403100007	李婧	95	96	87	95	373	
10	20140403100008	葛红	70	74	72	73	289	
11	20140403100009	吴小仪	68	66	90	64	288	
12	20140403100010	张霞	83	88	75	90	336	
13	最高分		95	96	95	95	373	
14	平均分		83	85.3	85.4	83.8	337.5	
15	标准差		9.7	10.0	7.8	10.3	29.9	
16								

图 4-8　求最高分、平均分和标准差的结果

5. 设置条件格式

在进行条件格式的设置之前，要先选定需要应用条件格式的单元格区域 C3:F12，再选择“开始”选项卡的“样式”组中“条件格式”按钮，弹出一组命令，选择“新建规则”命令，弹出“新建格式规则”对话框，选择规则类型为“只为包含以下内容的单元格设置格式”，在编辑规则说明中输入相应的条件，本例为“单元格值大于或等于 90”，如图 4-9 所示，单击图 4-9 中的“格式”按钮，在弹出的“设置单元格格式”对话框中，设置字体颜色为蓝色，设置背景颜色为灰色。单击“确定”按钮，再单击“确定”按钮，效果如图 4-10 所示。

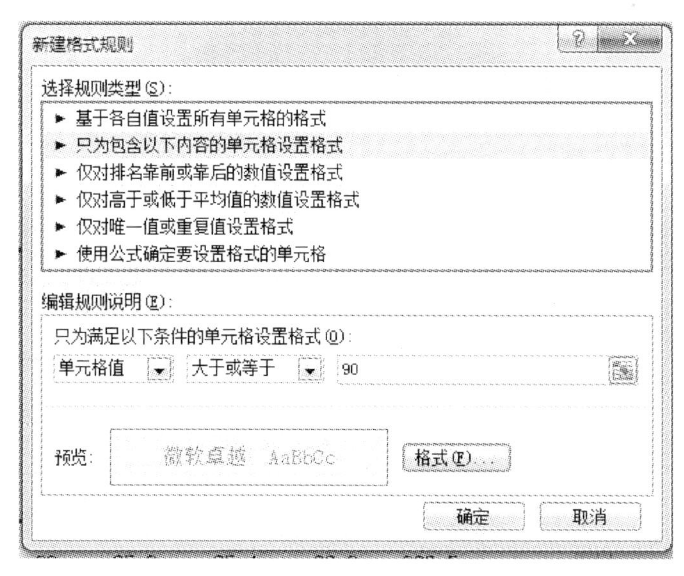

图 4-9　“新建格式规则”对话框

6. 设置标题格式

选定 A1:H1 单元格区域，单击“开始”选项卡中“对齐方式”组的“合并后并居中”命令；再单击“字体”组右下脚对话框启动器，弹出“设置单元格格式”对话框，选择“字体”选项卡，将字体设置为“华文彩云”，“字型”设置为“加粗”，字号设置为“20”，如图 4-11 所示，单击“确定”按钮。

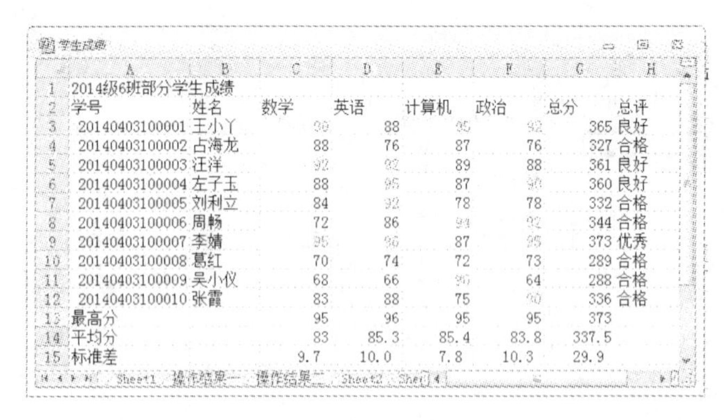

	A	B	C	D	E	F	G	H
1	2014级6班部分学生成绩							
2	学号	姓名	数学	英语	计算机	政治	总分	总评
3	20140403100001	王小丫	90	88	95	92	365	良好
4	20140403100002	占海龙	88	76	87	76	327	合格
5	20140403100003	汪洋	92	92	89	88	361	良好
6	20140403100004	左子玉	88	95	87	90	360	良好
7	20140403100005	刘利立	84	92	78	78	332	合格
8	20140403100006	周畅	72	86	94	92	344	合格
9	20140403100007	李婧	95	96	87	95	373	优秀
10	20140403100008	葛红	70	74	72	73	289	合格
11	20140403100009	吴小仪	68	66	90	64	288	合格
12	20140403100010	张霞	83	88	75	90	336	合格
13	最高分		95	96	95	95	373	
14	平均分		83	85.3	85.4	83.8	337.5	
15	标准差		9.7	10.0	7.8	10.3	29.9	

图 4-10　条件格式效果

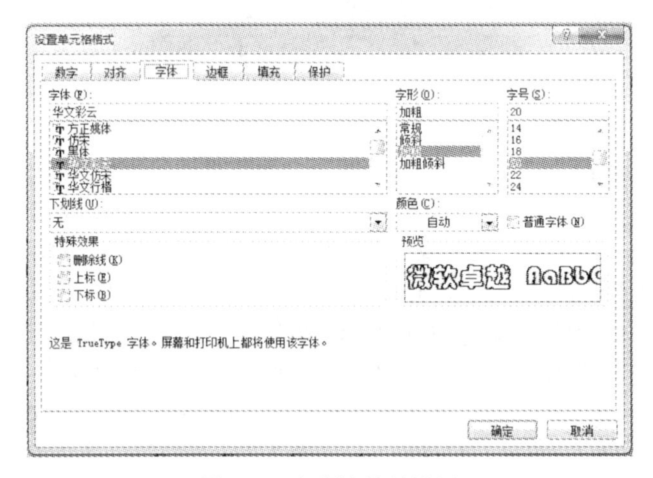

图 4-11　标题字体的设置

7. 表格边框的设置

选定 A1:H15 单元格区域，右击鼠标，选择“设置单元格格式”命令，弹出“设置单元格格式”对话框，选择“边框”选项卡，设置“线条”的样式“为双线”，“预置”为“外边框”，再设置“线条”的“样式”为单实线，“预置”为“内部”边框，如图 4-12 所示，单击“确定”按钮。

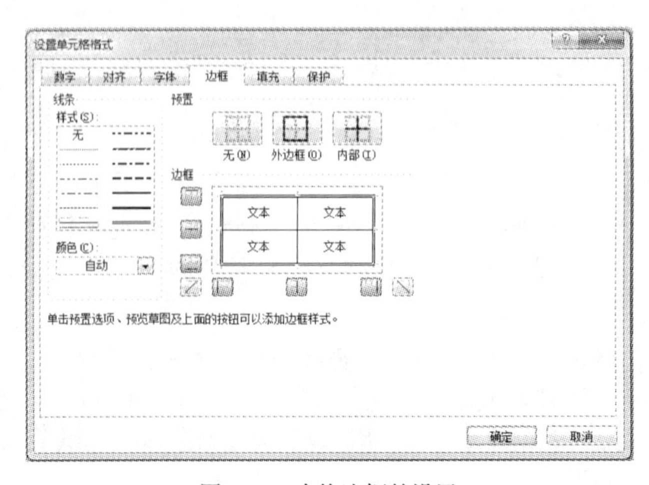

图 4-12　表格边框的设置

在工作表标签“ sheet1”上双击，“ sheet1”呈反显状态，输入“操作结果一”，将当前工作表重命名为“操作结果一”，如图 4-1 所示。

8. 各科成绩分段统计

将鼠标放在“操作结果一”工作表标签处，右击鼠标，在弹出的快捷菜单中选择“移动或复制”命令，在弹出的“移动或复制工作表”对话框中勾选“建立副本”后单击“确定”按钮。

在当前的副本工作表中选中 A13:G15 单元格区域，选择“开始”选项卡的“编辑”组中的“清除”按钮，选择“清除内容”命令。接着在 A13 单元格中输入“分段统计”，在 B13 ～ B16 单元格中分别输入“>=90”、“80 ～ 89”、“70 ～ 79”、“60 ～ 69”。

（1）>=90 分的统计

选中 C13 单元格，输入公式“ =COUNTIF（C3:C12，">=90")”，C14 单元格中得到满足条件的统计结果“3”。再横向拖曳 C13 单元格的填充柄至 F13，则得到各科目 >=90 分的人数。

（2）80 ～ 89 分的统计

80 ～ 89 分之间的人数是“ >=80 分的人数” - “ >=90 分的人数”，在 C14 单元格中输入公式“=COUNTIF（C3:C12, ">=80"）-C13”, C14 单元格中即得到满足条件的统计结果“4”。再横向拖曳 C14 单元格的填充柄至 F14，则得到各科目≥ 80 分的人数。

用相同的方法分别统计其他分数段的人数。

将当前工作表重命名为“操作结果二”，如图 4-2 所示。

9. 创建与编辑图表

（1）创建图表

在工作表“操作结果二”中选中单元格区域 B13:F16 为图表源数据，单击“插入”选项卡“图表”组中的“柱形图”按钮，选择“二维柱形图”中的“簇状柱形图”，在当前工作表中即出现如图 4-13a 所示的图表。

（2）编辑图表

1）选择数据源。在图表上右击鼠标，选择其中的“选择数据”命令，弹出“选择数据源”对话框，选择其中的“切换行 / 列”按钮，单击“确定”按钮，结果如图 4-13b 所示。

2）编辑数据系列。在图表上右击鼠标，单击“选择数据”命令，在弹出的“选择数据源”对话框中选择“系列 1”后单击“编辑”按钮，如图 4-14a 所示。

在弹出的“编辑数据系列”对话框中，单击“系列名称”栏中的“选择区域”按钮，在工作表区域中选择 C2 单元格的值“数学”替换“系列 1”，同样的方法分别将“系列 2”至“系列 4”用 D2、E2 和 F2 单元格中的值“英语”、“计算机”和“政治”替换，如图 4-14b 所示。

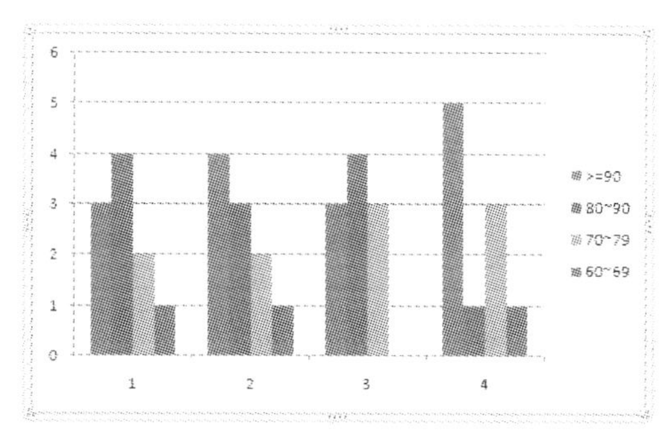

a)

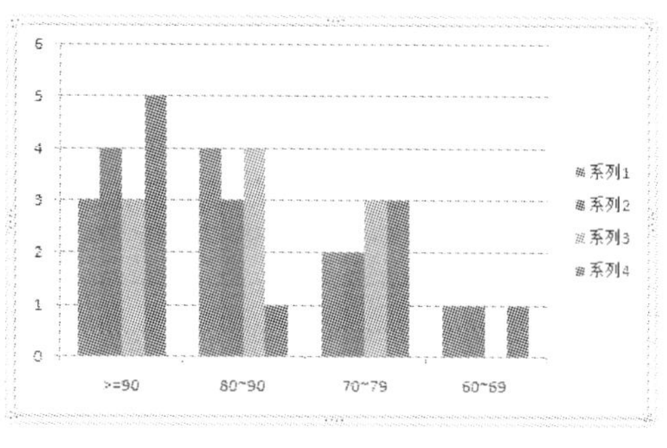

b)

图 4-13　图表操作结果

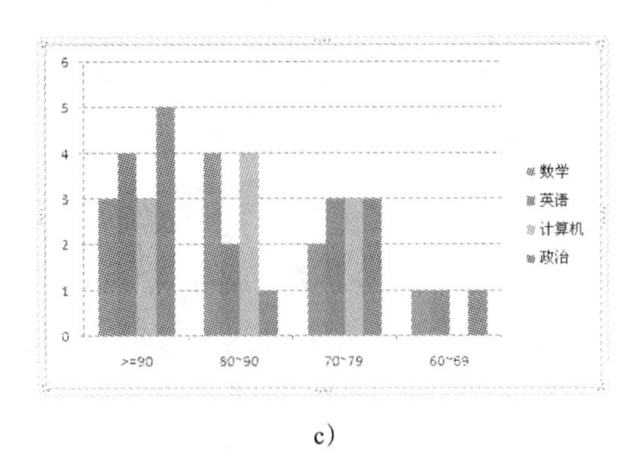

c)

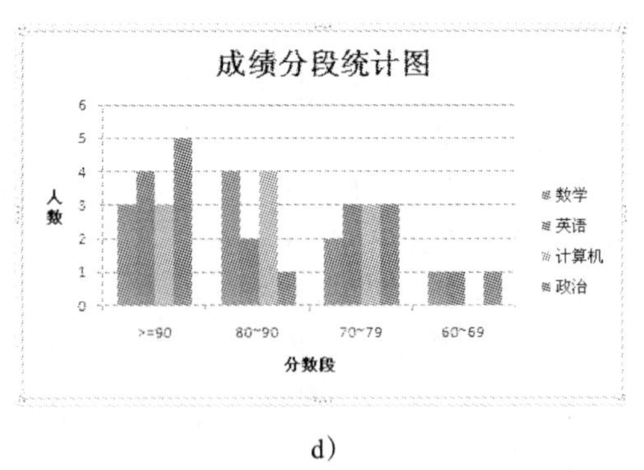

d)

图 4-13 （续）

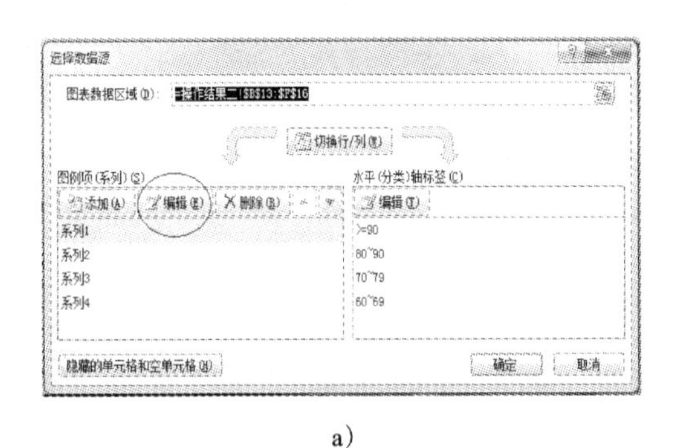

a)

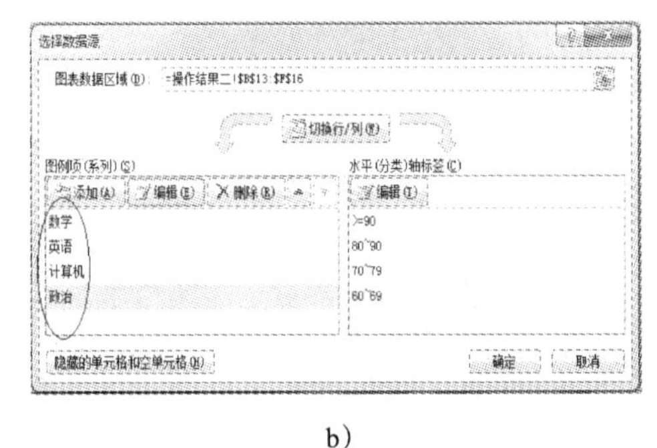

b)

图 4-14 编辑数据系列

单击“确定”按钮，结果如图 4-13c 所示。

3）添加图表标题。选定图表，单击“图表工具”的“布局”选项卡，在“标签”组中单击“图表标题”按钮，将标题位置选择在图表上方，输入标题“成绩分段统计图”。

4）添加坐标轴标题。在“标签”组中单击“坐标轴标题”按钮，设置横坐标轴标题“分数段”和纵坐标轴标题“人数”。

编辑后的图表如图 4-13d 所示。

三、实验体验

1. 题目

（1）建立工作表，输入数据

启动 Excel，在空白工作表中输入以下数据，如表 4-2 所示，并以 DATA1.XLS.X 为文件名保存在当前文件夹中。

表 4-2 计算机 2 班部分学生成绩

计算机 2 班部分学生成绩表					
姓名	数学	外语	计算机	总分	总评
张小琳	98	77	88		
李华	88	90	99		
刘晓笛	67	76	76		
金素华	66	77	66		

（续）

计算机 2 班部分学生成绩表					
姓名	数学	外语	计算机	总分	总评
蔡戈	77	65	77		
许家威	88	92	100		
黄一非	43	56	67		
程奕	57	77	65		
最高分					
最低分					
平均分					

（2）利用公式和函数进行计算

先计算每个学生的总分，并求出各科目的最高分、最低分和平均分；再利用 IF 函数按总分进行判断，总评出优秀学生（总分大于或等于平均分的 10% 者为“优秀”）。

（3）编辑工作表

将每个学生的各科成绩及总分（A3:F11）转置复制到 A17 起始的区域，形成第二个表格。第二个表格仅保留优秀生的情况。

（4）创建和编辑图表

对“成绩表”工作表按如图 4-15 所示的样式进行格式化。

选中表格中的全部数据，在当前工作表 Sheet1 中创建嵌入的柱形图图表，图表标题为“学生成绩表”，并进行编辑和格式化操作，如图 4-16 所示。

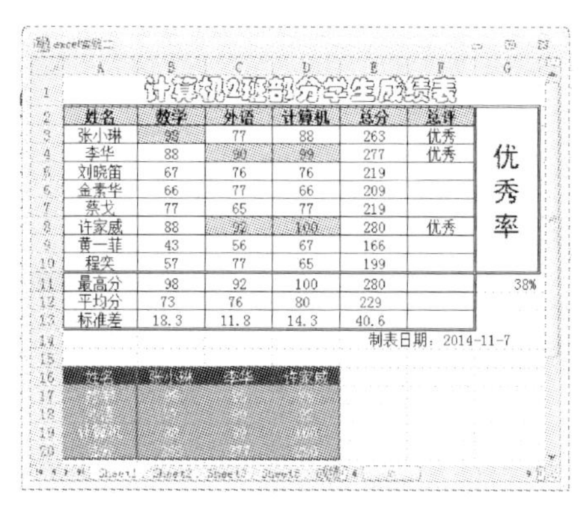

计算机2班部分学生成绩表						
姓名	数学	外语	计算机	总分	总评	
张小琳	98	77	88	263	优秀	优秀率
李华	88	90	99	277	优秀	
刘晓笛	67	76	76	219		
金素华	66	77	66	209		
蔡戈	77	65	77	219		
许家威	88	92	100	280	优秀	
黄一菲	43	56	67	166		
程奕	57	77	65	199		
最高分	98	92	100	280		38%
平均分	73	76	80	229		
标准差	18.3	11.8	14.3	40.6		

制表日期：2014-11-7

图 4-15　学生成绩表样式

图 4-16　学生成绩柱形图

（5）将图表设置为折线图

将建立的嵌入图复制到 A22 单元格开始的区域，并改为如图 4-17 所示的折线图，对图形区背景、图例等格式化。

（6）将计算机课程成绩设置为饼图

将“计算机”课程的部分学生成绩创建为独立的三维饼图，按照图 4-18 所示进行格式化、调整图形的大小及进行必要的编辑。

2. 目的与要求

- 掌握工作表中数据的输入方法。
- 掌握单元格数据的编辑和修改。
- 掌握公式和函数的使用。

- 熟悉图表的创建过程。
- 掌握图表的编辑。
- 掌握图表的格式化。

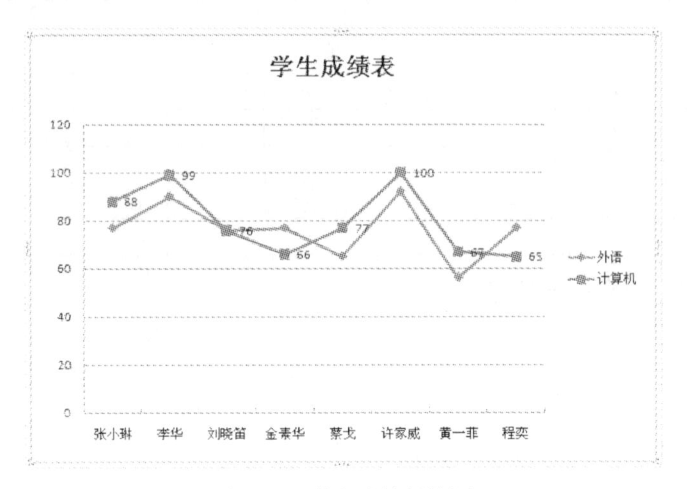

图 4-17　学生成绩折线图

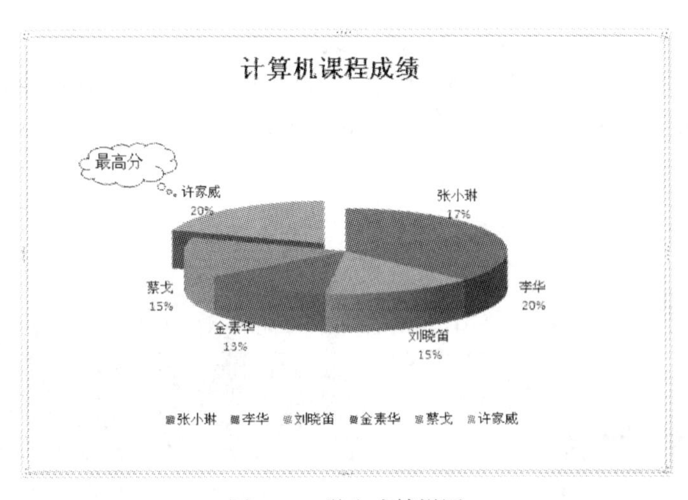

图 4-18　学生成绩饼图

实验二　Excel 函数

一、实验案例

第一学期期末考试结束，小刘将初一年级三个班级部分学生的成绩录入了 Excel 工作簿文档中，文档中有三个相关的工作表，分别是："第一学期期末成绩"、"学号对照" 和 "成绩统计" 工作表，每张工作表的数据如图 4-19 所示。

- 对 "第一学期期末成绩" 工作表进行格式调整。通过套用表格格式方法将所有成绩记录调整为一致的外观格式，并对该工作表中的数据列表进行格式化操作：将第一列 "学号" 列设为文本，将所有成绩列设为保留两位小数的数值，设置对齐方式，增加适当的边框和底纹以使工作表更加美观。

初一年级第一学期期末成绩

学号	姓名	班级	语文	数学	英语	生物	地理	历史	政治	总分	平均分
C120305			91.5	89	94	92	91	86	86		
C120101			97.5	106	108	98	99	99	96		
C120203			93	99	92	86	86	73	92		
C120104			102	116	113	78	88	86	74		
C120301			99	98	101	95	91	95	78		
C120306			101	94	99	90	87	95	93		
C120206			100.5	103	104	88	89	78	90		
C120302			78	95	94	82	90	93	84		
C120204			95.5	92	96	84	95	91	92		
C120201			94.5	107	96	100	93	92	93		
C120304			95	97	102	93	95	92	88		
C120103			95	85	99	98	92	92	88		
C120105			88	98	101	89	73	95	91		
C120202			86	107	89	88	92	88	89		
C120205			103.5	105	105	93	93	90	86		
C120102			110	95	98	99	93	93	92		
C120303			85.5	100	97	87	78	89	93		
C120106			90	111	116	75	95	93	95		

a)“第一学期期末成绩”表

学号对照

学号	姓名	班级
C120305	王清华	3班
C120101	包宏伟	1班
C120203	吉祥	2班
C120104	刘康锋	1班
C120301	刘鹏举	3班
C120306	齐飞扬	3班
C120206	闫朝霞	2班
C120302	孙玉敏	3班
C120204	苏解放	2班
C120201	杜学江	2班
C120304	李北大	3班
C120103	李娜娜	1班
C120105	张桂花	1班
C120202	陈万地	2班
C120205	倪冬声	2班
C120102	符合	1班
C120303	曾令煊	3班
C120106	谢如康	1班

b)“学号对照”表

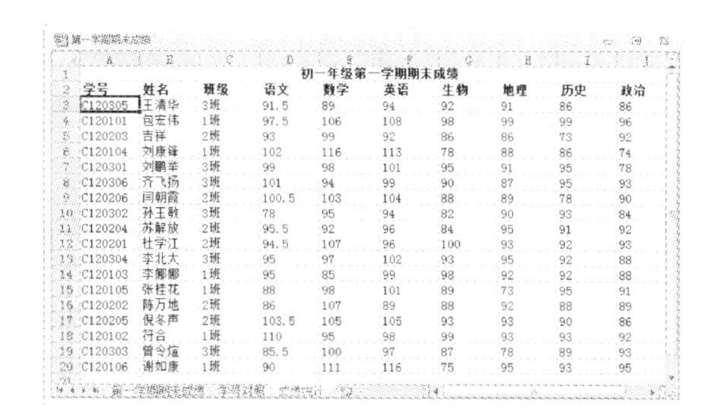

初一年级第一学期期末成绩

学号	姓名	班级	语文	数学	英语	生物	地理	历史	政治
C120305	王清华	3班	91.5	89	94	92	91	86	86
C120101	包宏伟	1班	97.5	106	108	98	99	99	96
C120203	吉祥	2班	93	99	92	86	86	73	92
C120104	刘康锋	1班	102	116	113	78	88	86	74
C120301	刘鹏举	3班	99	98	101	95	91	95	78
C120306	齐飞扬	3班	101	94	99	90	87	95	93
C120206	闫朝霞	2班	100.5	103	104	88	89	78	90
C120302	孙玉敏	3班	78	95	94	82	90	93	84
C120204	苏解放	2班	95.5	92	96	84	95	91	92
C120201	杜学江	2班	94.5	107	96	100	93	92	93
C120304	李北大	3班	95	97	102	93	95	92	88
C120103	李娜娜	1班	95	85	99	98	92	92	88
C120105	张桂花	1班	88	98	101	89	73	95	91
C120202	陈万地	2班	86	107	89	88	92	88	89
C120205	倪冬声	2班	103.5	105	105	93	93	90	86
C120102	符合	1班	110	95	98	99	93	93	92
C120303	曾令煊	3班	85.5	100	97	87	78	89	93
C120106	谢如康	1班	90	111	116	75	95	93	95

c)“成绩统计”表

图 4-19 学生成绩数据

- 利用“条件格式”功能进行下列设置：将语文、数学、英语三科中不低于 110 分的成绩所在的单元格以一种颜色填充，所用颜色深浅以不遮挡数据为宜。
- 利用 SUM 和 AVERAGE 函数计算每一个学生的总分及平均成绩。
- 学号第 4、5 位代表学生所在的班级，例如：“C120101”代表 12 级 1 班。请通过函数提取每个学生所在的专业，并按下列对应关系填写在“班级”列中。

“学号”的 4、5 位	对应班级
01	1 班
02	2 班
03	3 班

- 根据学号，请在“第一学期期末成绩”工作表的“姓名”列中使用 VLOOKUP 函数完成姓名的自动填充。“姓名”和“学号”的对应关系在“学号对照”工作表中。
- 在 M2 单元格输入新变量名“排名”，在不改变原有数据顺序的情况下，给出按平均分降序排名的名次。
- 在“成绩统计”表中通过分类汇总功能求出每个班各科的最大值，并将汇总结果显示在数据下方。
- 以分类汇总结果为基础创建一个簇状条形图，对每个班各科最大值进行比较。

二、实验指导

1. 格式调整

1）选中单元格 A2:L20 区域，单击“开始”选项卡下“样式”组中的“套用表格格式”下拉按钮，在弹出的下拉列表中选择“表样式浅色 16”命令，如图 4-20 所示。

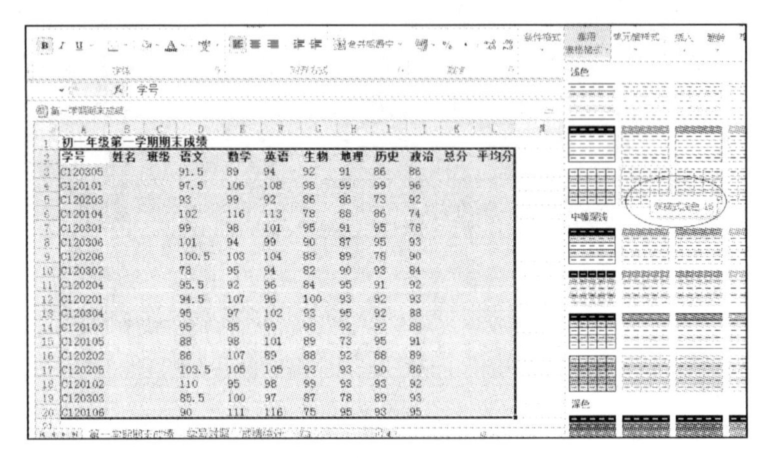

图 4-20　套用表格格式

2）选中“学号”列，右击鼠标，在弹出的快捷菜单中选择“设置单元格格式”命令，弹出“设置单元格格式”对话框，在“数字”选项卡的“分类”组中选择“文本”命令，单击“确定”按钮即将学号列设为文本。

3）选中所有成绩列，右击鼠标，在弹出的快捷菜单中选择“设置单元格格式”命令，弹出“设置单元格格式”对话框，在“数字”选项卡的“分类”组中选择“数值”命令，在小数位数微调框中设置小数位数为“2”。

4）选中所有文字内容单元格，单击“开始”选项卡，在“对齐方式”组中单击“居中”按钮。

5）在“设置单元格格式”对话框中的“边框”选项卡下，在“预置”组中选择“外边框”和“内部”命令。

6）单击“确定”按钮。

2. 条件格式

1）选中 D2:F20 单元格区域，单击“开始”选项卡下“样式”组中的“条件格式”下拉按钮，选择“突出显示单元格规则”中的“其他规则”命令，弹出“新建格式规则”对话框。

2）在“编辑规则说明”选项下设置单元格值大于或等于 110，单击“格式”按钮，弹出“设置单元格格式”对话框，在“填充”选项卡下选择“红色”命令，然后单击“确定”按钮。

3）再次单击“确定”按钮。

3. 利用 SUM 和 AVERAGE 函数计算每一个学生的总分及平均成绩

1）在 K3 单元格中输入“=SUM（D3:J3）”，按 Enter 键后完成总分的自动填充。

2）在 L3 单元格中输入“=AVERAGE（D3:J3）”，按 Enter 键后完成平均分的自动填充。

4. 提取班级信息并填充

在 C3 单元格中输入“=IF（MID（A3，4，2）="01"，"1 班"，IF（MID（A3，4，2）="02"，"2 班"，"3 班"））”，按 Enter 键后完成班级的自动填充。

5. 姓名的填充

在 B3 单元格中输入 "=VLOOKUP（A3，学号对照 !$A$3:$B$20，2，FALSE）"，按 Enter 键后完成姓名的自动填充。操作结果如图 4-21 所示。

初一年级第一学期期末成绩

学号	姓名	班级	语文	数学	英语	生物	地理	历史	政治	总分	平均分
C120305	王清华	3班	91.50	89.00	94.00	92.00	91.00	86.00	86.00	629.50	89.93
C120101	包宏伟	1班	97.50	106.00	108.00	98.00	99.00	99.00	96.00	703.50	100.50
C120203	吉祥	2班	93.00	99.00	92.00	86.00	86.00	73.00	92.00	621.00	88.71
C120104	刘康锋	1班	102.00	[illegible]	[illegible]	78.00	88.00	86.00	74.00	657.00	93.86
C120301	刘鹏举	3班	99.00	98.00	101.00	95.00	91.00	95.00	78.00	657.00	93.86
C120306	齐飞扬	3班	101.00	94.00	99.00	90.00	87.00	95.00	93.00	659.00	94.14
C120206	闫朝霞	2班	100.50	103.00	104.00	88.00	89.00	78.00	90.00	652.50	93.21
C120302	孙玉敏	3班	78.00	95.00	94.00	82.00	90.00	93.00	84.00	616.00	88.00
C120204	苏解放	2班	95.50	92.00	96.00	84.00	95.00	91.00	92.00	645.50	92.21
C120201	杜学江	2班	94.50	107.00	96.00	100.00	93.00	92.00	93.00	675.50	96.50
C120304	李北大	3班	95.00	97.00	102.00	93.00	95.00	92.00	88.00	662.00	94.57
C120103	李娜娜	1班	95.00	85.00	99.00	98.00	92.00	92.00	88.00	649.00	92.71
C120105	张桂花	1班	88.00	98.00	101.00	89.00	73.00	95.00	91.00	635.00	90.71
C120202	陈万地	2班	86.00	107.00	89.00	88.00	92.00	88.00	89.00	639.00	91.29
C120205	倪冬声	2班	103.50	105.00	105.00	93.00	93.00	90.00	86.00	675.50	96.50
C120102	符合	1班	[illegible]	95.00	98.00	99.00	93.00	93.00	92.00	680.00	97.14
C120303	曾令煊	3班	85.50	100.00	97.00	87.00	78.00	89.00	93.00	629.50	89.93
C120106	谢如康	1班	90.00	[illegible]	[illegible]	75.00	95.00	93.00	95.00	675.00	96.43

图 4-21 “第一学期期末成绩”表操作结果

6. 平均分排名

1）在 M2 单元格中输入“排名”文本。

2）在 M3 单元格中输入公式“ =RANK（L2，$L$2:$L$19，0）”，并按 Enter 键，其中，L2 是欲参与排名的数据，$L$2:$L$19 是引用的数字列表，0 为返回 L2 在所引用的数字列表中的降序排列名次。

3）完成公式的填充。

7. 分类汇总

1）在“成绩统计”工作表中选中 C3:C20 单元格区域，单击“数据”选项卡下“排序和筛选”组中的“升序”按钮，弹出“排序提醒”对话框，选择“扩展选定区域”单选按钮。单击“排序”按钮，完成“班级”列的升序排序。

2）选中 C21 单元格，单击“数据”选项卡下“分级显示”组中的“分类汇总”按钮，弹出“分类汇总”对话框，单击“分类字段”下拉按钮，选择“班级”复选框，单击“汇总方式”下拉按钮，在弹出的下拉列表中选择“最大值”命令，在“选定汇总项”组中勾选“语文”、“数学”、“英语”、“生物”、“地理”、“历史”、“政治”复选框，勾选“汇总结果显示在数据下方”复选框。

3）单击“确定”按钮，操作结果如图 4-22 所示。

8. 创建条形图

1）在分类汇总的结果中，拖曳鼠标，依次选中每个班各科最大成绩所在的单元格（D9:J9、D16:J16、D23:J23），单击“插入”选项卡下“图表”组中“条形图”下拉按钮，选择“簇状条形图”命令。

2）右击图表区，在弹出的快捷菜单中选择“选择数据”命令，弹出“选择数据源”对话框，选中“图例项”下的“系列 1”，单击“编辑”按钮，弹出“编辑数据系列”对话框，在“系列名称”中输入“1 班”。

3）单击“确定”按钮。按照同样的方法编辑“系列 2”、“系列 3”为“2 班”、“3 班”。

4）在“选择数据源”对话框中选中“水平（分类）轴标签”下的“1”，单击“编辑”按钮，弹出“轴标签”对话框，在“轴标签区域”文本框中输入“语文、数学、英语、生物、地理、历史、政治”。

学号	姓名	班级	语文	数学	英语	生物	地理	历史	政治
初一年级第一学期期末成绩									
C120101	包宏伟	1班	97.5	106	108	98	99	99	96
C120104	刘康锋	1班	102	116	113	78	88	86	74
C120103	李娜娜	1班	95	85	99	98	92	92	88
C120105	张桂花	1班	88	98	101	89	73	95	91
C120102	符合	1班	110	95	98	99	93	93	92
C120106	谢如康	1班	90	111	116	75	95	93	95
		1班 最大	110	116	116	99	99	99	96
C120203	吉祥	2班	93	99	92	86	86	73	92
C120206	闫朝霞	2班	100.5	103	104	98	89	78	90
C120204	苏解放	2班	95.5	92	96	84	95	91	92
C120201	杜学江	2班	94.5	107	96	100	93	92	93
C120202	陈万地	2班	86	107	89	88	92	88	89
C120205	倪冬声	2班	103.5	105	105	93	93	90	86
		2班 最大	103.5	107	105	100	95	92	93
C120305	王清华	3班	91.5	89	94	92	91	86	86
C120301	刘鹏举	3班	99	98	101	95	91	95	78
C120306	齐飞扬	3班	101	94	99	90	87	95	93
C120302	孙玉敏	3班	78	95	94	82	90	93	84

图 4-22　分类汇总结果

（5）单击“确定”按钮完成设置，如图 4-23 所示。

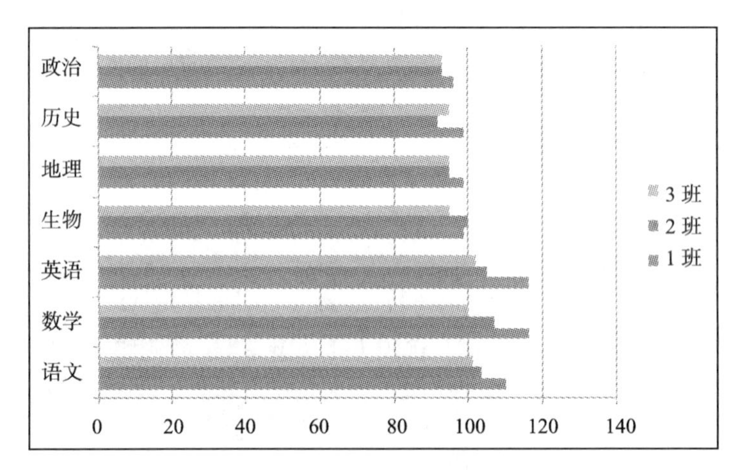

图 4-23　簇状条形图

三、实验体验

1. 题目

小王在一家计算机图书销售公司担任市场部助理，主要的工作职责是为部门经理提供销售信息的分析和汇总。图书的销售数据如图 4-24 所示。

小王需要按照以下要求完成统计和分析工作：

1）在“销售情况”表中，“图书名称”列右侧插入一个空列，输入列标题为“单价”。

2）将工作表标题跨列合并后居中并适当调整其字体、加大字号，并改变字体颜色。设置数据表对齐方式及单价和小计的数值格式（保留 2 位小数）。根据图书编号，请在“销售情况”工作表的“单价”列中使用 VLOOKUP 函数完成图书单价的填充。“单价”和“图书编号”

的对应关系在“图书定价”工作表中（见图 4-24b）。

销售订单明细表						
订单编号	日期	书店名称	图书编号	图书名称	销量（本）	小计
BTW-08001	2011年1月2日	鼎盛书店	BK-83021	《计算机基础及MS Office应用》	12	
BTW-08002	2011年1月4日	博达书店	BK-83033	《嵌入式系统开发技术》	5	
BTW-08003	2011年1月4日	博达书店	BK-83034	《操作系统原理》	41	
BTW-08004	2011年1月5日	博达书店	BK-83027	《MySQL数据库程序设计》	21	
BTW-08005	2011年1月6日	鼎盛书店	BK-83028	《MS Office高级应用》	32	
BTW-08006	2011年1月9日	鼎盛书店	BK-83029	《网络技术》	3	
BTW-08007	2011年1月9日	博达书店	BK-83030	《数据库技术》	1	
BTW-08008	2011年1月10日	鼎盛书店	BK-83031	《软件测试技术》	3	
BTW-08009	2011年1月10日	博达书店	BK-83035	《计算机组成与接口》	43	
BTW-08010	2011年1月11日	隆华书店	BK-83022	《计算机基础及Photoshop应用》	22	
BTW-08011	2011年1月11日	鼎盛书店	BK-83023	《C语言程序设计》	31	
BTW-08012	2011年1月12日	隆华书店	BK-83032	《信息安全技术》	19	
BTW-08013	2011年1月12日	鼎盛书店	BK-83036	《数据库原理》	43	
BTW-08014	2011年1月13日	隆华书店	BK-83024	《VB语言程序设计》	39	
BTW-08015	2011年1月15日	鼎盛书店	BK-83025	《Java语言程序设计》	30	
BTW-08016	2011年1月16日	鼎盛书店	BK-83026	《Access数据库程序设计》	43	
BTW-08017	2011年1月16日	鼎盛书店	BK-83037	《软件工程》	40	
BTW-08018	2011年1月17日	鼎盛书店	BK-83021	《计算机基础及MS Office应用》	44	
BTW-08019	2011年1月18日	博达书店	BK-83033	《嵌入式系统开发技术》	33	
BTW-08020	2011年1月19日	鼎盛书店	BK-83034	《操作系统原理》	35	
BTW-08021	2011年1月22日	博达书店	BK-83027	《MySQL数据库程序设计》	22	
BTW-08022	2011年1月23日	博达书店	BK-83028	《MS Office高级应用》	38	
BTW-08023	2011年1月24日	隆华书店	BK-83029	《网络技术》	5	
BTW-08024	2011年1月24日	鼎盛书店	BK-83030	《数据库技术》	32	
BTW-08025	2011年1月25日	鼎盛书店	BK-83031	《软件测试技术》	19	
BTW-08026	2011年1月26日	隆华书店	BK-83035	《计算机组成与接口》	38	
BTW-08027	2011年1月26日	鼎盛书店	BK-83022	《计算机基础及Photoshop应用》	29	
BTW-08028	2011年1月29日	鼎盛书店	BK-83023	《C语言程序设计》	45	
BTW-08029	2011年1月30日	鼎盛书店	BK-83032	《信息安全技术》	4	
BTW-08030	2011年1月31日	鼎盛书店	BK-83036	《数据库原理》	7	
BTW-08031	2011年1月31日	隆华书店	BK-83024	《VB语言程序设计》	34	

销售情况　图书定价　Sheet3

a）“销售情况”表

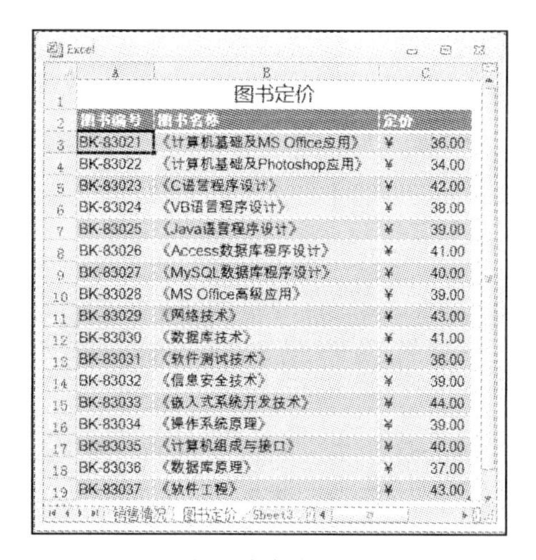

图书定价		
图书编号	图书名称	定价
BK-83021	《计算机基础及MS Office应用》	¥ 36.00
BK-83022	《计算机基础及Photoshop应用》	¥ 34.00
BK-83023	《C语言程序设计》	¥ 42.00
BK-83024	《VB语言程序设计》	¥ 38.00
BK-83025	《Java语言程序设计》	¥ 39.00
BK-83026	《Access数据库程序设计》	¥ 41.00
BK-83027	《MySQL数据库程序设计》	¥ 40.00
BK-83028	《MS Office高级应用》	¥ 39.00
BK-83029	《网络技术》	¥ 43.00
BK-83030	《数据库技术》	¥ 41.00
BK-83031	《软件测试技术》	¥ 36.00
BK-83032	《信息安全技术》	¥ 39.00
BK-83033	《嵌入式系统开发技术》	¥ 44.00
BK-83034	《操作系统原理》	¥ 39.00
BK-83035	《计算机组成与接口》	¥ 40.00
BK-83036	《数据库原理》	¥ 37.00
BK-83037	《软件工程》	¥ 43.00

b）“图书定价”表

图 4-24　图书销售数据

3）运用公式计算工作表“销售情况”中 H 列的小计。

4）运用 RANK 函数在 K 列中计算销量的降序排名。

5）为工作表“销售情况”中的销售数据创建一个数据透视表，放置在一个名为“数据透视分析”的新工作表中，要求针对各书店比较各类书每天的销售额。其中：书店名称为图例字段，日期和图书名称为轴字段，并对销售额求和，计算结果如图 4-25 所示。

6）根据生成的数据透视表，在透视表下方创建一个簇状柱形图，图表中仅对博达书店一月份的销售额小计进行比较，如图 4-26 所示。

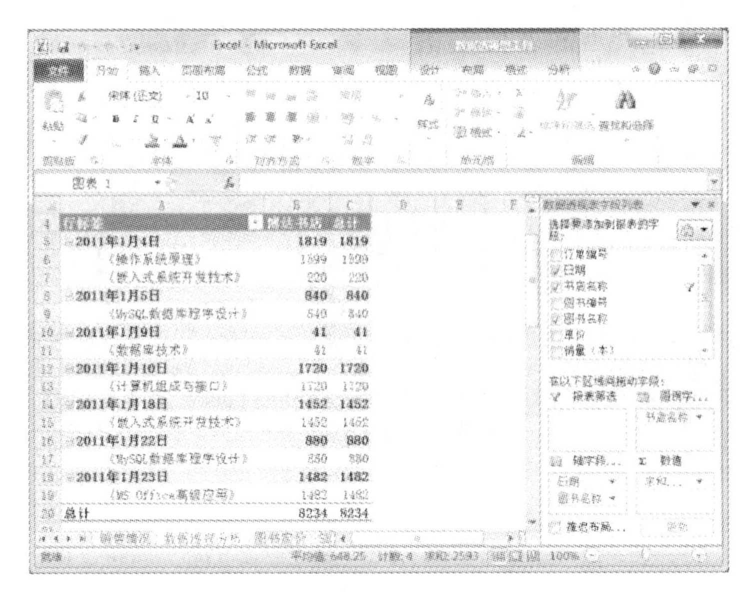

图 4-25　计算结果

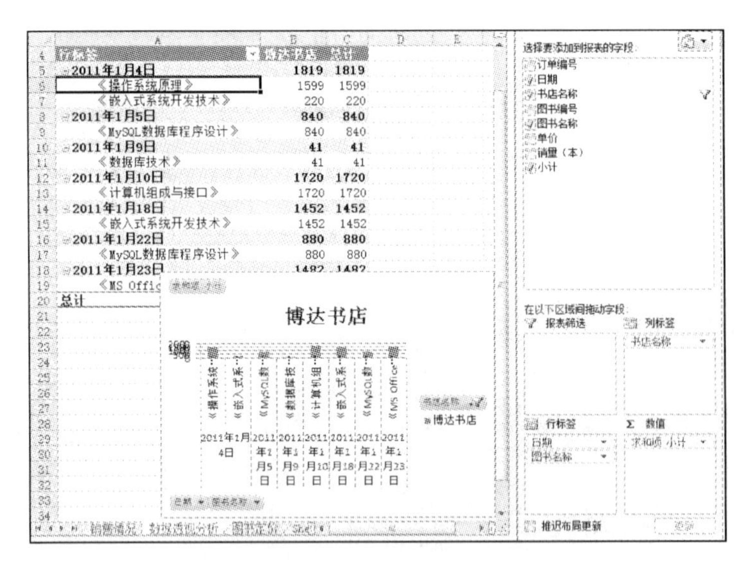

图 4-26　数据透视分析

2. 目的与要求

- 熟练掌握 Excel 中的 VLOOKUP 函数。
- 掌握数据透视表的创建以及利用数据透视表分析比较数据、绘制图表。

第 4 章自测题

一、单项选择题（每题 1 分，共 40 分）

1. Excel 广泛应用于________。
   A. 统计分析、财务管理分析、股票分析和经济、行政管理等各个方面
   B. 工业设计、机械制造、建筑工程

C. 多媒体制作

D. 美术设计、装潢、图片制作等各个方面

2. 在 Excel 工作表中，单元格 C4 中有公式 “=A3+$C$5”，在第三行之前插入一行后，单元格 C5 中的内容是________。

A. =A4+$C$6　　B. A4+$C35　　C. A3+$C$6　　D. =A3+$C35

3. 在 Excel 中输入 2015/3/5 系统会显示________。

A. 2015/3/5　　B. 2015-3-5　　C. 5-3-2015　　D. 5/3/2015

4. 在 Excel 中，有关行高的表述，下面说法中错误的是________。

A. 整行的高度是一样的

B. 在不调整行高的情况下，系统默认设置行高自动以本行中最高的字符为准

C. 行增高时，该行各单元格中的字符也随之自动增高

D. 一次可以调整多行的行高

5. 在 Excel 工作表的单元格中，如想输入数字字符串 070615（例如学号），则应输入________。

A. 00070615　　B. "070615"　　C. 070615　　D. '070615

6. 在 Excel 工作簿中，要同时选择多个不相邻的工作表，可以在按住________键的同时依次单击各个工作表的标签。

A. Tab　　B. Alt　　C. Shift　　D. Ctrl

7. 在 Excel 中，给当前单元格输入数值型数据时，默认为________。

A. 居中　　B. 左对齐　　C. 右对齐　　D. 随机

8. 在 Excel 中，对单元格”$D$2”的引用是________。

A. 绝对引用　　B. 相对引用　　C. 一般引用　　D. 混合引用

9. 求工作表中 H7 到 H9 单元格中数据的和，不可用________。

A. =H7+H8+H9　　B. =SUM（H7:H9）

C. =（H7+H8+H9）　　D. =SUM（H7+H9）

10. 在 Excel 中，需要返回一组参数的最大值，则应该使用函数________。

A. MAX　　B. COUNT　　C. SUMIF　　D. SUM

11. 假设在如图 4-27 所示工作表中，某单位的奖金是根据职员的销售额来确定的，如果某职员的销售额在 100000 或以上，则其奖金为销售额的 0.5%，否则为销售额的 0.1%。在计算 C2 单元格的值时，应在 C2 单元格中输入计算公式________。

A. =IF（B2>=100000，B2*0.1%，B2*0.5%）

B. =COUNTIF（B2>=100000，B2*0.5%，B2*0.1%）

C. =IF（B2>=100000，B2*0.5%，B2*0.1%）

D. =COUNTIF（B2 > =100000，B2*0.1%，B2*0.5%）

	A	B	C
1	职员	销售额	奖金
2	A1	23571	
3	A2	3168	
4	A3	5168	
5	A4	1123	
6	A5	21856	
7	A6	132	
8	A7	56272	

图 4-27　销售额数据

12. 在如图 4-28 所示工作表的单元格中计算工资为 800 元的职工的销售总额，应在 C6 单元格中输入计算公式________。

A. =SUM（A2:A5）

B. =SUMIF（A2:A5，800，B2:B5）

C. =COUNTIF（A2:A5，800）

D. =SUMIF（B2:B5，800，A2:A5）

	A	B	C
1	工资	销售额	奖金
2	800	32571	
3	1000	3168	
4	800	5168	
5	1200	1123	
6			
7			

图 4-28　计算工资为 800 元的职工的销售总额

13. 用户在 Excel 电子表格中对数据进行排序操作时，单击“数

据”选项卡下“排序和筛选”组中的“排序”按钮，在“排序”对话框中设置排序条件时，必须指定排序的关键字为________。

A. 主要关键字　B. 次要关键字　C. 第三关键字　D. 关键字

14. Excel 中可以打开”替换”对话框的方法是________。

A. Ctrl+F　B. F5

C. Ctrl+H　D. 单击”剪贴板”组中的”替换”命令

15. Excel 中按文件名查找时，可用________代替任意单个字符。

A. ?　B. *　C. !　D. %

16. Excel 中有一书籍管理工作表，数据清单字段名有书籍编号、书名、出版社名称、出库数量、入库数量、出库日期、入库日期。若要统计各出版社书籍的“出库数量”总和及“入库数量”总和，应对数据进行分类汇总，分类汇总前要对数据排序，排序的主要关键字应是________。

A. 入库数量　B. 出库数量　C. 书名　D. 出版社名称

17. 饼图所显示出不同于其他类型图表的关系是________。

A. 能够表现个体与整体之间的关系

B. 能够反映数据的变动情况及变化趋势

C. 能够反映多个数据在幅度上连续的变化情况

D. 能够用于寻找两个系列数据之间的最佳组合

18. 下列类型中，能够反映数据的变动情况及变化趋势的图表类型是________。

A. 雷达图　B. XY 散点图　C. 饼图　D. 折线图

19. 在 Excel 默认的柱形图中，用于表现表格中一个数据行的名词是________。

A. 分类　B. 标记　C. 函数　D. 数据源

20. 下面关于图表与数据源关系的叙述中，正确的是________。

A. 图表中的标记对象会随数据源中的数据变化而变化

B. 数据源中的数据会随着图表中标记的变化而变化

C. 删除数据源中某单元格的数据时，图表中某数据点也会随之被自动删除

D. 以上都是正确的说法

21. 在 Excel 中进行自动分类汇总之前，必须对数据清单进行________。

A. 筛选　B. 排序　C. 建立数据库　D. 有效计算

22. 在 Excel 中，按 Ctrl+End 键，光标移到________。

A. 行首　B. 工作表头　C. 工作簿头　D. 工作表有效区的右下角

23. 选取区域 A1:B5 并单击“剪贴板”组中的“格式刷”按钮，然后选中 C3 单元，则区域 A1:B5 的格式被复制到________中。

A. 单元 C3　B. 区域 C3:C8　C. 区域 C3:D7　D. 区域 C3:D3

24. 在 Excel 中，在处理学生成绩单时，对不及格的成绩用醒目的方式表示（如用红色下划线表示），当要处理大量的学生成绩时，利用________命令最为方便。

A. 查找　B. 条件格式　C. 数据筛选　D. 定位

25. 设 A1 单元格中有公式“= SUM（B2:D5）”，在 C3 单元处插入一列，再删除一行，则 A1 单元中的公式变成________。

A. = SUM（B2:E4）　B. = SUM（B2:E5）

C. = SUM（B2:D3）　D. = SUM（B2:E3）

26. 设 Fl 单元中的公式为 "= A3 十 B4"，当 B 列被删除时,Fl 单元中的公式将调整为______。

A. = A3+C4　　B. = A3+B4　　C. #REF!　　D. = A3+A4

27. 下列数据或公式的值为字符型的是________。

A. 2011 年　　B.（432. 103）　　C. =round（345. 106，1）　　D. = pi()

28. 在 Excel 工作表中，设 A1 单元的值为数值 5，Bl 单元为文字 5（'5），则下列公式中值为文字型的是________。

A. =Al+Bl　　B. = "Al"&"B1"　　C. =SUM（A1:B1）　　D. =Al+"5"

29. 在 Excel 中，下列公式的值为字符（正文）型的是________。

A. = find（"ed"，"abedced"，5）　　B. = len（"abcde"）

C. = 1eft（"abedced"，5）　　D. = search（"ed"，"abedced"，5）

30. 在 Excel 中，关于函数 COUNT() 与函数 COUNTA() 的叙述中，错误的是________。

A. COUNT() 函数统计数值单元的个数，COUWA() 函数统计非空单元个数

B. 引用区域中有数值、字符和空单元时，COUNT() 与 COUNTA() 的计算结果不同

C. 引用区域中只有数值和空单元，COUNT() 与 COUNTA() 的计算结果相同

D. 引起 COUNT() 和 COUNTA() 函数值不同的是含空格的单元

31. 在 Excel 中，公式 "= COUNT（1，true，False，，"aa"，)" 的值是________。

A. 4　　B. 5　　C. 6　　D. 3

32. 设 B3 单元中的数值为 20，在 C3、D4 单元格中分别输入 "= "B3"+8" 和 "= B3+"8""，则________。

A. C3 单元与 D4 单元格中均显示 28

B. C3 单元格中显示 "0VALUE!"，D4 单元格中显示 28

C. C3 单元格中显示 20，D4 单元格中显示 8

D. C3 单元格中显示 20，N 单元格中显示 "#VALUE!"

33. 在输入数据时键入前导符________表示要输入公式。

A. "　　B. +　　C. =　　D. %

34. 在 Excel 工作表中，要计算区域 A1:C5 中值大于等于 30 的单元格个数，应使用公式________。

A. = COUNT（A1:C5，" >= 30"）

B. = COUNTIF（A1:C5，>= 30）

C. = COUNTIF（A1:C5，" >= 30"）

D. = COUNTIF（A1:C5，>= "30"）

35. 在 Excel 中，区域 A:A4 的值分别是 1、2、3、4，B1：B4 单元的值分别是 50、100、150、200，则函数= SUMIF（A1:A4，" > 2 、5"，B1:B4）的值是________。

A. 350　　B. 450　　C. 9　　D. 7

36. 设区域 Al:A20 已输入数值型数据，为在区域 B1：B20 的单元 Bi 中计算区域 Al:Ai（i = 1，2…20）的各单元中数值之和，应在单元 B1 中输入公式________，然后将其复制到区域 B2:B20 中即可。

A. = SUM（A$1:A$1）　　B. = SUM（$A$1:A$1）

C. = SUM（A$1:A1）　　D. = SUM（$A$1:$A$1）

37. 设 A、B、C 均为条件表达式，当它们的取值为________时，逻辑函数 "= OR（AND（NOT（A.，B.，AND（A，C))" 的值为 FALSE。

A. A = TRUE，B = TRUE，C = TRUE
B. A = TRUE，B = FALSE，C = TRUE
C. A = FALSE，B = TRUE，C = FALSE
D. A = FALSE，B = FALSE，C = TRUE

38. 设区域A1:A8中各单元中的数值均为1，则为空白单元，A10单元中为一字符串，则函数"= AVERAGE（A1:A10）"结果与公式________的结果相同。
A. = 8 / 10　B. = 8 / 9　C. = 8 / 8　D. = 9 / 10

39. 设Excel工作表中A1单元的数据为TRUE，B1单元中的数据为FALSE，则条件函数"= IF(AND(A1, B1), IF(NOT(B1), 1, 2), IF(OR(A1, NOT(B1)), 3, 4))"的结果为________。
A. 1　B. 2　C. 3　D. 4

40. 在Excel中，数值型数据中________。
A. 能使用全角字符　B. 可以包含圆括号
C. 不能使用逗号分隔　D. 能使用方括号和花括号

二、判断题（在括号中，正确的填"T"，错误的填"F"）

(　　) 1. 在Excel中，只有工作表中的若干个相邻单元格，才组成单元格区域。
(　　) 2. 在Excel中，创建图表时，数据系列指要绘制的数值集，通常对应工作表中的数据列。
(　　) 3. 在Excel中，工作表中的某一单元格地址不是固定的。
(　　) 4. 在Excel中，单击编辑栏上的编辑区，输入"= A2 +A3 +A4 +B2"等效于输入"= SUM（A2:A4，B2）"。
(　　) 5. 在Excel中，系统默认打开的新工作簿含有3个工作表。
(　　) 6. 在Excel中，输入的公式只能在单元格中编辑。
(　　) 7. Excel允许引用其他工作簿中的数据。
(　　) 8. 利用Excel的"自动分类汇总"功能既可以按照数据清单中的某一列，也可以按照数据清单中的多列进行分类汇总。
(　　) 9. 当处于Excel的全选状态时，单击工作表中的任意位置可取消对整个工作表的选定。
(　　) 10. 在Excel中，对任何字段进行分类汇总都是有意义的。
(　　) 11. 在Excel中，函数可以提供特殊的数值、计算及操作。在函数名中，英文大小写字母不等效。
(　　) 12. 在Excel中，图表不能单独占据一个工作表。
(　　) 13. 在Excel中，自动填充是在所有选中的单元格区域内，依据初始值填入对初始值的扩充序列。
(　　) 14. 在Excel工作表中只能复制Word文档中选定的文本和图表。
(　　) 15. 在Excel中，函数可以提供特殊的数值、计算及操作，其组成形式为函数名（参数1: 参数2:…: 参数n）。
(　　) 16. 在Excel中，工作表中的某一单元格地址不是固定的。
(　　) 17. Excel中的清除操作可以只清除单元格的格式。
(　　) 18. 在Excel中一个工作簿默认存储在一个扩展名为"ESL"文件里。
(　　) 19. 在Excel中，为区分不同工作表的单元格，可在地址前面增加工作表名，相互之间用冒号分隔。

( ) 20. 在 Excel 中，当在单元格中输入可识别的日期和时间数据前，用户必需先设定该单元格为日期或时间格式。

三、填空题

1. SUM（5，9）的值为________。
2. 函数 AVERAGE（A1:B5）所求的是________。
3. MAX 函数用来计算参数列表中的________。
4. MIN 函数则计算参数列表中的________。
5. 以只读方式打开的 Excel 2010 文件，做了某些修改后要保存时，应使用“文件”选项卡中的________命令。
6. 在 A2 和 B2 单元格中分别输入数值 7 和 6，再选定 A2:B2 区域，将鼠标指针放在该区域右下角填充句柄上，拖动至 E2，E2 单元格中的值为________。
7. 在 Excel 的数据排序中，允许用户最多指定________个关键字。
8. 在 Excel 工作表中，可以选择一个或一组单元格，其中活动单元格的数目是________个单元格。
9. 默认情况下，被筛选出来的记录所属行号会以________色显示。
10. 在 Excel 中，要求在使用分类汇总之前，先对________字段进行排序。
11. 在 Excel 中，要统计一行数值的总和，可以用________函数。
12. 在 Excel 中，最适合反映单个数据在所有数据构成的总和中所占比例的一种图表类型是________图。
13. 在使用 Excel 过程中，可随时按键盘上的________键，以获得联机帮助。
14. 在输入过程中，当用户要取消刚才输入到当前单元的所有数据时，可用单击________按钮或按________键。
15. 双击某个单元格，可对该单元格进行________工作。
16. 通过单击“开始”选项卡下“单元格”组中的“插入”按钮，选择“插入工作表”命令，每次可插入________个空白工作表。
17. 打印工作表时，打印机设置中 dpi 值越大，打印品质越________。
18. 直接在要调整行高的行号下方的分行横线双击时，系统会自动________。
19. 在某工作表标识上双击，也能对该工作表的________进行重新命名。
20. 输入公式时，一般是先输入一个________。

四、简答题

1. 简述 Excel 中工作簿、工作表和单元格之间的关系。
2. 在 Excel 中，公式对单元格的应用可分为哪几种?
3. 请列举集中填充柄的使用场合?
4. 简述对工作表中数据进行分类汇总的意义。

第 5 章　演示制作软件 PowerPoint 2010

实验一　PowerPoint 的基本操作

一、实验案例

经过四年的大学学习，张无忌终于毕业了。通过几次人才交流会的筛选，某企业相中了他，为了更全面地考察应聘者的能力，要求所有应聘者作 3 分钟的自我介绍。张无忌决定用 PowerPoint 做一个简单的演示文稿，如图 5-1 所示。这样既可以帮助他进行自述，又可以展示他的计算机应用能力，真可谓一举两得。

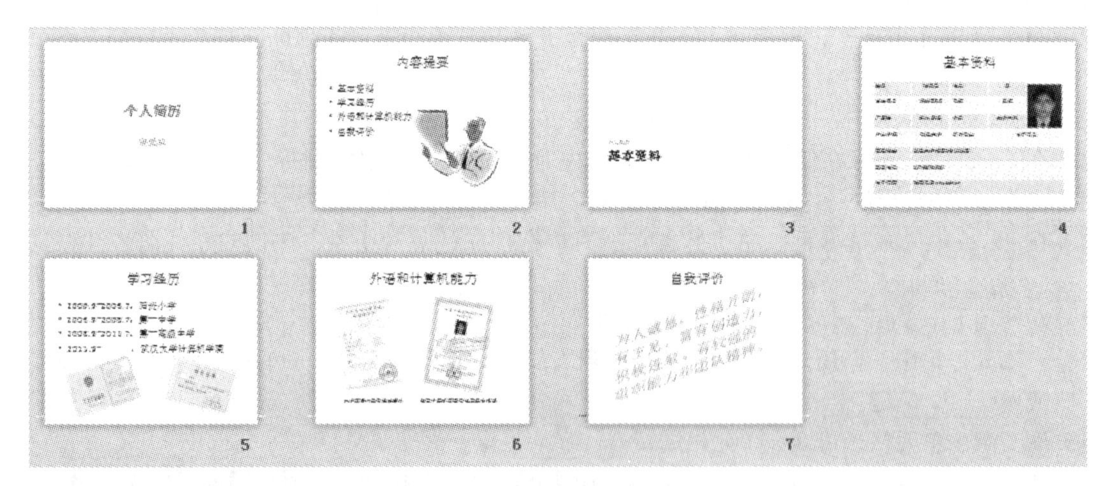

图 5-1　实验一案例浏览视图

二、实验指导

以上演示文稿虽然简单，但如果再进行后期的加工，一定能成为比较专业的演示文稿。下面就以上案例中涉及的知识点和实现步骤说明如下。

1. 主要知识点

本案例主要包括以下知识点：

- 建立演示文稿的基本过程。
- 演示文稿的基本操作，包括：选择版式，编辑文字，插入表格、图片、剪贴画、艺术字等。

2. 实验步骤

（1）新建演示文稿

打开 PowerPoint 2010，同时系统自动创建一个空演示文稿，并且自动选择“标题幻灯片”版式，如图 5-2 所示。下面制作如图 5-1 所示的封面幻灯片。在“标题”占位符和“副标题”占位符中分别输入“个人简历”和“张无忌”。

（2）调整文本格式

单击标题文本框的边框选中标题占位符，如图 5-3 所示。单击选中“开始”选项卡，连续单击“字体”组中的“放大字体”命令按钮A，将字体放大到合适大小，单击“字体”组中的 B 按钮，将标题文字设为字体加粗；再单击“字体”组中的“字体颜色”按钮A▾边上的小三角形▾，在弹出的颜色列表中选择红色。此时“个人简历”4 个字呈红色。用同样的方法调整“副标题”的字号和颜色，完成第一张幻灯片的制作。

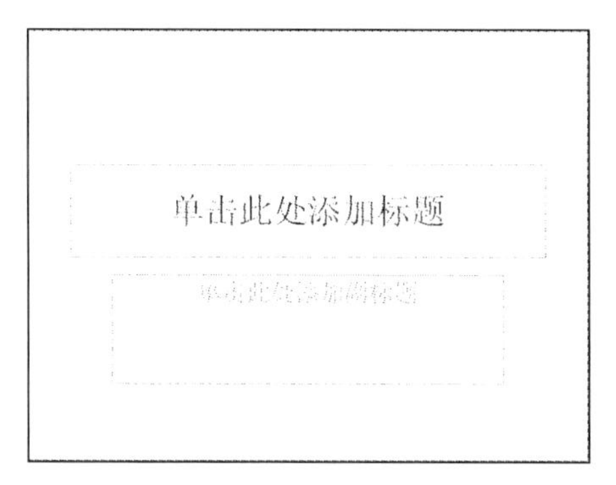

图 5-2 “标题幻灯片”版式

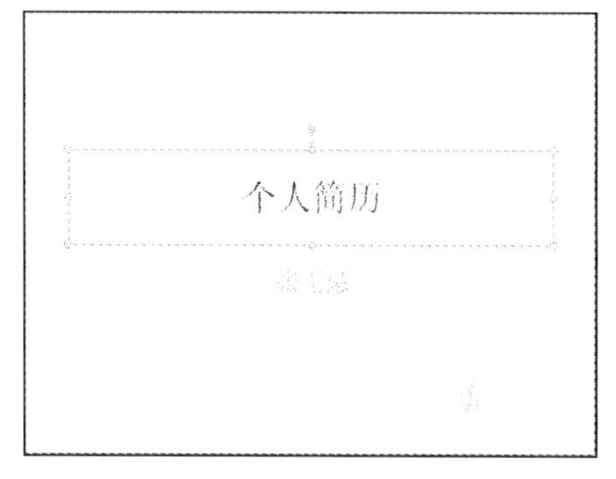

图 5-3 选中标题文本框

（3）插入标题和内容幻灯片

现在制作图 5-1 中的“内容提要”幻灯片。单击“幻灯片”组中的“新幻灯片”命令按钮，在打开的“ Office 主题”列表框中单击选择“标题和内容”版式，如图 5-4 所示，即在原有幻灯片后插入一张“标题和文本”版式的幻灯片。在“标题”占位符中输入“内容提要”，在“文本”占位符中输入四行文字：“基本资料”、“学习经历”、“外语和计算机能力”、“自我评价”，完成文本输入。

（4）插入剪贴画

切换到“插入”选项卡，在“图像”组中单击“剪贴画”按钮，打开“剪贴画”窗格，如图 5-5 所示。单击“搜索”按钮，开始搜索指定类型的媒体文件，并将搜索结果显示在下面的结果列表框中。在结果列表框中单击相应的剪贴画，将选中的剪贴画粘贴到幻灯片中央，如图 5-6 所示。通过剪贴画四周的六个圆点调整剪贴画大小，移动剪贴画到合适的位置，如图 5-7 所示。

（5）插入节标题幻灯片

现在制作图 5-1 中的节标题幻灯片。单击“幻灯片”组中的“新幻灯片”命令按钮，在打开的“ Office 主题”列表框中选择“节标题”版式，在上面的文本框中输入“个人简历”，在下面的文本框中输入“基本资料”，如图 5-8 所示。

（6）制作表格幻灯片

现在制作图 5-1 中的“基本资料”幻灯片。新建一张幻灯片，在“Office 主题”列表框中选择“标题和内容”版式。双击其中的“表格”图标，在弹出的“插入表格”对话框中选择 7 行 5 列，如图 5-9 所示。幻灯片中出现一个 7 行 5 列的表格，参照 Word 2010 中的操作方法将单元格合并成为如图 5-10 所示的幻灯片。

（7）插入图片

现在将照片插入表格中相应的单元格。单击选择“插入”选项卡，在“图像”组中单击“图片”命令按钮，在弹出的“插入图片”对话框中选择路径和照片文件，如图 5-11 所示。

单击“插入”按钮，将选中的照片插入幻灯片中，采用与调整剪贴画相同的方法调整照片的位置和大小，参考图5-1中第四张幻灯片将数据填入相应的单元格，如图5-12所示。

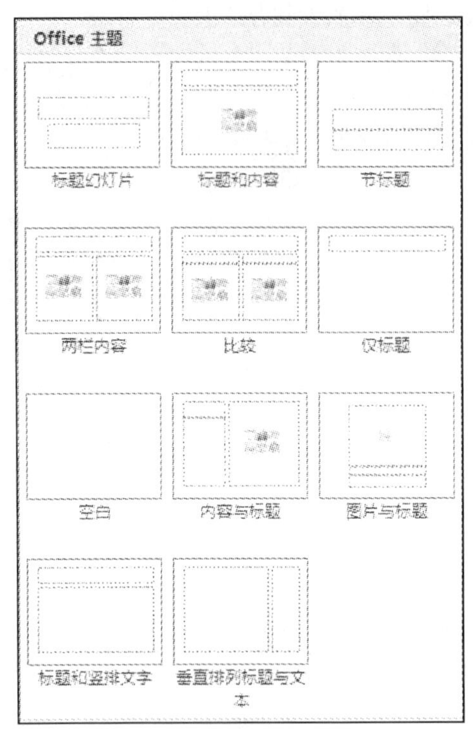

图5-4 Office主题列表

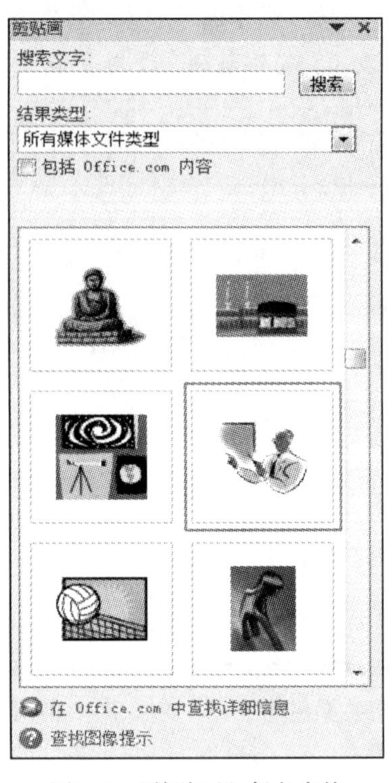

图5-5 “剪贴画”任务窗格

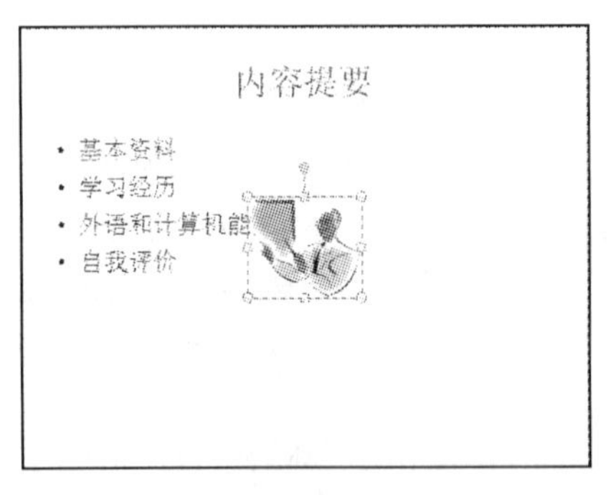

图5-6 插入剪贴画

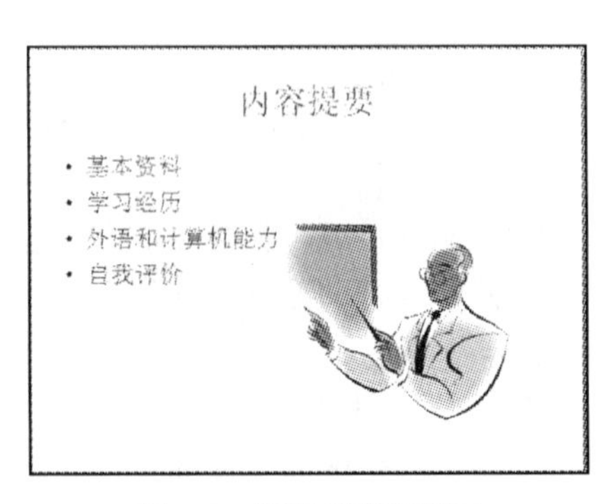

图5-7 调整后的剪贴画

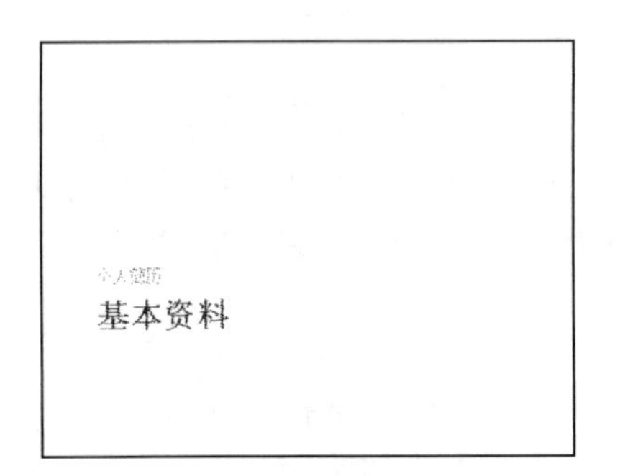

图5-8 节标题幻灯片

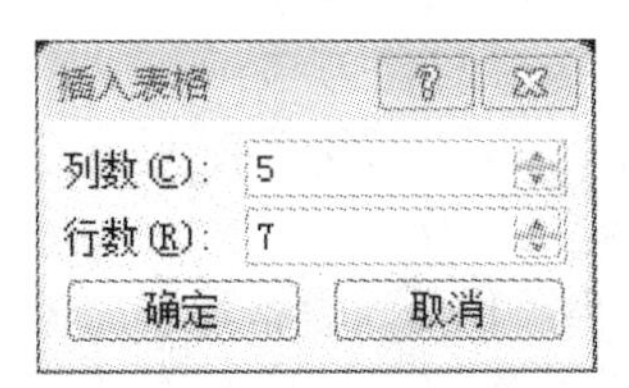

图5-9 插入表格对话框

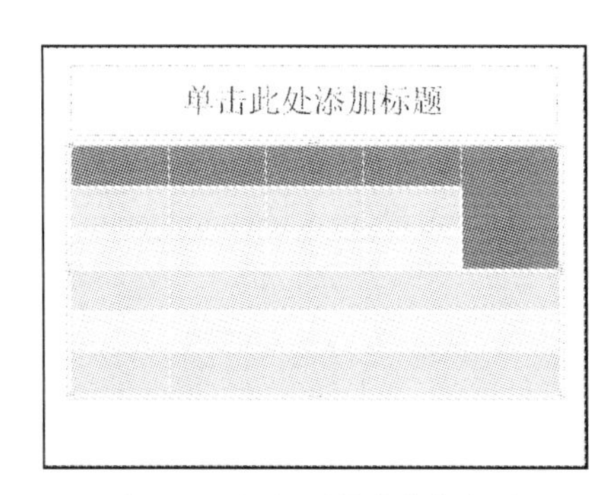

图 5-10　调整后的表格幻灯片

图 5-11　插入图片对话框

现在制作图 5-1 中“学习经历”幻灯片。插入新幻灯片，选择“标题和内容”版式，参照示例输入文字，分别插入学士学位证书图片和三好学生荣誉证书图片，为了使画面不至于太呆板，可适当旋转图片，如图 5-13 所示。旋转图片的方法为：选中图片，将鼠标移动到图片上方的绿色控点上，按下鼠标左键左右拖动即可。

图 5-12　表格幻灯片

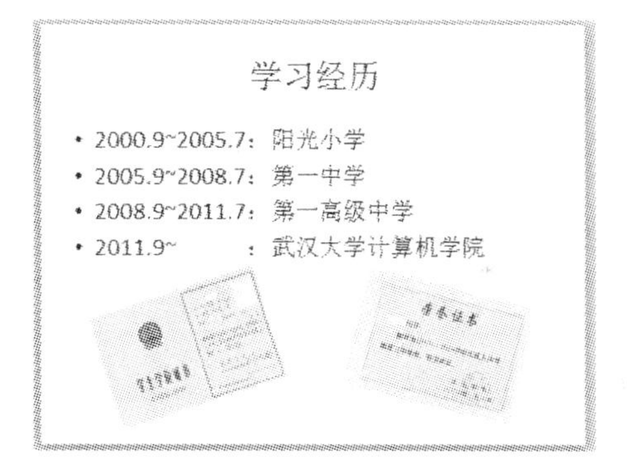

图 5-13　标题，文本和两个内容幻灯片

（8）插入文本框

现在制作图 5-1 中的“外语和计算机能力”幻灯片。切换到“开始”选项卡，在“幻灯片”组中单击“新建幻灯片”命令按钮，在打开的“Office 主题”列表框中选择“两栏内容”版式。输入标题文字，单击占位符中的“插入来自文件的图片”按钮，分别插入英语六级成绩单和计算机等级考试三级证书图片。

在“绘图”组中单击“形状”命令按钮，在随后打开的形状列表框中单击“文本框”按钮，然后在幻灯片相应位置单击鼠标左键，随即出现文本框边框和文字输入光标，如图 5-14a 所示。在文本框中输入“大学计算机六级考试成绩单”，用同样的方法再插入一个文本框，输入文字“全国计算机等级考试三级合格证”。调整文本框和文字的大小和位置，分别置于两个张图片的下方，如图 5-14b 所示。

（9）插入艺术字

现在制作图 5-1 中的“自我评价”幻灯片。单击“开始”选项卡下“幻灯片”组中的“新建幻灯片”命令按钮，在打开的“ Office 主题”列表框中选择“仅标题”版式。输入标题文字“自我评价”。

切换到“插入”选项卡，在“文本”组中单击“艺术字”命令按钮，打开艺术字列表，如图 5-15 所示。单击选择一种艺术字样式，在幻灯片空白处单击插入艺术字文本框，如图 5-16 所示。在文本框中输入“为人诚恳，性格开朗，有主见、富有创造力，积极进取、有较强的组织能力和团队精神。”，并调整其大小、位置。调整艺术字的位置、大小和倾斜度等，如图 5-17 所示。

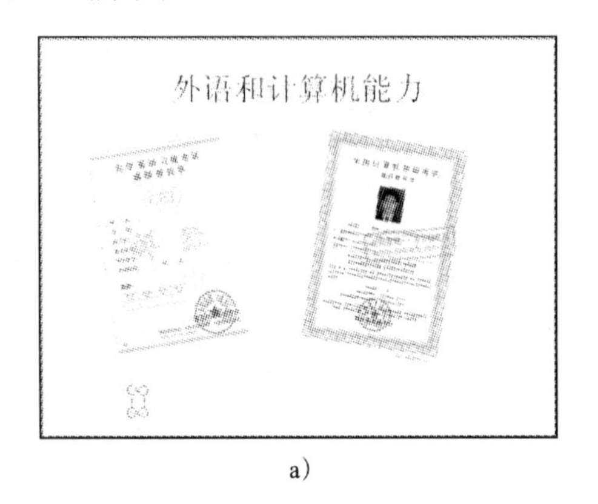

a)

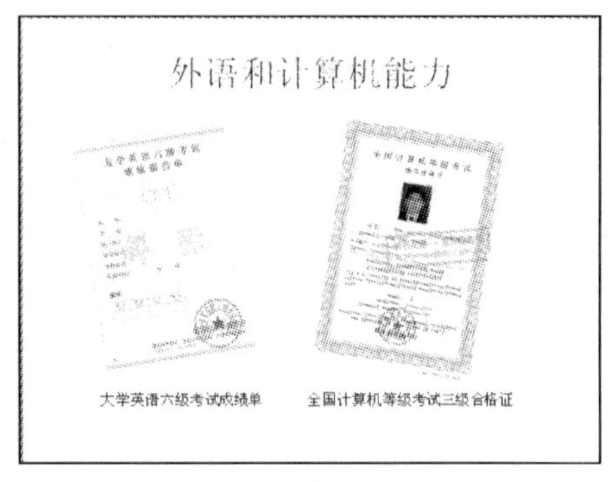

b)

图 5-14　插入文本框

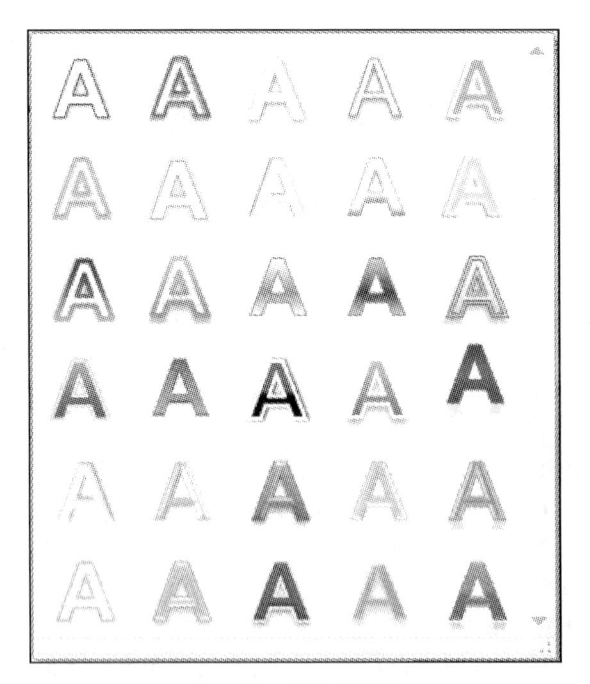

图 5-15　艺术字列表

选中艺术字文本框，在功能区单击“绘图工具”下的“格式”选项卡，单击“艺术字”组的“对话框启动器”按钮，打开“设置文本效果格式”对话框，如图 5-18 所示。进行如下设置：

- 在左窗格中选择“文本填充”，然后在右边窗格选择“渐变填充”。
- 在左窗格中选择“文本边框”，然后在右边窗格选择“无线条”。
- 在左窗格中选择“三维旋转”，然后在右边窗格选择 X 旋转 330，Y 旋转 35，Z 旋转 0。

单击“关闭”按钮，完成艺术字设置，如图 5-19 所示。

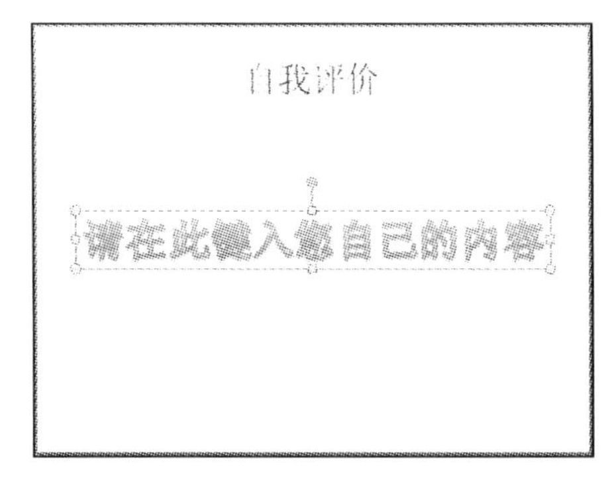

图 5-16　艺术字文本框

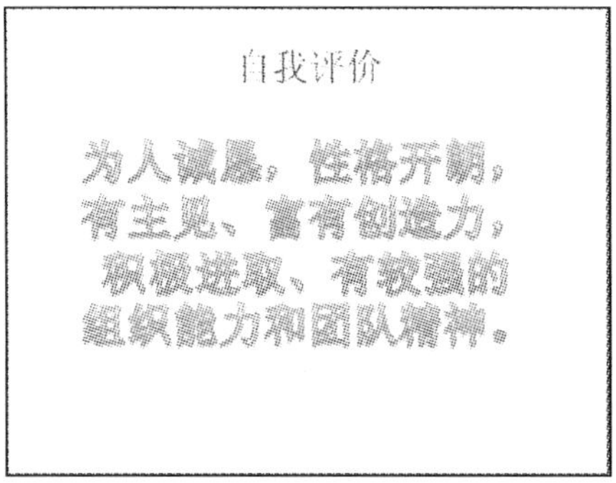

图 5-17　艺术字幻灯片

图 5-18　设置文本效果格式对话框

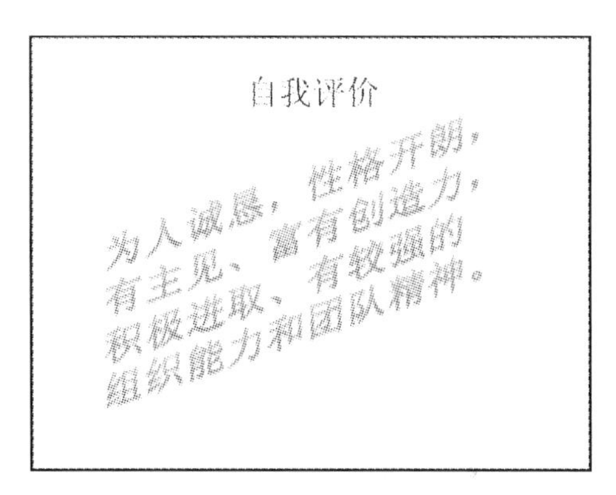

图 5-19　设置后的艺术字幻灯片

（10）保存演示文稿

单击快速访问工具栏中的“保存”按钮，在弹出的“另存为”对话框中选择文件夹，保存类型为“PowerPoint 演示文稿”，输入文件名“个人简历”，如图 5-20 所示，单击“保存”按钮，即完成文件的保存。

图 5-20　保存演示文稿对话框

（11）播放演示文稿

切换到“幻灯片放映”选项卡，在“开始放映幻灯片”组中单击“从头开始”命令按钮，即开始全屏播放刚刚建立的演示文稿，单击鼠标左键或按回车键可切换到下一张幻灯片，用PgUp键和PgDn键可分别使幻灯片切换到上一张和下一张。按Esc键可终止放映。

三、实验体验

1. 题目

自选题材，新建一个演示文稿。

2. 目的与要求

通过实验掌握新建演示文稿的基本过程，学会演示文稿的基本编辑操作和处理。具体要求如下：

- 文稿包含不少于6种版式的幻灯片。
- 文稿中包含表格、图片、剪贴画、艺术字等对象。
- 保存演示文稿，文件名为myppt1.pptx。

实验二　PowerPoint 2010 的高级操作

一、实验案例

通过实验一的操作，张无忌同学已经做好了一个基本的演示文稿，观看放映后发现还有不尽如人意的地方，比如幻灯片背景和色彩太单调；放映时幻灯片的切换也太过简单；幻灯片播放时，一张幻灯片的内容往往一次全部显示出来，没什么悬念等。于是他想起在PowerPoint中有许多模板可供选择，这些模板包含了美观的背景、字体、颜色，有些还包含幻灯片切换效果和动画，但这些模板用在自己的个人简历上不太适合，不如自己做一个更个性化的模板，可以加上学校的校徽和背景图案。于是他马上动手先做一个模板，然后将自己设计的模板用在刚刚制作好的演示文稿上，如图5-21所示，观看后感觉效果好多了。

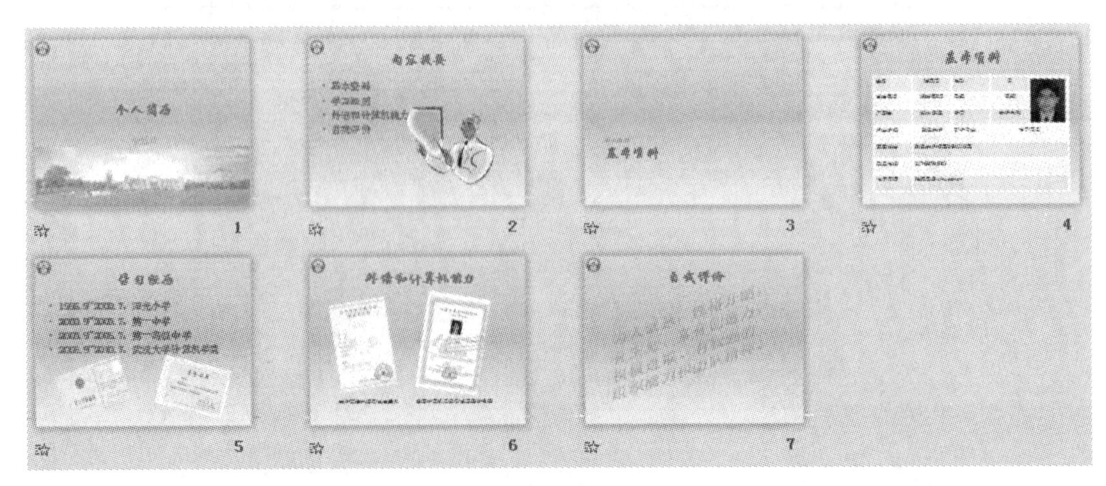

图5-21　实验二案例浏览视图

二、实验指导

这个演示文稿看来就比较专业了。下面就以上案例中涉及的知识点和实现步骤说明如下。

1. 主要知识点

本案例主要包括以下知识点：

- 创建演示文稿模板的基本过程。
- 在演示文稿中应用设计模板。
- 幻灯片播放与使用技巧。

2. 实现步骤

（1）创建演示文稿模板

打开 PowerPoint 2010，在“视图”选项卡“母版视图”组中单击“幻灯片母版”命令按钮，打开幻灯片母版视图。母版视图一般应包含一张幻灯片母版和多张幻灯片版式。对幻灯片母版的设置和修改会影响所有版式，而对某一版式的修改只对当前版式起作用。

（2）设置幻灯片母版标题样式

选中幻灯片母版，在幻灯片编辑区单击标题边框选中标题文本框，如图 5-22 所示。

在“开始”选项卡“字体”组中，通过相应的按钮设置字体为“华文行楷”、字号为 44、“加粗”、文字颜色为“红色”。

观察到所有版式的标题均自动按此方案设置了。

（3）设置幻灯片母版文本样式

默认的文本样式共有 5 级，用户可以设置每一级文本的字体、字号、文本颜色等。还可以设置每一级文本的项目符号，方法与 Word 中文本和项目的设置相同。

在文本框“单击此处编辑母版文本样式”处单击鼠标，选中第一级文本，参照“设置母版标题样式”的方法设置第一级文本字体为“楷体”，字号为 32，文本颜色为“深绿色”、“加粗”。同样的方法设置第二级、第三级、第四级、第五级文本，设置后样式如图 5-23 所示。

图 5-22　选中标题文本框

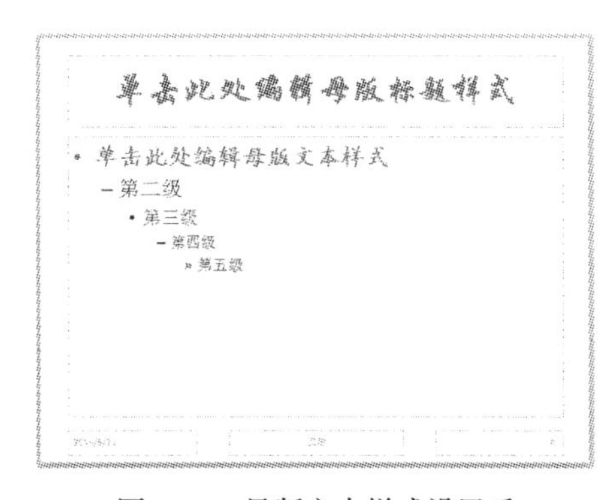

图 5-23　母版文本样式设置后

（4）设置统一的幻灯片背景

单击选中“幻灯片母版”选项卡，单击“背景”组的“对话框启动器”按钮，打开“设置背景格式”对话框，如图 5-24 所示。在左窗格选中“填充”后，在右窗格选择“渐变填充”，然后进行如下设置。

- 类型：线性。
- 方向：线性向上。
- 角度：270。

- 渐变光圈：光圈1：颜色：蓝色强调文字1，位置：0%，透明度：80%；
  光圈2：颜色：蓝色强调文字1，位置：50%，透明度：40%；
  光圈3：颜色：蓝色强调文字1，位置：100%，透明度：60%；

单击“关闭”按钮完成背景设置。

图5-24 “设置背景格式”对话框

（5）添加其他修饰图案

在所有的幻灯片右上角都显示武汉大学校徽的操作步骤如下：

单击选择幻灯片母版，切换到“插入”选项卡，在“图像”组中单击“图片”命令按钮，在打开的“插入图片”对话框中选择校徽图片文件，单击“插入”按钮，将校徽图片插入母版中，调整图片大小和位置，设置图片周边为透明，将图片放置在右上角，如图5-25所示。

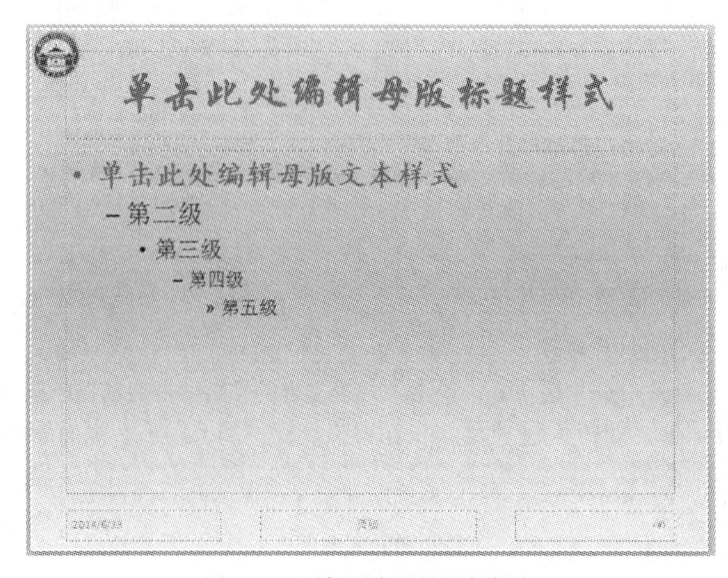

图5-25 添加图表后的母版版式

在标题版式下方插入一张图片作为背景，选中背景图片，在“图片工具”|“格式”选项卡“排列”组中单击“置于底层”命令按钮，将图片置于文本框下层；在“调整”组中单击“颜色”命令按钮，打开“颜色”列表，如图 5-26 所示。

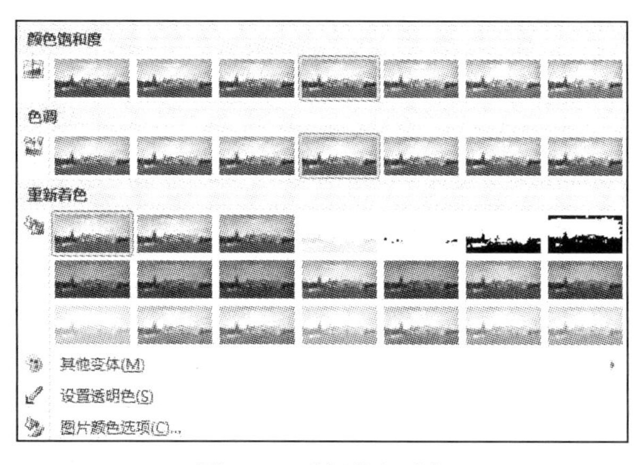

图 5-26　重新着色列表

选择“重新着色”项下的“蓝色，强调文字颜色 1 浅色”，设置后的幻灯片版式如图 5-27 所示。

图 5-27　添加了背景图片的标题版式

（6）设置幻灯片切换效果

在母版中设置的幻灯片切换效果可以自动运用在使用该模板的演示文稿中，起到事半功倍的效果。

选中幻灯片母版，在“切换”选项卡“切换到此幻灯片”组中选择一种切换方案，例如“推进”，单击“持续时间”后的文本框，输入或通过单击其后的小按钮设定效果持续时间。单击“全部应用”按钮将选中的效果应用于所有的幻灯片。

（7）动画设置

如果希望所有的幻灯片标题都以动画的方式出现，则可以在母版中将自定义动画应用于标题。

选择幻灯片母版，选中标题，单击选择“动画”选项卡，在“动画”组动画列表的“进入”方案中选择一种动画效果，例如“飞入”，然后单击“效果选项”按钮的下拉箭头，选择“自左侧”，将“持续时间”设为1秒，如图5-28所示。

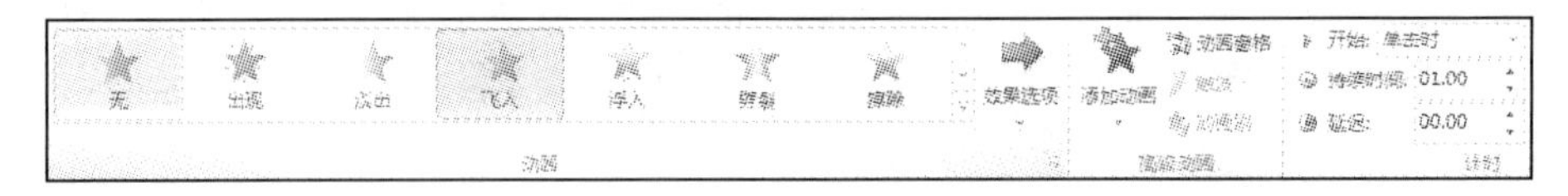

图5-28　设置动画选项

（8）保存幻灯片模板

在幻灯片母版版式缩略图上右击，在弹出的快捷菜单中选择“重命名母版”命令，打开“重命名母版”对话框，如图5-29所示，输入母版名称：我的母版。

单击“文件”选项卡中的“另存为”按钮，打开“另存为”对话框，选择保存类型为“PowerPoint模板”，输入文件名“个人简历”，如图5-30所示。单击“保存”按钮，将模板保存到模板文件夹下以备以后重复使用。

图5-29　重命名母版对话框

图5-30　另存为对话框

（9）对幻灯片的进一步设置

现在可以放映演示文稿看看效果。如果有不满意的地方还可以在幻灯片中进行设置，如字体、字号、文本颜色、幻灯片背景、幻灯片切换效果、自定义动画等，此时的修改一般只影响选中的幻灯片，具体修改方法与对母版的修改方法相同。

（10）保存演示文稿

通过以上步骤我们完成了案例所示演示文稿的制作，单击“文件”菜单，选择“另存为”|“PowerPoint演示文稿”命令，在随后弹出的“另存为”对话框中选择文件夹，输入文件名“个人简历2.pptx”，单击“保存”按钮，即完成文件的保存。

（11）放映演示文稿

单击“幻灯片放映”选项卡下“开始放映幻灯片”组中的“从头开始”命令按钮，从第一张幻灯片开始放映。幻灯片放映过程中，在幻灯片上右击，随即弹出如图5-31所示的快捷菜单。其中“上一张”、“下一张”可以在幻灯片中浏览；“指针选项”允许设置在幻灯片播放时画笔的颜色等。选择菜单“指针选项”，打开下一级菜单，此时可以选择画笔种类、画笔颜色等，还可以使用橡皮擦擦去在幻灯片上画的笔迹。

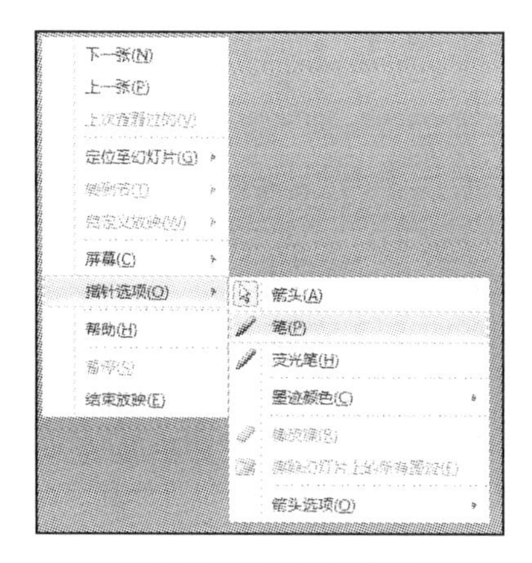

图 5-31　指针选项菜单

下面开动脑筋，亲自体验一下制作和使用幻灯片模板的乐趣吧！

三、实验体验

1. 题目

先创建一个幻灯片模板文件，然后将设计的模板应用于实验一保存的文件中。

2. 目的与要求

具体要求如下：

- 创建幻灯片模板，设置和修改模板的各个组成部分，将母版文件保存为 mytemp.potx。
- 打开实验一保存的文件，将模板应用于该文件。
- 将修改后的演示文稿保存为 myfile2.pptx。
- 放映演示文稿，体验幻灯片切换效果、动画效果，以及通过画笔在演示文稿播放时做标记等。

第 5 章自测题

一、单项选择题（每题 1 分，共 40 分）

1. 在幻灯片中插入的超级链接，可以链接到________。

   A. Internet 上的 Web 页　　B. 电子邮件地址

   C. 本地磁盘上的文件　　D. 以上均可以

2. 若需在幻灯片上显示幻灯片编号，应选择________命令。

   A. “插入”选项卡中的“幻灯片编号”　　B. “文件”选项卡中的“选项”

   C. “插入”选项卡中的“对象”　　D. “设计”选项卡中的“页面设置”

3. 以下说法中错误的是________。

   A. 可以设置放映时不加旁白

   B. 可以设置放映时不显示幻灯片上的某一图片

   C. 可以设置放映时不加动画

   D. 可以设置循环放映

4. 在幻灯片中建立超级链接，________不能设置超级链接。

A. 声音对象　　B. 文本对象　　C. 按钮对象　　D. 图片对象

5. 在幻灯片中制作表格时，以下叙述正确的是________。

A. 只能插入 Word 表格　　B. 只能插入 Excel 工作表

C. 只能使用 PowerPoint 制作表格功能　　D. 以上三项功能均可

6. 在一张“空白”版式的幻灯片中，不可以直接插入________。

A. 图片　　B. 艺术字　　C. 文字　　D. 表格

7. 在当前演示文稿中插入一张新幻灯片的操作是________。

A. 插入 | 新幻灯片　　B. 插入 | 幻灯片

C. 开始 | 新建幻灯片　　D. 开始 | 幻灯片

8. 在________视图下，可以方便地对幻灯片进行移动、复制和删除等编辑操作。

A. 幻灯片浏览　　B. 幻灯片　　C. 幻灯片放映　　D. 普通

9. 在下列各项中，________不能控制幻灯片外观的一致。

A. 母版　　B. 幻灯片视图　　C. 模板　　D. 背景

10. 在幻灯片母版中插入的对象，只能在________中进行修改。

A. 幻灯片视图　　B. 幻灯片母版　　C. 讲义母版　　D. 大纲视图

11. 设置幻灯片放映时间的命令是________。

A.“动画”选项卡中的命令

B.“插入”选项卡中的“动作”命令

C.“幻灯片放映”选项卡中的“排练计时”命令

D.“插入”选项卡中的“日期和时间”命令

12. 在 PowerPoint 中，打印幻灯片时，一张 A4 纸最多可打印________张幻灯片。

A. 任意　　B. 3　　C. 9　　D. 6

13.PowerPoint 中默认的新建文件名是________。

A. SHEET1　　B. 演示文稿 1　　C. BOOK1　　D. 文档 1

14. 在 PowerPoint 的________下，可以用拖动的方法改变幻灯片的顺序。

A. 幻灯片视图　　B. 备注页视图　　C. 放映视图　　D. 幻灯片浏览视图

15. 在 PowerPoint 中，没有________视图。

A. 联机版式　　B. 备注页　　C. 幻灯片放映　　D. 幻灯片浏览

16. 若要在选定的幻灯片中输入文字，应________。

A. 直接输入文字

B. 先单击占位符，然后输入文字

C. 先删除占位符中系统显示的文字，然后输入文字

D. 先删除占位符，然后再输入文字

17. 设置动画效果可以在________选项卡的“动画”命令中执行。

A. 开始　　B. 设计　　C. 动画　　D. 视图

18. 在页面设置中，打印内容可以是________。

A. 整页幻灯片、讲义、备注页、大纲　　B. 整页幻灯片、讲义、备注页、母版

C. 整页幻灯片、讲义、大纲视图、模板　　D. 整页幻灯片、母版、备注页、模板

19. 如果要终止幻灯片的放映，可直接按________。

A. Ctrl+C　　B. Esc　　C. End　　D. Alt+F4

20. ________不是合法的“打印内容”选项。

A. 幻灯片　　B. 备注页　　C. 讲义　　D. 幻灯片浏览

21. 为了使一份演示文稿中的所有幻灯片中都有公共的对象，应使用________。

A. 自动版式　　B. 母版　　C. 备注页幻灯片　　D. 大纲视图

22. 当在幻灯片中插入了声音后，幻灯片中将出现________。

A. 喇叭标记　　B. 链接说明　　C. 一段文字说明　　D. 链接按钮

23. 演示文稿中的每张幻灯片都是基于某种________创建的，它预定义了新建幻灯片的各种占位符的布局情况。

A. 视图　　B. 母版　　C. 模板　　D. 版式

24. 下列叙述中，错误的是________。

A. 不能改变插入幻灯片中的图片的尺寸大小

B. 打包时可以将与演示文稿相关的文件一起打包

C. 在幻灯片放映视图中，用鼠标右键单击屏幕上的任意位置，可以打开放映控制菜单

D. 在幻灯片放映过程中，可以使用绘图笔在幻灯片上书写或绘画

25. 在 PowerPoint 中，选择“开始”选项卡中的________命令，可以改变当前一张幻灯片的布局。

A. 版式　　B. 幻灯片配色方案　　C. 应用设计模板　　D. 母版

26. 幻灯片声音的播放方式是________。

A. 执行到该幻灯片时自动播放

B. 执行到该幻灯片时不会自动播放，需双击该声音图标才能播放

C. 执行到该幻灯片时不会自动播放，需单击该声音图标才能播放

D. 由插入声音图标时的设定决定播放方式

27. 在组织结构图中，如果要为某个部件添加若干个分支，则应选择________按钮。

A. 经理　　B. 同事　　C. 部下　　D. 分支

28. 在“开始”选项卡的“幻灯片”组中单击“新幻灯片”后，________。

A. 出现选取版式列表框

B. 直接插入新幻灯片

C. 直接插入与上一张幻灯片版式相同的新幻灯片

D. 直接插入一张空白的新幻灯片

29. 设置幻灯片放映时间的命令是________。

A.“动画”选项卡中的“动画”命令

B.“插入”选项卡中的“动作”命令

C.“幻灯片放映”选项卡中的“排练计时”命令

D.“插入”选项卡中的“日期和时间”命令

30. 幻灯片母版不能用于控制幻灯片的________。

A. 标题的字号　　B. 背景色　　C. 项目符号样式　　D. 大小尺寸

31. 在幻灯片中插入的超级链接，可以链接到________。

A. Internet 上的 Web 页　　B. 电子邮件地址

C. 本地磁盘上的文件　　D. 以上均可以

32. 要为幻灯片添加解说词，应该选择“幻灯片放映”选项卡中的________命令。

A. 录制幻灯片演示　　B. 排练计时

C. 自定义放映　　D. 联机广播

33. 要使某张幻灯片与其母版不同，________。
    A. 可以重新设置母版　B. 可以设置该幻灯片不使用母版
    C. 可以直接修改该幻灯片　D. 以上都不行
34. 在“切换”选项卡中，可以设置的选项是________。
    A. 效果　B. 声音　C. 换页速度　D. 以上均可
35. 单击“插入”选项卡的________工具按钮，可以在幻灯片非占位符的空白处添加文本。
    A. 标注　B. 文本框　C. 艺术字　D. 文字环绕
36. 母版视图不包括________。
    A. 幻灯片母版　B. 阅读母版　C. 讲义母版　D. 备注母版
37. 要同时选择第 1、2、5 三张幻灯片，应该在________视图中操作。
    A. 幻灯片　B. 大纲　C. 幻灯片浏览　D. 以上均可
38. 为所有幻灯片设置统一的、特有的外观风格，应使用________。
    A. 母版　B. 配色方案　C. 自动版式　D. 幻灯片切换
39. 当在交易会进行广告片的放映时，应选择________放映方式。
    A. 演讲者放映　B. 观众自行放映　C. 在展台浏览　D. 需要时按下某键
40. 保存演示文稿时，默认的扩展名是________。
    A. docx　B. pptx　C. wps　D. xlsx

二、填空题（每空 1 分，共 30 分）

1. 在 PowerPoint 中，可以使用样本模板、________和________方法创建演示文稿。
2. 要设置幻灯片的起始编号，应该选择“设计”选项卡的________命令，在弹出的对话框中设定编号的起始值。
3. 将演示文稿打印成讲义，可以定义一页打印的幻灯片数目分别是 1、2、3、4、6、________页。
4. 幻灯片的放映方式有三种，它们分别是在展台浏览、________和________。
5. 设置幻灯片放映方式应该选择________选项卡中________命令。
6. 在制作幻灯片时，用户可以在大纲视图、________和________中输入和编辑文本。
7. 在幻灯片的背景设置过程中，如果按________按钮，则目前背景设置只对当前选定的幻灯片有效。
8. 在幻灯片的背景设置过程中，如选中________复选框，则当前演示文稿的背景设置可不受母版背景的影响。
9. 要调整幻灯片的顺序，应该切换到________视图。
10. 如果为幻灯片中的某个按钮设置了________，则当放映幻灯片时单击此按钮即可跳转到另外一张幻灯片。
11. 做完一张幻灯片后要做第二张，应在开始选项卡中选择________命令。
12. ________视图中不能对单独的幻灯片内容进行编辑。
13. 打包过程完成后，如果要在其他计算机上放映，只需执行________文件。
14. 幻灯片中的文字对象设置动画效果，可以控制引入文本的方式是________、整批发送或________。
15. 在屏幕状态栏中写的“幻灯片 5/12”表示________。
16. PowerPoint 可在拥有权限的________服务器中打开和保存演示文稿。
17. PowerPoint 中普通视图包含三个窗格，它们分别是大纲窗格、________和________。

18. 幻灯片背景的填充效果可以是纯色填充、________、图片或纹理填充和________。
19. 设置幻灯片动画的方法有两种：________和________。
20. PowerPoint 演示文稿默认的扩展名是 pptx；设计模板默认的扩展名是________。

三、判断题（每题 1 分，共 10 分，正确的填“√”，错误的填“×”）

(　　) 1. 在演示文稿中增加一张幻灯片的方法是按快捷键 Ctrl+I。
(　　) 2. PowerPoint 中的图片可以来自扫描仪。
(　　) 3. 按 Esc 键可以退出幻灯片放映。
(　　) 4. 从指定文件中新插入的幻灯片将位于当前演示文稿中所有幻灯片的末尾。
(　　) 5. 在默认情况下，幻灯片与大纲都以纵向打印。
(　　) 6. 同一演示文稿中，不同幻灯片的背景可以不同。
(　　) 7. 作为超级链接的文字的颜色可以改变。
(　　) 8. 可以为幻灯片设置自动换片的时间间隔。
(　　) 9. 在 PowerPoint 中，各种动作按钮的功能由系统指定，不可更改。
(　　) 10. 拖动组织结构图最上层的顶层图框可以移动整个组织结构图。

四、简答题（每题 4 分，共 20 分）

1. “自动播放”的功能是什么？如何设置演示文稿的自动播放效果？
2. 创建演示文稿有哪几种方式？简述每种方式各自的特点。
3. 为什么要对演示文稿打包？执行打包应该选择哪一条命令？
4. 如何设置循环播放声音和视频对象？
5. 如何为所有幻灯片添加编号？

第 6 章　网络基础与 Internet 应用

实验一　Internet 接入和局域网共享资源

一、实验案例

小张同学到机房上机，他想通过机房的局域网连接到校园网并接入 Internet，然后了解网卡的安装和配置方法，并掌握 Windows 下常用的网络命令。

小张同学想与同班同学小王利用机房的局域网，共享自己机器中的《 Flash 制作电子教程》、《大学英语听力练习》和老师授课的电子教案，他想把这些资源放在一个共享文件夹中，让小王能够访问，以便共同学习。

通过本案例，小张同学能学习到以下知识点：

- 安装网卡和网卡驱动程序。
- 设置网络适配器绑定的协议和服务。
- 配置 TCP/IP 参数。
- 测试网络连接。
- 设置和使用文件共享。

二、实验指导

1. 预备知识

目前，个人用户接入 Internet 的方式主要分为通过电话线路进行远程拨号上网（如使用调制解调器或 DSL 技术）、光纤上网（通过 EPON）、局域网接入、通过 3G（或 4G）手机四种方式。光纤 EPON 上网是目前城市流行的家庭用户上网方式，这主要是由于光网络设备和光纤价格的大幅下降（皮线光缆价格和铜质电话线价格相差不大）。而通过局域网方式接入 Internet 主要用于将企业、园区及学校实验室机房等位置的多台计算机同时接入 Internet。

本次实验中计算机将通过机房局域网方式连接校园网，然后接入 Internet。当配置好 TCP/IP 参数后，可以使用 Ping 命令进行测试。Ping 是最常用的检测网络故障的命令，用于确定本地主机是否能与另一台主机交换（发送与接收）数据，根据返回的信息，用户可以判断 TCP/IP 参数是否设置正确以及运行是否正常。

如果局域网中的主机间可以正常通信，就可以设置网络共享，来实现整个局域网内部的资源共享。在局域网中可以实现软、硬件资源共享，常见的应用是共享文件和打印机。

2. 安装网卡和网卡驱动程序

如果计算机中已经安装了网络适配器（俗称“网卡”），并被 Windows 系统正确识别，则 Windows 系统会自动创建一个“本地连接”。如果网络适配器已经安装在扩展槽或集成在主板上，但在“网络连接”视图中没有发现“本地连接”图标，则应首先检查硬件连接和设置是否正确。如果硬件没有问题，则需要在“控制面板”|“设备管理器”中找到“网络适配器”，再从中找到相应的物理网卡，并在其上右键单击“更新驱动程序软件”为其安装正确的驱动

程序，或在如图 6-1 所示的“设备管理器”中指定网络适配器的更新驱动程序软件，使该设备能正常运转。

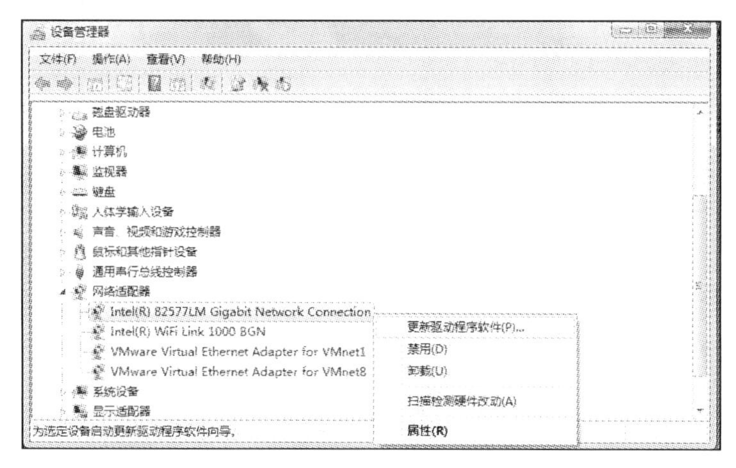

图 6-1 设备管理器

3. 连接网线

将双绞线一端插入到网卡中，另一端插入到机房接入交换机的接口中（这步同学们不用亲自动手操作）。

4. 设置网络适配器绑定的协议和服务

1）右击“开始”菜单上的“控制面板”选项，双击“网络和共享中心”，打开如图 6-2 所示“网络和共享中心”窗口。

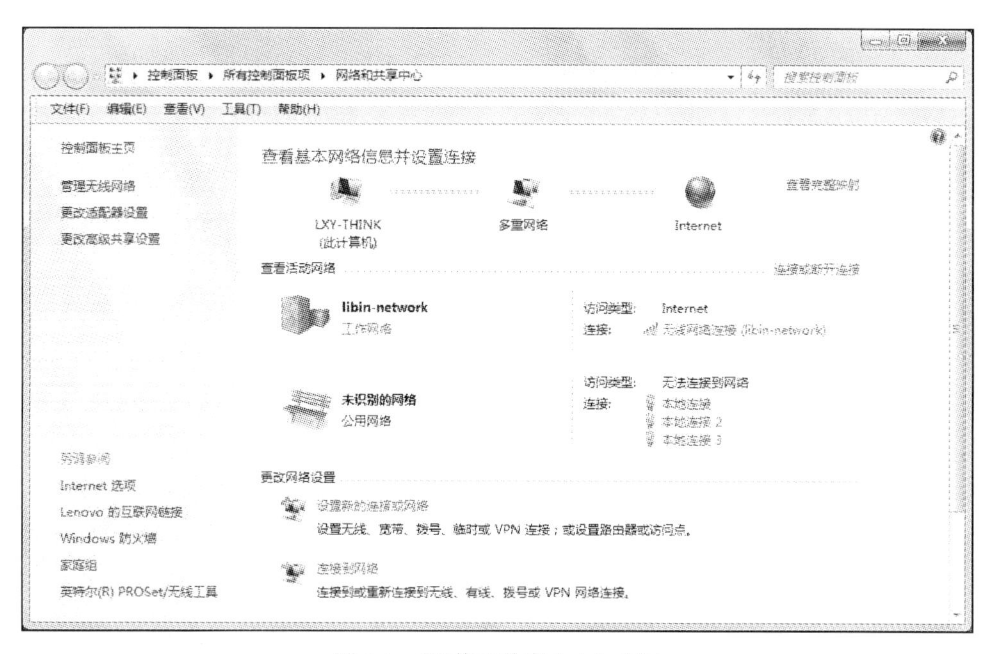

图 6-2 “网络和共享中心”窗口

2）单击“本地连接”，打开如图 6-3 所示的“本地连接状态”对话框，从中可以查看网络的状态、持续时间、连接速率、发送和接收到的数据包等信息。

3）单击“属性”按钮，打开“本地连接－属性”对话框，如图6-4所示。确认该网络连接已安装并使用了以下组件：

- Microsoft 网络客户端。
- Microsoft 网络的文件和打印机共享。
- Internet 协议（TCP/IPv4）。

图6-3 “本地连接状态”对话框

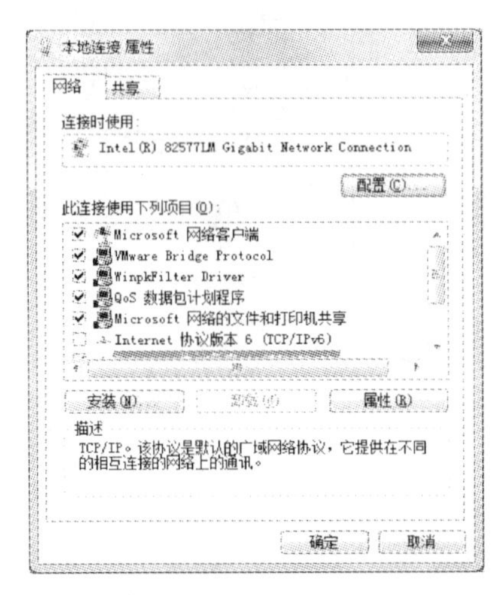

图6-4 “本地连接 属性”对话框

5. 配置 TCP/IP 参数

在图6-4所示的“本地连接－属性”对话框双击“Internet 协议（TCP/IPv4）”项，打开其属性对话框，如图6-5所示。

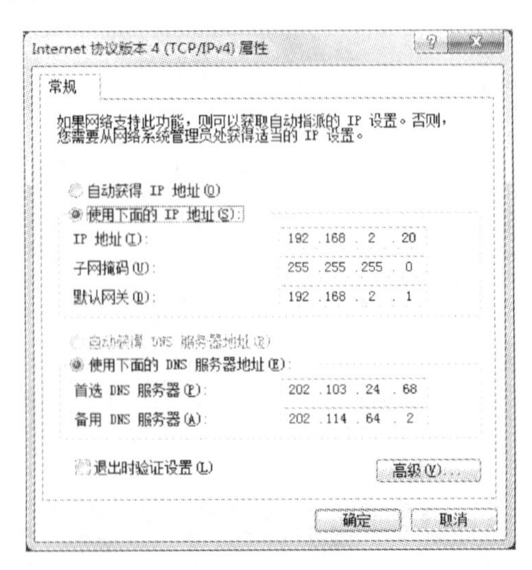

图6-5 “Internet 协议版本4（TCP/IPv4）属性”对话框

如果网络中有服务器或路由器为该计算机动态分配 IP 地址、DNS 服务器地址等参数，则应选择“自动获得 IP 地址”项，否则必须手动输入 IP 地址、子网掩码、默认网关和 DNS 服务器地址信息。

注意：图6-5中使用的是内部保留 IP 地址，如果要连接到 Internet，必须通过 NAT（网络地址转换）映射到外网合法 IP 地址。

6. 测试网络连接

如果采用局域网方式接入 Internet，并且网络连接的 TCP/IP 参数配置正确，那么本机就可以和局域网中的其他计算机进行通信，就可以连接到 Internet 进行网上冲浪了。

网络设置完成后，一般可使用以下几个常用网络命令查看或测试网络连接状态。首先介绍 Windows 7 下进入命令行的方法，单击图标，在“搜索程序和文件”文本框中输入 CMD，然后按 Enter 键切换到控制台命令行模式，如图 6-6 所示。

图 6-6 启动命令行程序

（1）ipconfig

利用 ipconfig 命令可查看网络适配器的基本信息、IP 地址、子网掩码、默认网关和 DNS 服务器地址等，如图 6-7 所示。

（2）Nslookup

Nslookup 是一个监测网络中 DNS 服务器是否能正确实现域名解析的命令行工具。近些年互联网 DNS 服务器受到攻击，而出现大面积用户网络中断的事件时有发生。所以有必要掌握 DNS 服务器基本的故障排除方法。假设现在网络中已经架设好一台 DNS 服务器，主机名称为 dns.wdu.edu.cn（注意：在校内机房解析地址时内网地址与下面结果有所不同）。

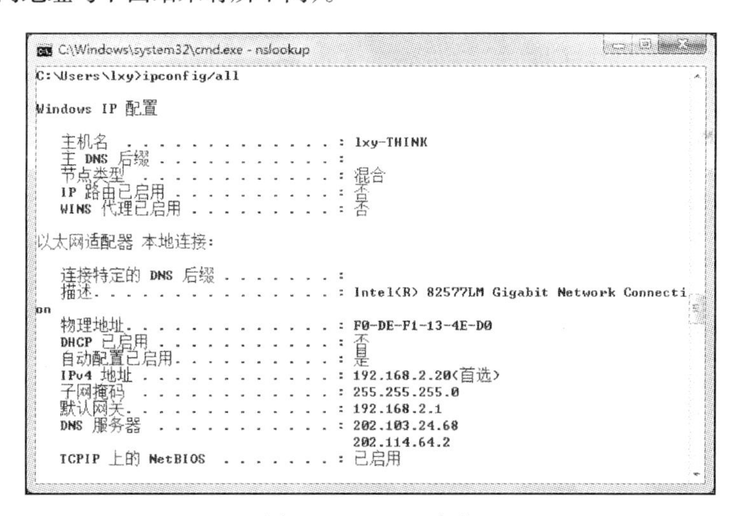

图 6-7 ipconfig 命令

1）检测 DNS 服务器的正向解析功能。

在 C:\> 提示符后面输入 Nslookup www.wdu.edu.cn 并按 Enter 键，会显示如下信息：

服务器：　dns3.wdu.edu.cn

Address：　221.232.159.21

名称：　www.wdu.edu.cn

Address：　221.232.159.13

以上结果显示，正在工作的 DNS 服务器的主机名为 dns3.whu.edu.cn，它的 IP 地址是 221.232.159.21，而域名 www.wdu.edu.cn 所对应的 IP 地址为 221.232.159.13。

2）解析异常。

有的时候，当输入 Nslookup www.wdu.edu.cn 后，却出现如下结果：

Server: dns.wdu.edu.cn

Address: 221.232.159.21

*** dns.whu.edu.cn 找不到 www.wdu.edu.cn: Non-existent domain

这种情况说明网络中 DNS 服务器 dns.whu.edu.cn 在工作，却不能实现域名 www.whu.edu.cn 的正确解析。此时，要分析 DNS 服务器的配置情况，看 www.whu.edu.cn 这一条域名对应的 IP 地址记录是否已经添加到了 DNS 的数据库中。

还有的时候，当输入 Nslookup www.wdu.edu.cn 后，会出现如下结果：

```
DNS request timed out.
timeout was 2 seconds.
服务器：   UnKnown
Address：  202.103.24.168

DNS request timed out.
    timeout was 2 seconds.
DNS request timed out.
    timeout was 2 seconds.
DNS request timed out.
    timeout was 2 seconds.
DNS request timed out.
    timeout was 2 seconds.
*** 请求 UnKnown 超时
```

这说明测试主机在目前的网络中，根本没有找到可以使用的 DNS 服务器。此时，我们要对整个网络的连通性作全面的检测，并检查 DNS 服务器是否处于正常的工作状态，采用逐步排错的方法，找出 DNS 服务器不能响应请求的根源。

3）DNS 缓存。

ipconfig /displaydns 命令可以查看 DNS 客户端的缓存内容，缓存包括从本地主机文件中预加载的项目以及最近成功解析的资源记录。该缓存信息由 DNS 客户端程序使用，以便在查询它配置的 DNS 服务器之前迅速解析频繁查询的名称。ipconfig /flushdns 命令用于清除 DNS 客户端的缓存信息。

（3）Ping

最常用的测试方法是使用 Ping 命令来访问网络中其他的计算机以检测网络是否连通。以图 6-7 为例，本机的 IP 地址为 192.168.2.20，网关计算机的 IP 地址为 192.168.2.1，DNS 服务器的 IP 地址为 202.103.24.68，可以使用以下命令测试网络的连通性。

```
Ping 192.168.2.1      // 测试网关是否可达
Ping 202.103.24.68    // 测试 DNS 服务器是否可达
Ping 目标主机          // 测试目标主机是否可达
```

例如，输入命令“ping www.baidu.com”测试能否访问百度网站，如图 6-8 所示，从图中可以观察到以下结果：

- DNS 服务器成功将域名地址解析为 IP 地址。
- 本机共发出 4 个测试数据包，收到 4 个响应数据包，丢包率为 0%。
- 测试数据包的最大时延为 47 ms，最小时延为 44 ms，平均时延为 45 ms。

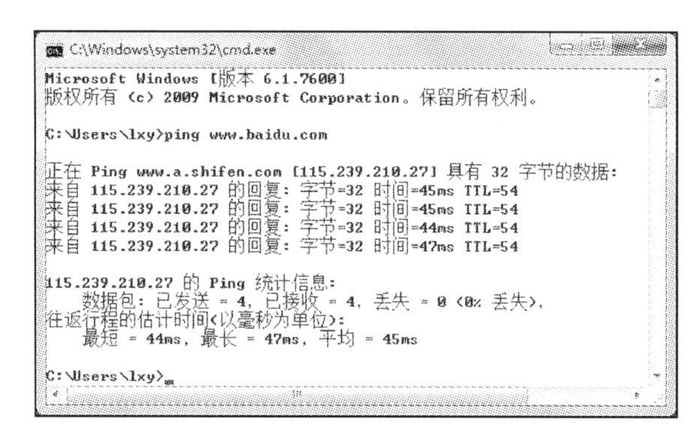

图 6-8　测试网络连接

7. 设置家庭组资源共享

家庭组资源共享通常用于局域网内的资源共享，可实现多台计算机访问计算机上已共享的文件夹和共享打印机等设备资源。使用家庭组，可在家庭网络上共享文件和打印机。与家庭组的其他人共享图片、视频、文档等各种格式文件，以及打印机。需要注意的是只有 Windows 7 旗舰版和家庭高级版才能创建家庭组，所有版本的 Windows 7 均可加入家庭组。

（1）创建家庭组

家庭组只能在家庭网上运行。若要更改网络位置，可按如下步骤进行，如图 6-9 所示。

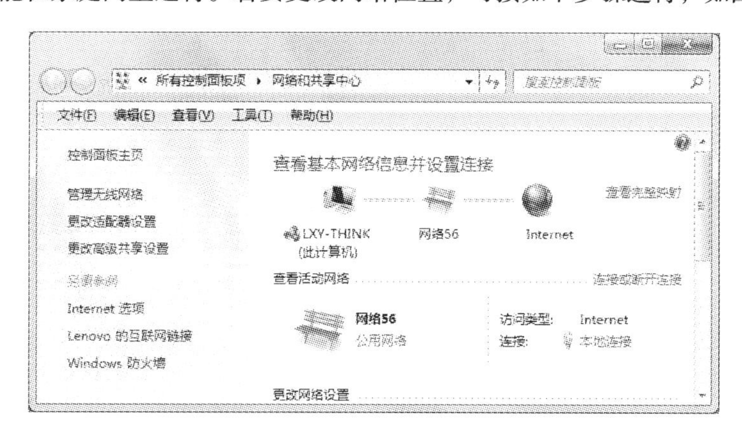

图 6-9　更改网络位置

1）进入“控制面板”窗口，单击“网络和共享中心”图标。

2）单击“工作网络”(或“公共网络”)，如图 6-9 所示。

3）在设置网络位置窗口选择“家庭网络”（在创建过程中注意勾选“ TCP/IPv6 属性”复选框，否则会出现不能创建家庭组的状况）。

4）单击“创建家庭组”按钮，选择要共享内容，单击“下一步”按钮，如图 6-10 所示。

5）最后家庭组共享会自动生成密码，如图 6-11 所示。

（2）加入家庭组

只有安装 Windows 7 的计算机才能加入家庭组。创建家庭组的机器，其操作系统需为 Windows 7 的旗舰版、专业版、高级家庭版机器。

在一台计算机创建好家庭网络组后，其他运行 Windows 7 的计算机即可加入该家庭组（且计算机与创建家庭组的计算机位于同一子网）。加入家庭组的计算机须输入密码才能加入该家庭组（密码区分大小写），如图 6-12 所示，密码从创建家庭组的计算机上获得。

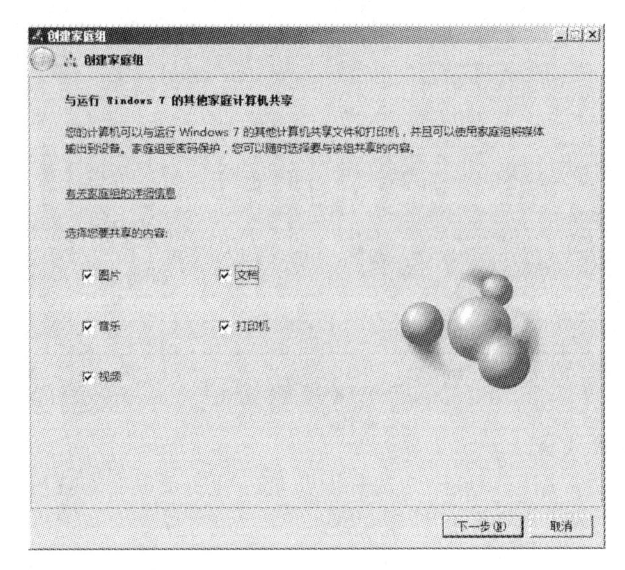

图 6-10　选择共享内容

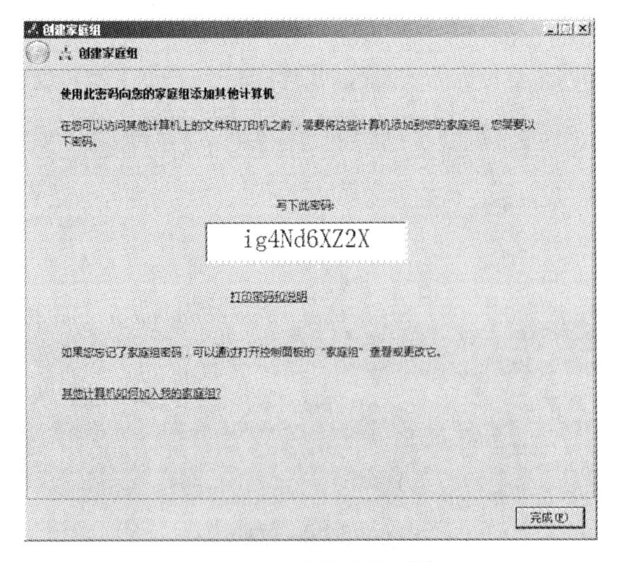

图 6-11　完成家庭组创建

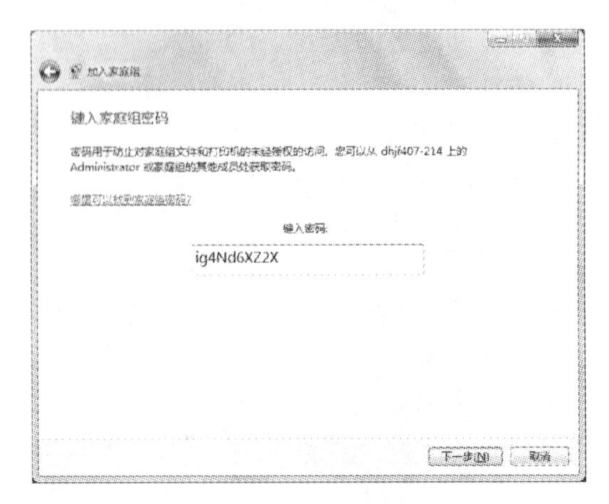

图 6-12　加入家庭组

（3）家庭组资源共享

1）打开“我的电脑”，单击窗口左侧导航窗口中的“家庭组”。

2）选择并单击家庭组内的计算机，工作区内为该家庭组计算机所共享的资源，如图 6-13 所示。

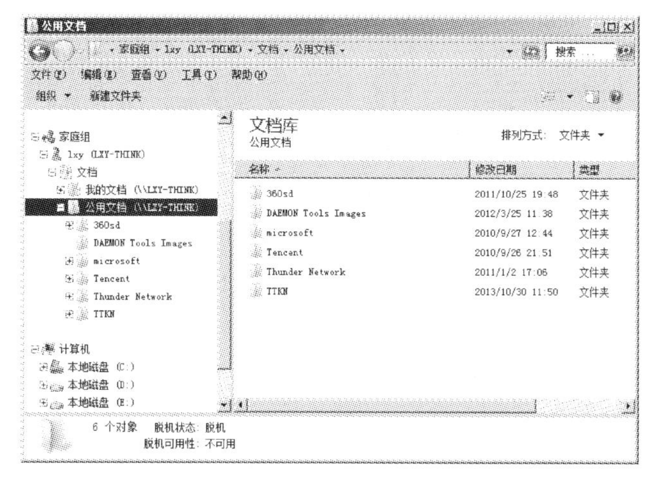

图 6-13　访问家庭组内共享资源

将《Flash 制作电子教程》、《大学英语听力练习》等电子资源和老师授课的电子教案复制到公用文档文件夹中（C:\Users\Public\Documents）。

（4）访问家庭组内共享设备资源

1）打开“开始”菜单，单击“设备和打印机”选项。

2）添加家庭组内的共享计算机的设备和打印机，选择已共享的设备，如图 6-14 所示。

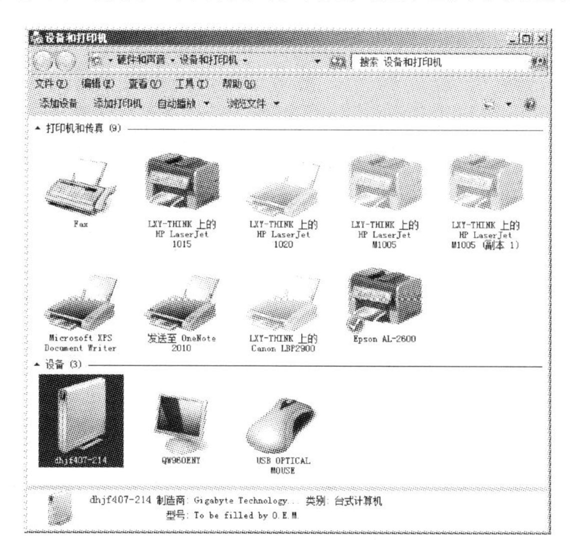

图 6-14　添加设备和打印机

三、实验体验

1. 题目

1）检查当前所使用的计算机的网络连接和 TCP/IP 协议的配置。

2）用 Ping 命令检查当前所使用的计算机的网络连接是否有效。

3）在机器上，共享文件夹和打印机。

2. 目的与要求

1）理解 IP 地址、域名地址、网关、子网掩码等基本概念。

2）掌握 Windows 平台中 TCP/IP 参数的配置方法。

3）掌握以局域网方式接入 Internet 的方法。

4）熟悉常用的网络测试命令。

5）熟悉如何配置和使用局域网资源共享。

实验二　通过 WiFi 共享上网

一、实验案例

学生公寓 5 栋 306 的小李同学在学校电信营业厅办理了校园 E 信上网业务。但是自己和寝室的室友都有智能手机和平板电脑要上网，如何共享一个 E 信账号让多台无线终端连接到因特网呢？

小张同学刚买了一台笔记本电脑，他想与寝室其他同学的计算机联成一个小型局域网。通过寝室的互联网服务商（ISP）或校园网接口连入 Internet，并把这个网络通过无线 WiFi 的方式共享给自己的平板和智能手机。

通过本案例，同学们能学习到以下知识点：

- 校园 E 信的工作原理。
- 如何配置随身 WiFi。
- NAT 的基本原理。

二、实验指导

1. 武汉高校校园网介绍

武汉高校校园网是武汉电信建设的高校专用高速宽带网，覆盖武汉广大高校，全市所有高校共享一张宽带网。该网通过高校专用光纤接入，具有网速稳定和带宽高的特征，保证了高校师生的上网需求。校园高速宽带网实现了过去高校校园网建设各自为政，网络封闭相互不连通的弊端，形成一张开放、高速、互联、畅通的宽带信息服务网络，使之成为覆盖武汉市全部高校的高速宽带专用网络，如图 6-15 所示。

武汉高校校园高速宽带网采取新型网络结构和双速的服务模式，实现了武汉 100 万在校大学生无论是本校用户之间，还是外校与本校用户之间，上网互联 20Mb bit/s 带宽。用户通过高速校园网访问外网时的速率也可达到 4 ～ 10Mb bit/s。

校园高速宽带网中设立了应用服务专区，提供腾讯、盛大、乐视、优酷、百度奇艺、武汉热线等优势资源服务，其服务涵盖了高带宽、大流量的互联网视频、影像、动漫、交友、游戏、娱乐、教育等云端服务。

网络地址转换（Network Address Translation，NAT）是一种将私有地址转化为合法 IP 地址的技术，它被广泛应用于各种类型 Internet 接入方式和各种类型的网络中。NAT 不仅完美地解决了 IP 地址不足的问题，而且还能够有效地避免来自网络外部的攻击，隐藏并保护网络内部的计算机。

借助于 NAT 技术，配置私有地址的内部网络中的主机通过路由器向外网发送数据包时，私有地址被转换成合法的 IP 地址，一个局域网只需使用少量 IP 地址（甚至是 1 个外部 IP 地址）即可实现内部网络所有计算机与 Internet 的通信需求。

图 6-15　武汉高校校园网

2. 实验环境与设备

每组设备为笔记本电脑 1 台（Windows 操作系统，带无线网卡）、智能手机 1 台（安卓、ISO 操作系统）和平板电脑 1 台，每 2 位同学组成一个实验小组。

3. 安装 E 信客户端和猎豹共享软件

1）E 信客户端的登录。下载安装 E 信客户端，输入营业厅办理获得的用户名、密码，打开普通 E 信登录系统，如图 6-16 所示。登录成功后出现 E 信计时窗口，如图 6-17 所示。

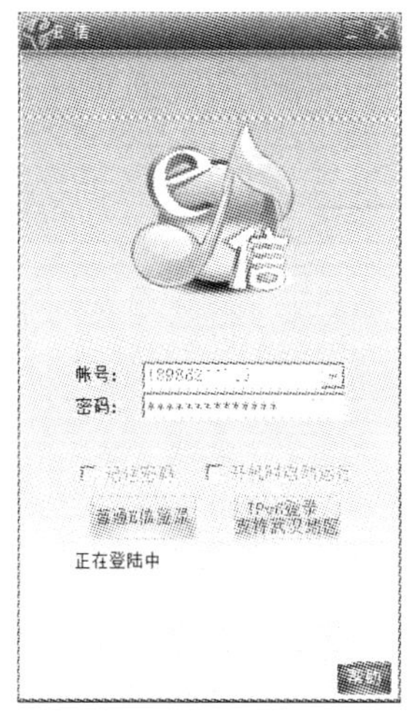

图 6-16　E 信登录窗口

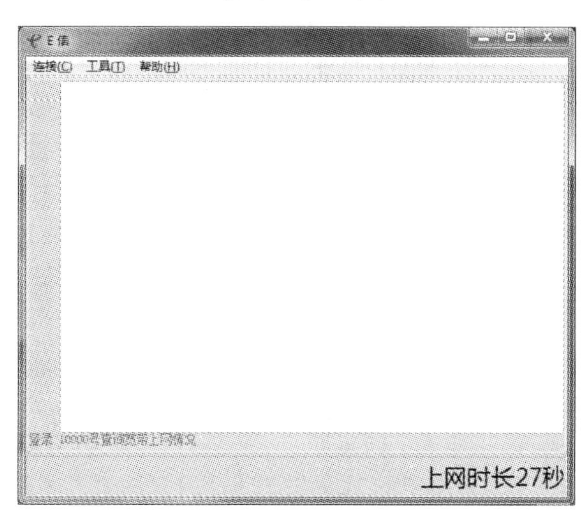

图 6-17　E 信计时窗口

2）WiFi共享工具介绍。现在WiFi共享工具非常多，有硬件和软件一体的，如小米随身WiFi、360随身WiFi等。这种提供WiFi的方式由一个USB的无线网卡和自带配套软件组成，USB无线网卡作为AP为下面用户提供无线局域网接入，而软件提供路由、NAT、DHCP等功能。也有纯软件的，如猎豹免费WiFi。这种方式是利用计算机上自带的无线网卡（这要求计算机要自带无线网卡）提供局域网接入，而该软件与上述软件功能类似。本实验用猎豹软件实现共享E信网络（将E信的有线网络通过计算机上的无线网卡作为AP，共享给该无线局域网用户接入E信网访问Internet）。E信客户端为了防止用户使用代理软件为其他机器提供Internet接入服务，在客户端软件中有一个专门的进程来监控用户是否运行代理，且该进程不能终止，否则E信无法连上。猎豹免费WiFi针对Windows系统底层无线网卡应用机制进行了优化，是目前最高的WiFi共享软件，该软件目前可以避开当前E信客户端的监控。

3）在网上搜索猎豹免费WiFi软件下载并安装。通过猎豹免费WiFi可以修改WiFi名称、密码，如图6-18和图6-19所示。同时也可以监控连入本WiFi机器的速度、连入次数等。

图6-18 修改无线网名称、密码

图6-19 修改成功

4）智能手机配置方法。在手机WLAN中，找到共享的无线网络名称，输入电脑猎豹免费WiFi程序上显示的密码之后即可连接，如图6-20所示。连接后可以打开手机上的网络应用，比如浏览器访问服务器页面。

4. 用学生机房网络安装小米随身WiFi

1）用浏览器登录www.miwifi.com（官网）下载并安装驱动，目前只有Windows系列操作系统的驱动。

2）插入小米随身WiFi，此时电脑桌面会弹出WiFi网络名称和网络密码，如图6-21所示。

3）打开移动设备搜索WiFi网络，选择连接WiFi网络。为了用户的网络安全，小米随身WiFi会默认给创建的网络设置随机密码，此时需要在手机端打开WiFi网络，找到名称为“xiaomi-xxxx”的无线网络，输入电脑端小米随身WiFi程序上显示的密码，随后即可连接，如图6-22所示。如果连接之后你修改过网络密码，那么建议重新连接之前先选择“忘记网络/删除网络”，然后找到网络输入修改后的新密码。

4）若成功连接之后手机仍无法打开网页，则建议你先确认电脑端是否可以正常上网；如果电脑可以打开网页但

图6-20 猎豹随身WiFi连接情况

手机端连接 WiFi 后打不开，则可能与您网络运营商使用的客户端登录方式有关，比如天翼客户端、锐捷客户端等产品会有可能限制网络访问。可参考网站中汇总的解决方案试着解决：http://bbs.xiaomi.cn/thread-9054359-1-1.html。

图 6-21　小米随身 WiFi 管理介面

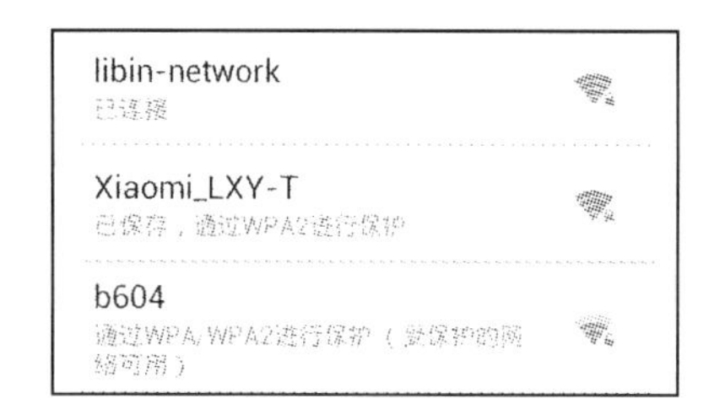

图 6-22　移动设备选择接入无线网络

5）小米随身 WiFi 还带有云 U 盘和共享盘功能，可以把移动终端上的数据备份到云或共享文件夹，也可以通过共享文件夹在移动终端间共享数据，大家根据自己的需要选择使用（具体方法可以访问上述小米官方论坛查看）。

三、实验体验

1. 题目

1）检查智能手机动态获取的 IP 地址信号强度等参数。

2）查看本机 E 信网的连接速率。

3）使用云 U 盘功能，将本机文件上传到云上。

4）查看无线局域网中各台机器的流量统计信息。

2. 目的与要求

1）理解无线局域网和代理的基本工作原理。

2）掌握无线局域网软件的配置。

3）了解高校校园网的基本工作原理。

4）掌握无线局域网如何通过一个外部 IP 地址接入 Internet。

实验三　WWW 冲浪和信息搜索

一、实验案例

小张同学可在寝室用计算机上网上，他决定先访问一下学信网，核对一下自己在网络上的档案信息是否有误，然后将学信网网址收藏起来以便将来再次访问。为了理解网页是怎么回事，他将学信网首页另存到本地计算机中，以便日后仔细研究。

网络上信息非常多，如何快速地找到自己需要的信息呢？小张同学决定使用搜索引擎，国内的大小搜索引擎有很多，哪款搜索引擎功能更强大，能更快地找到需要的信息呢？

自从连上了网络，小张同学突然成了寝室的“红人”，很多同学都想请他帮忙在网上找找信息和资料。例如：

- 室友小强同学请他帮忙查询 1000 元左右买什么智能手机比较好？
- 室友大鹏同学想下载一些周杰伦的新歌曲试听。
- 隔壁寝室的阿牛同学请他帮忙搜索“乔布斯”的照片。

二、实验指导

1. 预备知识

WWW上的信息通过以超文本（Hypertext）为基础的页面来组织，在超文本中使用超链接（HyperLink）技术，可以从一个信息主题跳转到另一个信息主题。所谓超文本实际上是一种描述信息的方法，在超文本中，所选用的词在任何时候都能够被扩展，以提供有关词的其他信息，包括更进一步的文本、相关的声音、图像及动画等。

搜索引擎是一种帮助Internet用户查询信息的搜索工具，它以一定的策略在Internet中搜集、发现信息，对信息进行理解、提取、组织和处理，并为用户提供检索服务，从而起到信息导航的作用。目前较著名的搜索引擎有Google（www.google.com），百度（www.baidu.com）和搜搜（www.soso.com）等。本实验以百度为例来学习使用搜索引擎。

2. 使用IE 8.0访问学信网

双击桌面上的“Internet Explorer”图标，打开IE浏览器，在地址栏中输入学信网官网地址www.chsi.com.cn，然后按Enter键，或单击地址栏旁边的“转到”按钮→，Internet Explorer将会打开如图6-23所示的网页。在网页打开过程中，注意观察IE浏览器状态栏中提示信息的变化。

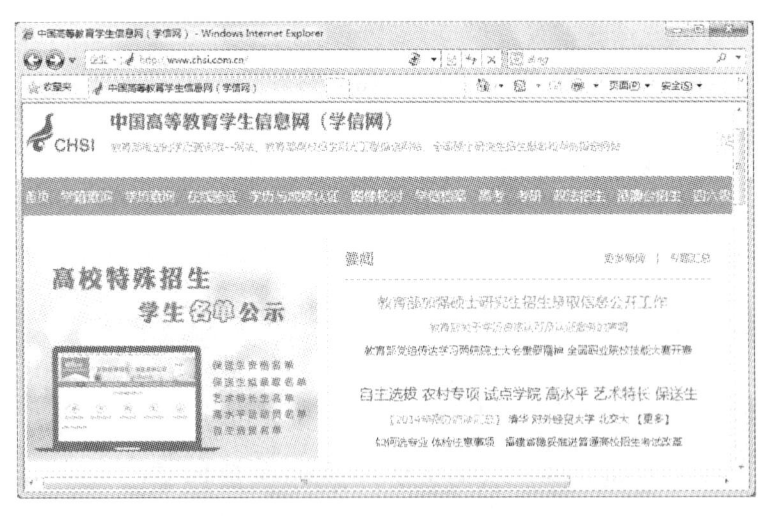

图6-23　使用IE浏览器

3. 将学信网加入收藏夹

在IE中打开学信网后，选择“收藏夹”|“添加到收藏夹栏”或“整理收藏夹”命令（可以根据需要建立不同类别的收藏文件夹），如图6-24所示。选择“添加到收藏夹栏”选项即自动添加到“收藏夹栏”，今后如果再访问学信网，只需直接“收藏夹”|“收藏栏”即可，如图6-25所示。也可通过“整理收藏夹”将“收藏夹栏”收藏的网址移到新建文件夹中来，如图6-26所示。

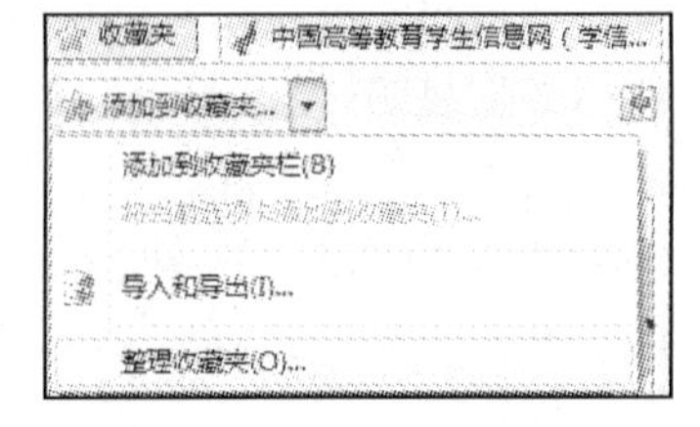

图6-24“添加到收藏”选项

4. 保存网页

在浏览器中打开学信网首页后，在“页面”下拉菜单中选择“另存为”选项，打开“保存网页”对话框，设置保存的目标文件夹为“我的文档”，选择保存类型为“网页，全部”，将文件名修改为“学信网”，然后单击“保存”按钮，如图 6-27 所示。

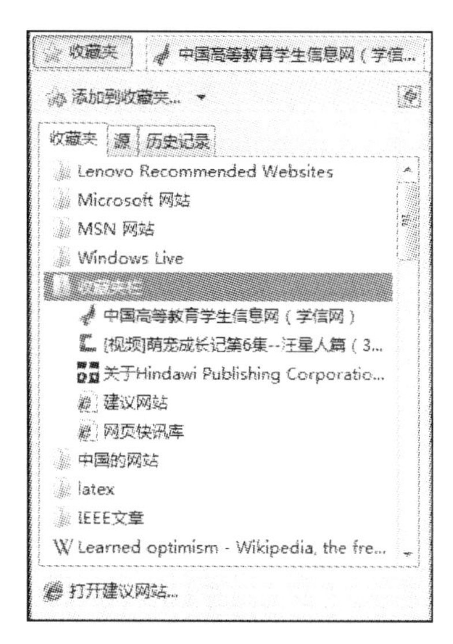

图 6-25　添加到收藏栏

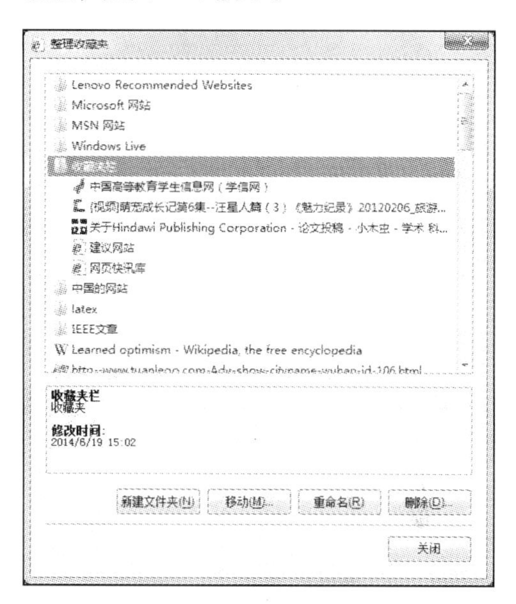

图 6-26　新建、整理收藏夹

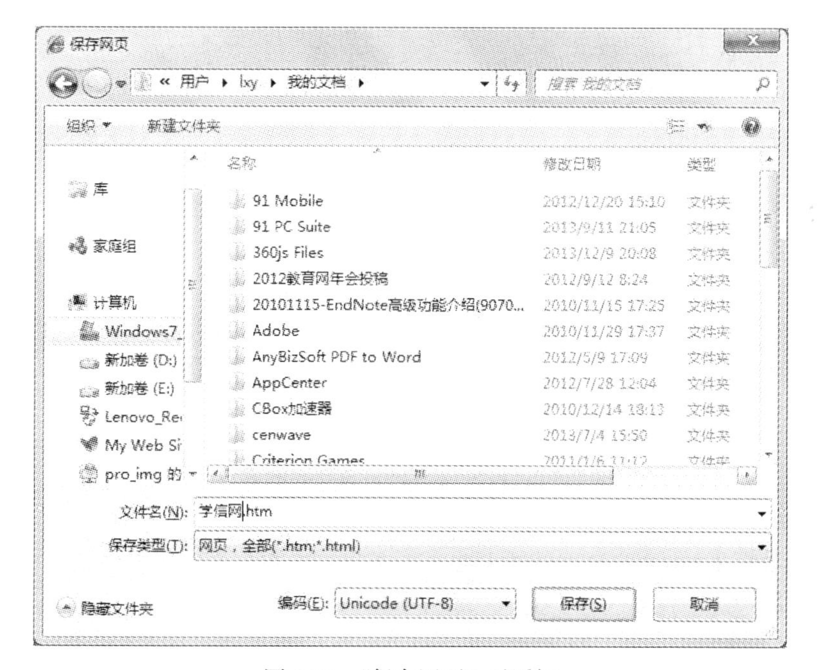

图 6-27　“保存网页”对话框

5. 将百度设置为默认主页

在浏览器的地址栏中输入“http://www.baidu.com”，打开百度网站，然后再单击主页菜单中的“添加或更改主页”选项，如图 6-28 所示，即可添加成功。

关闭并重新打开 IE，此时可以发现浏览器自动打开刚才设置的默认主页——百度。注意，IE 以后每次启动时都会自动打开百度网站，如果不希望这样，可将默认主页设置为空白页，图 6-29 所示为删除默认网页的操作，再打开 IE 时就是空白页了。

图 6-28 添加或更改主页

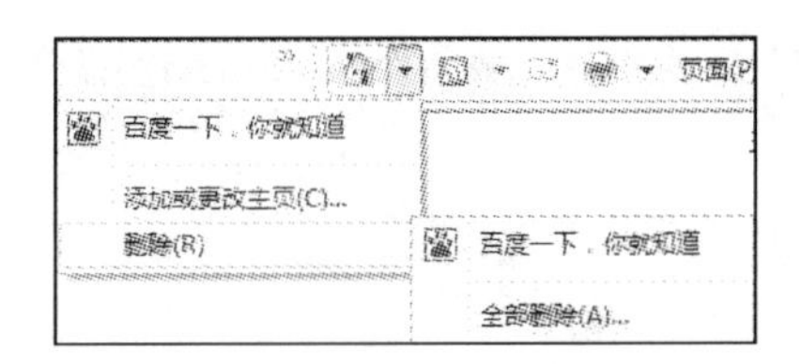

图 6-29 删除默认网页

6. 使用比价网站找出千元智能手机

一淘网是淘宝网推出的一个商品搜索平台，它是立足淘宝网丰富的商品基础放眼全网的导购资讯。网站的作用是解决用户购前和购后遇到的种种问题，并为用户提供购买决策，使用户更快找到物美价廉的商品。

打开一淘网的主页（www.etao.com），在搜索栏中输入智能手机，单击“搜索”按钮就会搜索到相关商品，如图 6-30 所示。

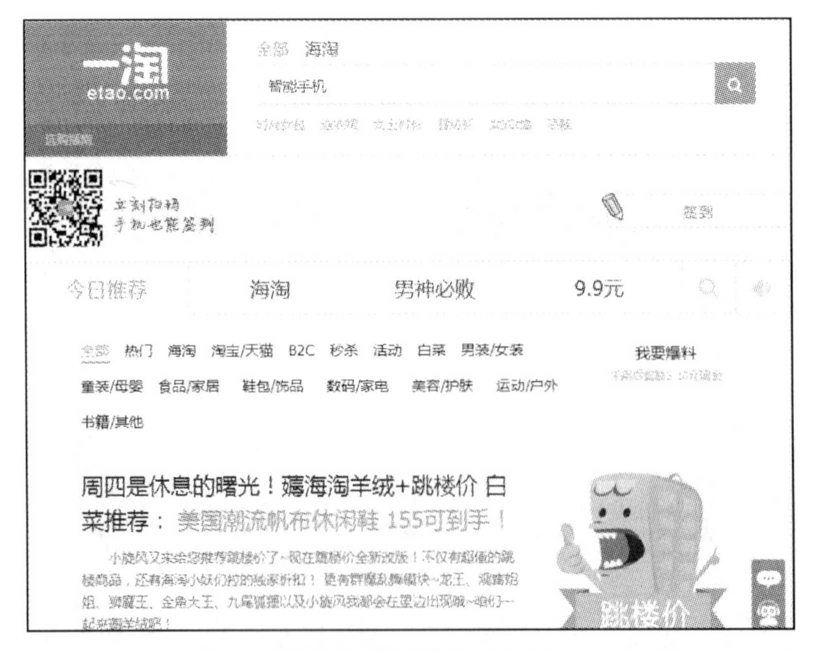

图 6-30 搜索“智能手机”

一淘网的数据来自 Internet 上的所有电子商务网站，可以在电子商务网站中选择不同限定条件进行商品筛选，包括品牌、商家、价格等条件，如图 6-31 所示。将价格设定在 600 ～ 1000 元区间内找到了 315 个宝贝符合条件，每个手机均显示卖该手机的电商网站，以及这款手机的销量等，当鼠标移到商品上时还可显示出这段时间商品的价格变动情况。

7. 使用百度搜索引擎查找并下载一首 mp3 歌曲

在 IE 中访问百度网站（http://www.baidu.com），单击“音乐”链接，打开百度音乐搜索引擎，在搜索文本框中输入关键字“欧美 mp3”，然后单击“百度一下”按钮，此时浏览器中将会显示搜索结果，如图 6-32 所示。搜索结果包括歌曲名、歌手名、专辑名称、试听 URL、歌词、文件大小、文件格式和链接速度等信息。选择搜索结果中的第一项，将会打开新窗口显示该歌曲所在的 URL 地址，单击链接将该首 mp3 歌曲下载到本地试听。

图 6-31　设置筛选条件

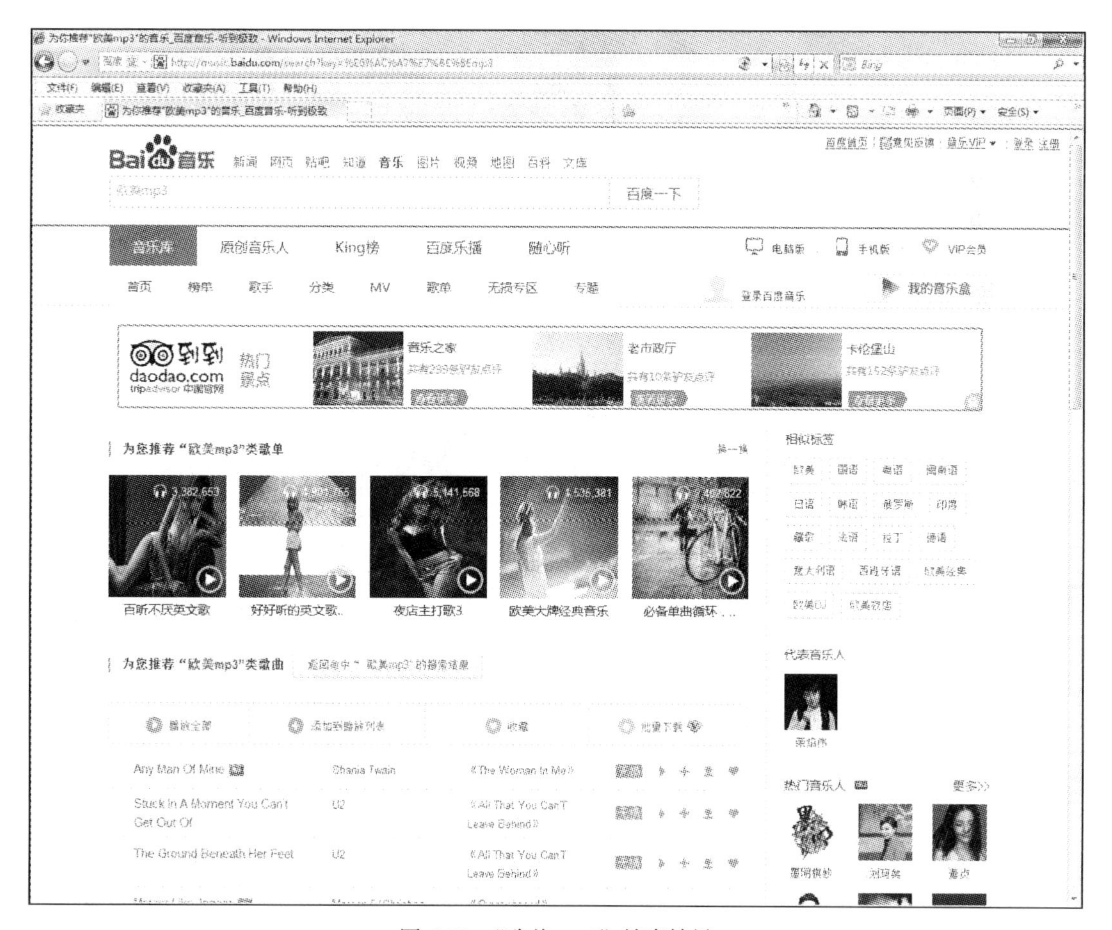

图 6-32　"欧美 mp3"搜索结果

8. 使用百度查找“乔布斯”的照片并另存到桌面上

回到百度网站首页，单击“图片”链接，打开百度图片搜索引擎，在搜索文本框中输入关键字“乔布斯”，然后单击“百度一下”按钮，浏览器中将会显示搜索结果，如图 6-33 所示。用鼠标指到相应搜索图片即可显示出图片尺寸、图片名称、网站出处、图片文件的 URL 地址等信息，如图 6-34 所示。单击“下载”按钮即 可到网站下载原图，然后将其保存在指定文件夹下。

图 6-33　图片搜索结果

图 6-34　图片信息

三、实验体验

1. 题目

1）访问中央电视台网站——央视网络（www.cntc.cn），并通过链接访问 CCTV-10 节目时间表。

2）使用百度或搜搜搜索引擎查找有关“滨海战斗舰”的信息。

3）利用搜索引擎查找浏览器软件火狐（Firefox），下载安装后使用 Firefox 访问网易网和搜狐网。

4）通过一淘网找到红米 1S 智能手机的保护壳，要求保护壳是黑色的且价格低于十元（包邮）。

2. 目的与要求

1）理解超文本标记语言、网页、超链接、URL 等基本概念。

2）掌握浏览器 Internet Explorer 的使用方法。

3）了解如何保护和修复 IE 浏览器。

4）学会使用搜索引擎。

实验四　网上购物

一、实验案例

网上购物是当前年轻人常用的一种方式，因其网上商品选择多、价格相对便宜而受到广大学生的追捧。小张是一名大一新生，以前从没通过电商买过东西，听同学说通过淘宝、京东等电商平台可以轻松地买到心仪商品，小张同学决定小试牛刀。

听完课上李老师对无线局域网共享上网相关内容的介绍。小张同学决定去网上购买一个随身 WiFi，他登录一淘网输入相关商品名称关键字，然后发现天猫上一个卖家的小米随身 WiFi 客户评价不错，19.9 元还包邮，于是他决定拍下。

二、实验指导

1. 预备知识

网购是通过电商购物平台找到自己需要的商品，并通过电子订购单发出购物请求，然后通过电子支付把款付给电商网站或电商平台，卖家通过快递或物流发货。目前国内使用较多的支付方式有第三方支付（如支付宝）、款到发货、货到付款等。

对消费者而言，可以在有网络的任何地方“逛店”，订货不受时间限制。可以通过搜索了解符合条件的商品信息，可以买到本地买不到的商品。网上支付可能是大家比较担心的问题，钱在网上付会不会丢可能是用户考虑比较多的问题。现在的网上支付技术已经非常成熟，支付数据都是通过加密传输且这些加密算法是防抵赖，付款转账前通过手机短信的动态验证码确认。

对于卖家（商家）而言网上开店不需要门面租金等一系列费用，且可在场地费用低、物流费用低的地方开店，网上开店的经营成本较传统实体店低，这导致同种商品网上较实体店便宜。

对于整个市场而言，网购这种购物模式可以在更大的范围实现高效资源配置，实现商家、消费者等多方共赢的局面。

2. 在淘宝网注册一个账户

启动 IE，在地址栏中输入淘宝网的网址 http://www.taobao.com，打开淘宝网首页，如图 6-35 所示单击页面上方的“免费注册”按钮，进入注册服务页面，如图 6-36 所示。

1）填写好注册账户信息，会员名、登录密码、确认密码、验证码、电子邮箱地址等信息，查看淘宝网服务协议后，单击“同意协议并注册”按钮后完成注册。

2）输入手机号码，验证账户信息，通过输入手机接收的短信验证码验证。

3）注册成功，如图 6-37 所示。

图 6-35　淘宝网首页

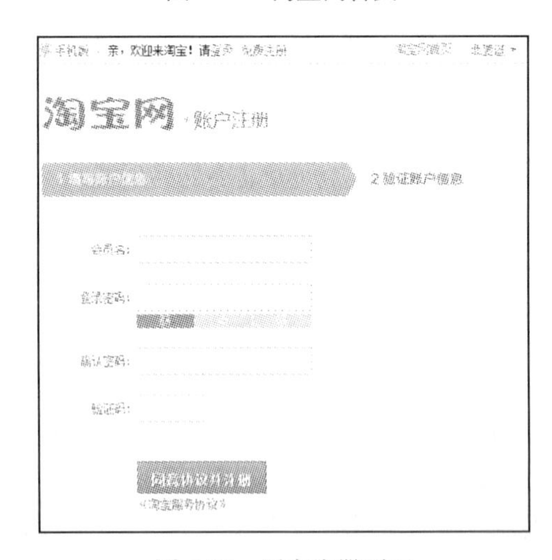

图 6-36　用户注册页面

图 6-37　注册成功页面

3. 开通支付宝账户

注册成功后，即可以在淘宝网上进行网络交易了，但如果你想更加安全、便捷地进行网络交易，还需要开通支付宝。

支付宝是针对网络交易而推出的一种安全付款方式，支付宝交易的基本流程是以支付宝为中介，买家确定购物后，先将货款付给支付宝公司，在买家确认收到货没有问题之前，货款由支付宝公司暂时保管。买家确认收货并同意付款后，支付宝把钱付给卖家。

如果买家没有收到货物或对货物不满意，则可以向支付宝申请退款，买卖双方达成协议后由卖方确认，支付宝就可以把已付的货款退回到买家的支付宝账户。在这个过程中买家不会有任何的经济损失。

支付宝的实名认证能够将虚拟的网络账户和现实的银行实名账户联系起来，保证卖家的身份信息是可靠的，从源头上维护网络交易的安全性，充分保障了货款安全及买卖双方的利益。

注册为淘宝会员后，淘宝系统会同时让用户成为支付宝会员，会员名就是注册时填写的电子邮件地址，支付宝密码就是淘宝密码，不过要使支付宝账户能够正常使用，还须将其开通，步骤如下：

1）在 IE 地址栏中输入支付宝网址 www.alipay.com 进入主页，在账户登录区域中输入电子邮件和密码，如图 6-38 所示（如果刚注册过淘宝账户则可以直接进入支付宝），单击“账户激活”按钮。

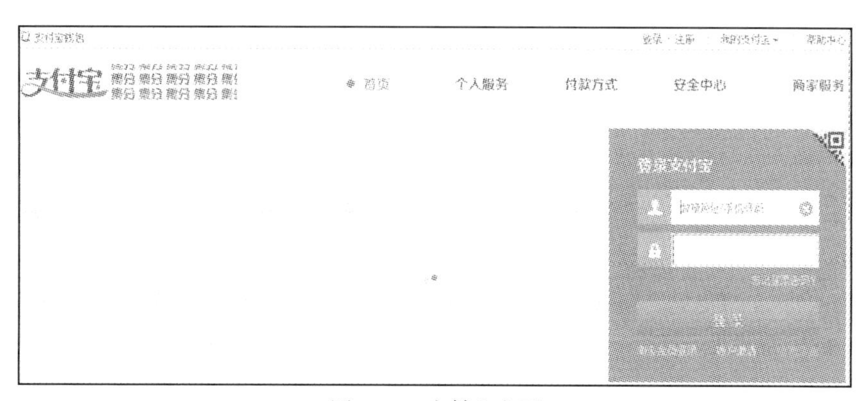

图 6-38　支付宝主页

2）在“账户设置”中补全支付宝账户信息，可修改“姓名”和“账户名”，完成身份和账号信息的绑定后即完成支付宝账户的激活，如图 6-39 和图 6-40 所示。

图 6-39　补全支付宝信息

4. 网上银行

支付宝开通后当前账户中并没有钱，必须向支付宝账户中转账才能在淘宝上交易，目前支付宝支持的网银数量很多，例如国有五大银行：工、农、中、建、交，以及招商银行（国内最早推出的网上银行）等网上银行。以下就以招商银行为例介绍如何开通网上银行。

1）确认自己的账户已经开通了网上银行的功能，如果没有开通则需要在招商银行网点的柜台上开通网银功能。开通时可以选择是否需要 USB Key 身份认证，如果不用也可选择使用文件证书。

图 6-40　绑定身份信息

2）网银登录有两种方式：一种方法是通过个人银行大众版，可以在招商银行的官网登录（http://www.cmbchina.com），然后选择个人银行大众版，打开个人大众版网页，首次使用时要下载安装安全控件。另一种方法是通过个人银行专业版，可在招行官网上下载个人网银专业版客户端，然后安装在本机上。大众版不需要证书，而专业版需要安装证书，专业版较个人版功能更强大。

3）进入个人银行大众版后选择“一卡通”选项卡，输入开户地、账户、查询密码、附加码即可登陆。

5. 给支付宝充值

在开通了网上银行后，就可以向支付宝账户里充值了，具体操作步骤如下。

1）登录支付宝账户，在“账户设置”选项卡中完善账户名、实名认证等信息，如图 6-41 所示。在账户名验证时可以绑定银行账号，后续还可以添加多个银行账号到支付宝。

2）切换到“账户资产”选项卡，单击“充值”按钮，如图 6-42 所示。

3）在“转入金额”文本框中填入要充值的金额并进行充值，如图 6-43 所示。

4）充值完成后即会提示充值成功，如图 6-44 所示，并可以在账户页面查询支付宝的余额。

图 6-41　支付宝绑定银行账户

图 6-42　给支付宝充值

图 6-43　填写充值金额

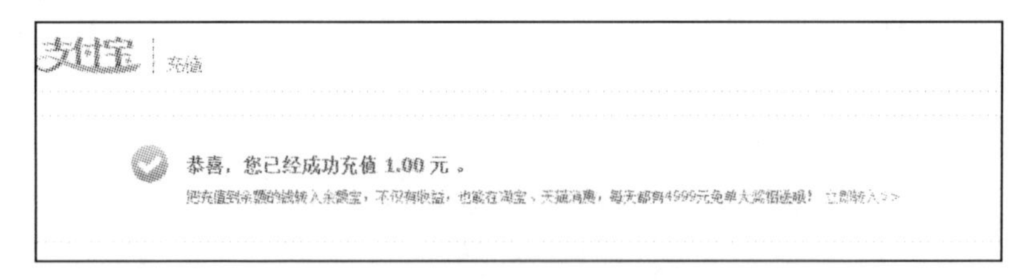

图 6-44　充值成功

6. 购买商品

下面我们试着购买一个随身 WiFi。在淘宝官网宝贝搜索区输入“随身 WiFi”，然后单击“搜索”按钮，随即搜索出相关宝贝 2.5 万件，如图 6-45 所示，这么多符合要求的宝贝该选哪件呢？在选择时一般来说会看符合条件商品的价格、成交量、已买用户对其的评价等一些因素（一般来说天猫卖家提供的商品较淘宝卖家有保障），在确定购买该商品之前可以通过淘宝网专用聊天工具阿里旺旺与卖家联系沟通，如图 6-46 所示，确定后即可购买。旺旺上的聊天记录内容可以作为买卖双方发生纠纷时，申请淘宝来仲裁的依据（其他聊天工具的聊天记录不能作为相关证据）。经过综合比较后发现小米随身 WiFi 的性价比较高，用户评价也不错，下面我们开始购买。

1）进入确定购买商品的卖家页面（以下操作的目的在于确定该商品的价格是不是 19.9 元包邮，该卖家是否可开发票，购买用户数量，卖家提供哪些服务保障等），如图 6-47 所示。

2）选择需要购买的具体型号和颜色，例如我们要购买的“小米随身 WiFi”，单击“立即购买”或“加入购物车”(用于多卖几件商品一起结账）按钮，如图 6-47 所示。

3）登录自己的淘宝账号，如图 6-48 所示。

4）填写或选择自己的收货地址，如图 6-49 所示。

图 6-45　搜索要购买的商品

图 6-46　阿里旺旺登录界面

图 6-47　卖家商品购买页面

图 6-48　登录买家账户

5）把款付给第三方代为保管，如果账户中没有钱或钱不够则需从对应的银行卡中转账到支付宝账户，如图 6-50 和图 6-51 所示。

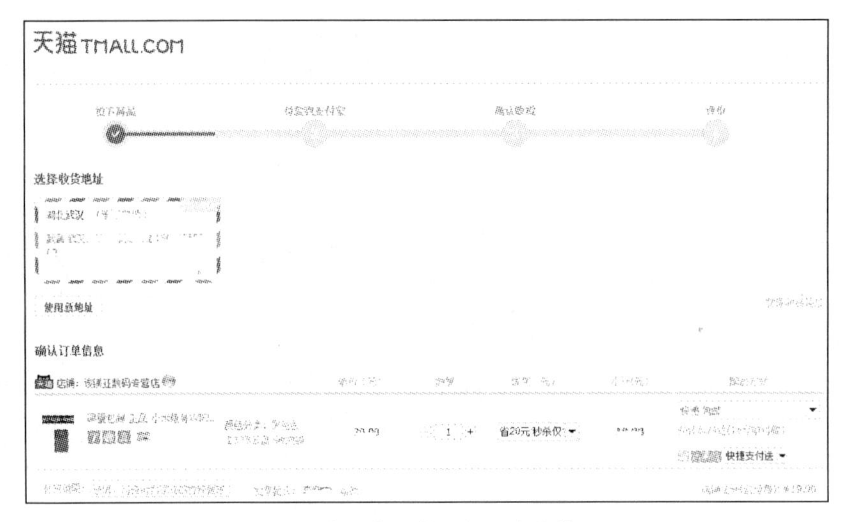

图 6-49 确认商品数量与买家收货地址

图 6-50 从绑定的银行账户转账至支付宝账户

图 6-51 确认付款界面

6）支付成功后即弹出窗口提示，如图 6-52 所示。

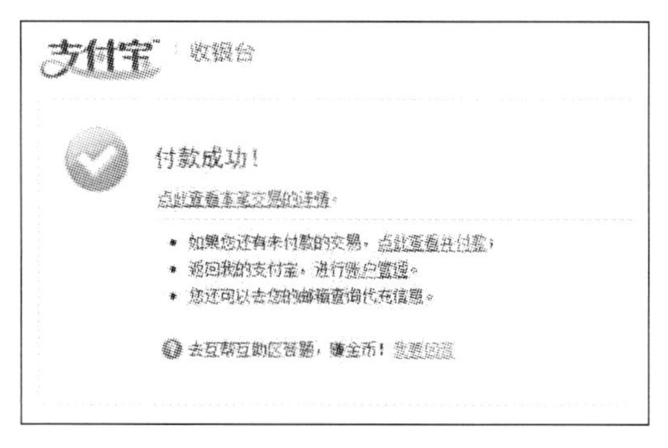

图 6-52 商品货款支付成功

三、实验体验

1. 题目

1）在淘宝（官网地址为 www.taobao.com）上申请一个免费账号，并开通支付宝账户。

2）完善支付宝信息并绑定网银账户与其关联。

3）使用淘宝选择购买一件小于 30 元的商品，并通过网银进行支付。

2. 目的与要求

1）熟悉在电商平台开户的过程。

2）会用网银进行电子支付。

3）熟练支付系统的支付流程。

4）掌握通过具体电商平台购买商品时使用、选择、购买、收货确认的过程。

实验五 文件的上传和下载

一、实验案例

小张同学将老师的课件（社交礼仪 .RAR）复制到自己的计算机中后发现文件不能打开，请教同学后恍然大悟。原来这是一个压缩文件，需要安装 WinRAR 软件才能打开。小张同学决定去天空软件站下载 WinRAR 软件。

李老师上课时讲过互联网上除了有很多 HTTP 服务器之外，还有很多 FTP 服务器。小张同学决定练习一下如何从 FTP 服务器上下载文件，他将分别使用 IE 和 CuteFTP 客户端软件访问 FTP 服务器。

听同学说采用迅雷下载资料速度非常快，小张同学决定安装迅雷客户端软件下载一些免费视频文件，以丰富自己的课余生活。

二、实验指导

1. 预备知识

FTP（File Transfer Protocol）是文件传输协议的简称，其主要作用把本地计算机上的一个或多个文件传送到远程计算机，或从远程计算机上获取一个或多个文件。与大多数 Internet 服务一样，FTP 也是采用客户 / 服务器模式的系统。用户通过一个支持 FTP 协议的客户端程序连接到远程主机上的FTP服务器端程序。用户通过客户端程序向服务器程序发出命令，服务器程序执行用户所发出的命令，并将执行的结果返回到客户机。比如说，用户发出一条命令，要求服务器向用户传送某一个文件的一份拷贝，此时服务器会响应这条命令，将指定文件送至用户的机器上。客户机程序代表用户接收这个文件，并将其存放在用户指定的目录中。

使用FTP服务时，用户经常遇到两个概念："下载"(Download）和"上传"(Upload)。"下载"文件是指从远程主机复制文件到本地计算机；"上载"文件是指将文件从本地计算机中复制至远程主机上的某一文件夹中。

需要说明的是，网页文件基于HTTP协议从Web服务器传送到浏览器，换言之，HTTP也可以用来进行文件传输。在互联网上，有很多提供文件下载功能的网站以HTTP协议的方式传输文件，而不是FTP。

实验开始前，要求计算机上已正确安装并设置好WWW浏览器（Internet Explorer 8.0)、FTP客户端程序（CuteFTP）和迅雷客户端软件，同时保证实验计算机已与Internet建立连接。

2. 利用IE浏览器从天空软件站上下载WinRAR压缩软件

启动IE，在地址栏中输入http://www.skycn.com/，进入天空软件站主页，如图6-53所示。

图6-53　天空软件站主页

选择主站或任意镜像站点进入天空软件站的软件下载页面，在页面中找到如图6-54所示的搜索栏，输入winrar，单击右边的"软件搜索"按钮，系统将给出所有与winrar名称相匹配的软件列表。

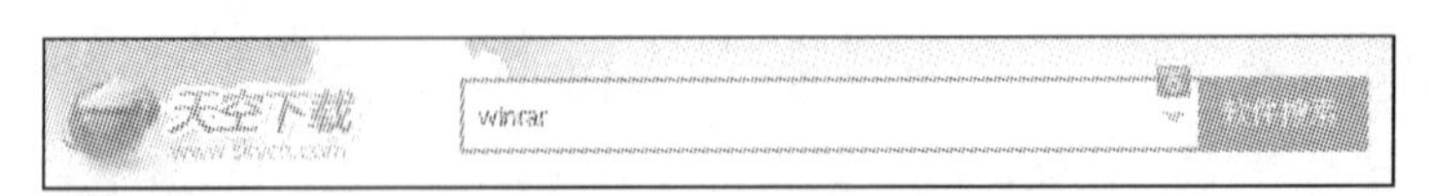

图6-54　软件搜索栏

在软件列表中单击自己所需要的软件标题，如" WinRAR V3.60 Beta 4 简体中文版"，将打开该软件的下载页面，该页面有此软件的相关介绍，在页面下方选择一个下载服务器，如"江苏电信下载"，单击该超链接即弹出如图6-55所示的"文件下载"对话框。

在"文件下载"对话框中单击"保存"按钮，然后选择下载文件保存的位置和名称，系统就会开始下载该文件并保存到本地硬盘的指定位置。

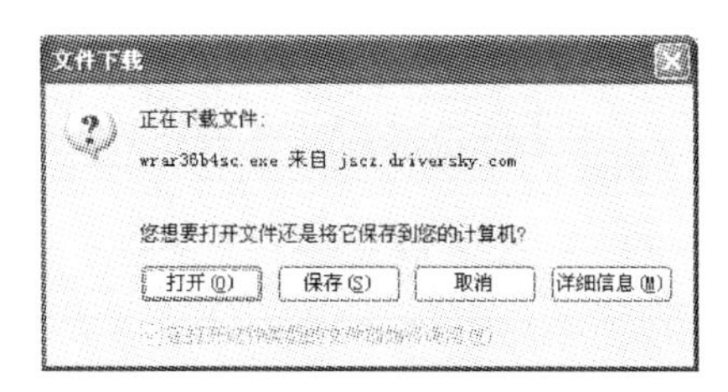

图 6-55 “文件下载”对话框

3. 利用 IE 浏览器从 CuteFTP 公司 FTP 服务器上下载 cuteftp.exe 文件

启动 IE，在地址栏中输入 ftp://ftp.cuteftp.com，在 IE 窗口中将显示如图 6-56 所示的界面。

打开如图 6-56 所示窗口后，可采用类似在本地驱动器上操作文件和文件夹的方法操作远程文件和文件夹。

图 6-56 CuteFTP 下载服务器目录

双击“ pub”文件夹，在打开的文件夹中再双击“ cuteftp”文件夹，在该文件夹中包含有“ cuteftp.exe”文件。右击“ cuteftp.exe”，在弹出的快捷菜单中选择“目标另存为”命令，此时系统将弹出“另存为”对话框供用户选择将文件下载到本地计算机的位置，如图 6-57 所示。

图 6-57 “浏览文件夹”对话框

如果FTP服务器上有可供用户上载文件的文件夹，用户可以利用这种方式，将本地的文件通过“复制”、“粘贴”命令上传到FTP服务器，就好像在本地的不同驱动器或文件夹间复制文件一样。

4. 利用CuteFTP程序从北京大学FTP服务器上下载文件welcome.msg

启动CuteFTP程序，在“快速连接栏”的“主机”文本框中输入“ftp.pku.edu.cn”后按Enter键，系统将开始连接北京大学FTP服务器，如图6-58所示。

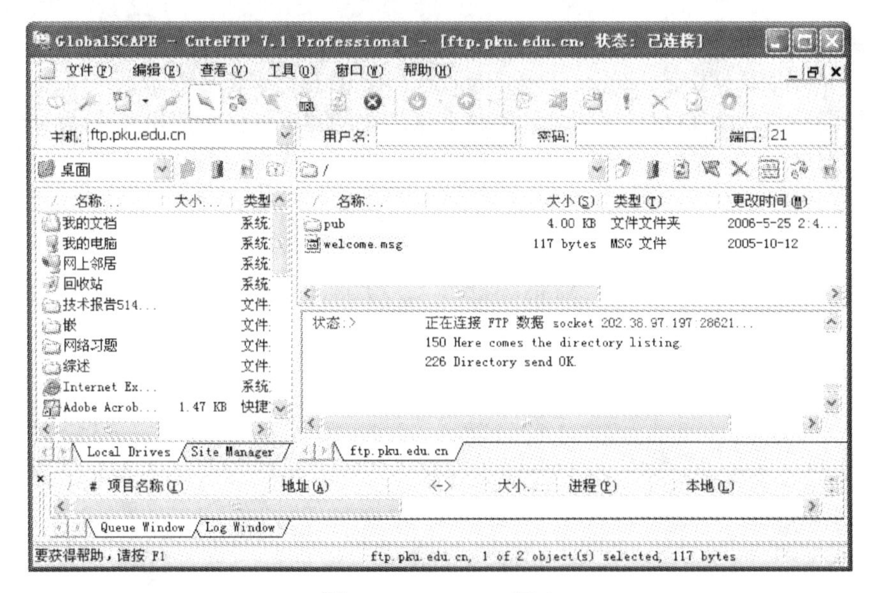

图6-58 CuteFTP窗口

如果在启动界面上没有“快速连接栏”，可以通过选择主菜单中的“查看”|“工具栏”|“快速连接栏”菜单项打开。

成功连接上北京大学FTP服务器后，先在图6-58中“Local Drives”窗格中将本地当前目录设置为“桌面”，然后在服务器窗格找到要下载的文件“welcome.msg”，右击该文件，在出现的快捷菜单中选择“下载”命令，则所选内容会下载到本地计算机的“桌面”文件夹中。

如果要上传文件到FTP服务有写权限的目录，则先在“服务器目录”窗格中选好要上传到服务器上的位置，然后在“本地驱动器”窗格中选中要上传的文件或文件夹，右击鼠标，在弹出的快捷菜单中选择“上传”命令即可。

5. 利用迅雷客户端下载文件

安装迅雷软件，在浏览器下载链接地址上单击右键，在弹出的快捷菜单中选择“使用迅雷下载”命令，如图6-59所示。此时迅雷会打开“新建任务”窗口，选择好下载文件存放路径，单击“立即下载”按钮即可开始下载，如图6-60所示。

在如图6-60所示的下载任务窗口中可以设置目标文件要保存的位置、是否立即开始下载，以及选择要下载的文件等。单击“立即下载”后即可在迅雷主界面的任务列表窗格中看到该任务，正在下载的文件可以在“正在下载”中看到，下载完毕后从下载队列进入已下载列表，如图6-61所示。下载过程中可以随时右击该任务，在快捷菜单中选择“开始任务”、“暂停任务”、“删除任务”等命令来手动开始、暂停和删除文件的下载。如果文件还未完成下载时需要关闭迅雷，也不会影响已下载的部分，下次重新启动迅雷后，可以继续该文件的下载。

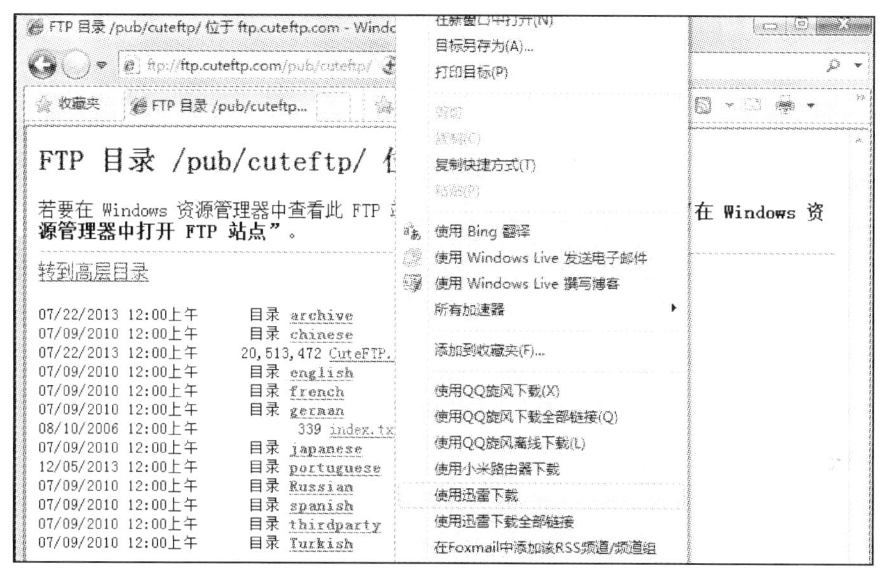

图 6-59　选择下载文件链接方式

图 6-60　迅雷下载任务窗口

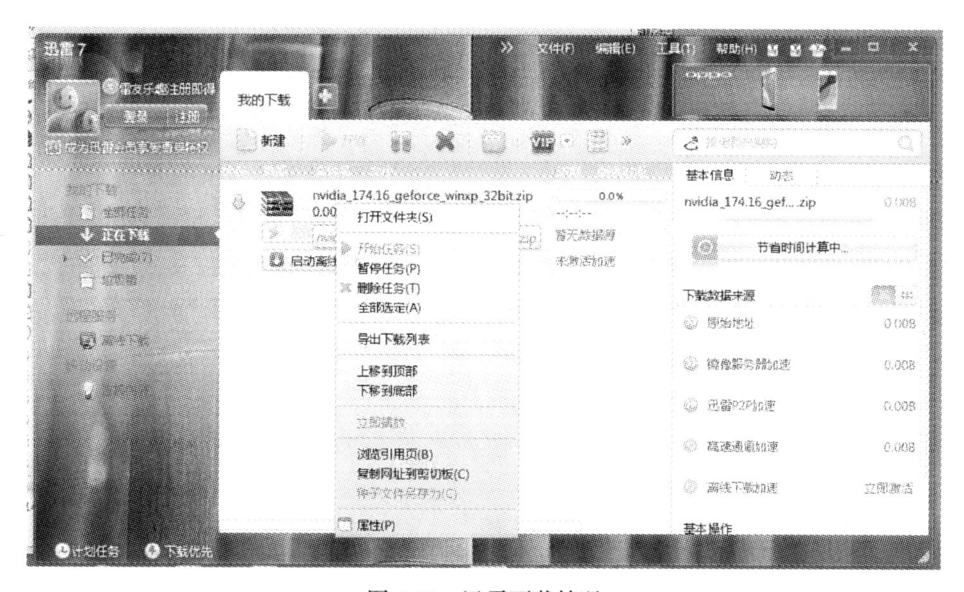

图 6-61　迅雷下载情况

三、实验体验

1. 题目

1）从网上找到迅雷软件并下载到本地计算机。

2）利用 CuteFTP 软件连接清华大学 FTP 服务器（ftp://ftp.tsinghua.edu.cn），并下载 welcome.msg 文件。

3）利用迅雷下载“2014 巴西世界杯开幕式”视频文件，并下载到本地计算机。

2. 目的与要求

1）熟练掌握利用 Web 浏览器（Internet Explorer）从 Web 服务器下载文件的方法。

2）熟练掌握利用 Web 浏览器（Internet Explorer）从 FTP 服务器下载文件的方法。

3）掌握利用 FTP 客户端程序（CuteFTP）从 FTP 服务器下载文件的方法。

4）了解如何使用迅雷下载文件。

第 6 章自测题

一、单项选择题（每题 1 分，共 40 分）

1. 在同一个通信信道上的同一时刻，能够进行双向数据传送的通信方式是________。

A. 单工　B. 半双工　C. 全双工　D. 以上三种均不是

2. 下面________不是组建局域网常用的设备。

A. 交换机　B. 网络适配器　C. 双绞线　D. 调制解调器

3. HTTP 协议是________。

A. 文件传输协议　B. 邮件传输协议

C. 远程登录协议　D. 超文本传输协议

4. 下面关于电子邮件的说法中，________是不正确的。

A. 电子邮件只能发送文本文件

B. 电子邮件可以发送图形文件

C. 电子邮件可以发送二进制文件

D. 电子邮件可以发送音频和视频文件

5. 在浏览器中，我们通过统一资源定位符，即________访问网上资源。

A. HTML　B. HTTP　C. CGI　D. URL

6. FTP 代表的协议是________。

A. 网络管理协议　B. 远程登录协议　C. 文件传输协议　D. 超文本传输协议

7. 匿名 FTP 是________。

A. 一种匿名信的名称

B. 在 Internet 上没有地址的 FTP

C. 允许用户以公开账号登录并下载文件的 FTP

D. 用户之间传送文件的 FTP

8. 端到端数据传输的可靠性是由________协议来提供的。

A. FTP　B. UDP　C. TCP　D. IP

9. 计算机网络中广泛使用的交换技术是________。

A. 分组交换　B. 报文交换　C. 信元交换　D. 电路交换

10. 某用户的 E-mail 地址为 jckb@wdu. edu. cn，该用户的用户名是________。
   A. jckb　B. wdu　C. edu　D. cn
11. ________是物理层的互联设备。
   A. 中继器　B. 路由器　C. 交换机　D. 网桥
12. 网络中使用的设备 HUB 又称为________。
   A. 集线器　B. 路由器　C. 交换机　D. 网关
13. 域名服务器上存放着 Internet 主机的________。
   A. 域名　B. IP 地址
   C. 域名和 IP 地址　D. 域名和 IP 地址的对照表
14. 在我国所说的教育科研网指的是________。
   A. ChinaNET　B. ChinaGBN　C. CERNET　D. CSTNET
15. 以下关于 IP 协议的说法正确的是________。
   A. 具有流量控制功能　B. 提供可靠的服务
   C. 提供无连接的服务　D. 具有延时控制功能
16. 下面________文件类型代表 WWW 页面文件。
   A. htm 或 html　B. gif　C. jpeg　D. mpeg
17. 一个 C 类网络中最多可连接________台计算机。
   A. 126　B. 254　C. 255　D. 256
18. 路由器是指________。
   A. 物理层的互联设备　B. 数据链路层的互联设备
   C. 网络层的互联设备　D. 高层的互联设备
19. 以下网络中，属于商业网络的是________。
   A. CSTnet 和 ChinaNet　B. CERNET 和 CHINAGBN
   C. CSTnet 和 CERNET　D. ChinaNet 和 CHINAGBN
20. 以下说法中不正确的是________。
   A. IP 地址的前 14 位为网络地址
   B. B 类 IP 地址的第一位为 1，第二位为 0
   C. B 类 IP 地址的第一个整数值在 128 ～ 191 之间
   D. 共有 2^{14} 个 B 类网络
21. 为局域网上各工作站提供完整数据、目录等信息共享的服务器是________服务器。
   A. 磁盘　B. 终端　C. 打印　D. 文件
22. 接收端发现有差错时，设法通知发送端重传，直到收到正确的数据为止，这种差错控制方法称为________。
   A. 前向纠错　B. 自动请求重发　C. 冗余检验　D. 混合差错控制
23. 在不同的网络之间实现分组的存储和转发，并在网络层提供协议转换的网络互联设备称为________。
   A. 转接器　B. 路由器　C. 网桥　D. 中继器
24. 当个人计算机以拨号方式接入因特网时，必须使用的设备是________。
   A. 网卡　B. 调制解调器　C. 电话机　D. 浏览器软件
25. 有超过 90% 的上网用户在浏览器地址栏输入中文名字访问网站，这是因为应用了______。
   A. 地址映射表　B. 搜索引擎　C. 中文域名　D. 直通软件

26. 收发邮件是我们日常的网络应用。我们在发送邮件时，将用到的协议是________
   A. POP3 协议　　B. TCP/IP 协议　　C. SMTP 协议　　D. IPX 协议
27. 目前流行的 E-mail 的中文含义是________。
   A. 电子商务　　B. 电子邮件　　C. 电子设备　　D. 电子通信
28. Telnet 服务的默认端口号是________。
   A. 23　　B. 25　　C. 110　　D. 80
29. ISDN B 信道的速率是________。
   A. 16kbit/s　　B. 64kbit/s　　C. 144kbit/s　　D. 2048kbit/s
30. 把计算机网络分为有线网和无线网的分类依据是________。
   A. 网络的地理位置　　B. 网络的传输介质
   C. 网络的拓扑结构　　D. 网络的成本价格
31. 在因特网的组织性顶级域名中，域名缩写 COM 是指________
   A. 教育系统　　B. 政府机关　　C. 商业系统　　D. 军队系统
32. 下列四项中，不属于国际互联网常用服务的是________。
   A. 电子邮件　　B. 文件传输　　C. 文件打印　　D. 远程登录
33. 因特网上信息公告牌的英文名称缩写是________。
   A. ASP　　B. ISP　　C. BBS　　D. ARPA
34. 根据计算机网络的覆盖范围，我们可以把网络划分为三大类，以下不属于其中的是______。
   A. 局域网　　B. 城域网　　C. 广域网　　D. 宽带网
35. 我们用来上网查看网页内容的工具是________。
   A. IE 浏览器　　B. 我的电脑　　C. 资源管理器　　D. 网上邻居
36. 下列有关 Internet 的叙述中，错误的是________。
   A. Internet 即国际互联网络　　B. Internet 具有网络资源共享的特点
   C. Internet 在中国称为因特网　　D. Internet 是局域网的一种
37. 在 Internet 的域名中，代表计算机所在国家或地区的符号“cn”是指________。
   A. 中国　　B. 中国台湾　　C. 中国香港　　D. 加拿大
38. 以下 IP 地址中，属于 C 类地址的是________。
   A. 126.1.1.10　　B. 129.7.8.35　　C. 202.114.66.3　　D. 225.8.8.9
39. 典型的电子邮件地址一般由________和主机域名组成。
   A. 账号　　B. 昵称　　C. 用户名　　D. IP 地址
40. 要在 Web 浏览器中查看某一公司的主页，必须知道________。
   A. 该公司的电子邮件地址　　B. 该公司的主机名
   C. 自己所在计算机的主机名　　D. 该公司的 WWW 地址

二、填空题（每空 1 分，共 25 分）

1. 局域网通常采用的拓扑结构是________、________和________三种。
2. 路由器在七层网络参考模型中属于________层。
3. 目前在 TCP/IP 协议中用________个字节表示 IPv4 地址。
4. 在 TCP/IP 协议中，________层的主要任务是透明的传输比特流。
5. B 类地址中用________位来标识网络中的一台主机。
6. 通信系统中，称调制前的电信号为________信号，调制后的信号为模拟信号。

7. ________完成域名地址与 IP 地址之间的映射变换。
8. ________协议作用是将 IP 地址映射到数据链路层地址上。
9. 在 TCP/IP 协议中利用________来区分 IP 地址的网络地址部分与主机地址部分。
10. 在 TCP/IP 协议中________层的主要功能是在网络中寻找路径，使数据分组能正确地从信源端传送到信宿端。
11. 数据传输速率是描述计算机网络的重要技术指标之一。数据传输速率的基本单位是_____。
12. 拥有计算机并以拨号方式上网的用户需要使用 MODEM，MODEM 的中文名称为______。
13. Internet 上许多不同的网络和许多不同类型的计算机相互通信的基础是都支持________协议。
14. OSI 模型将计算机网络体系结构的通信协议规定为________个层次。
15. 中国的互联网域名注册管理机构是________。
16. 计算机网络中用于规定信息的格式以及如何发送和接收信息的一套规则称为________。
17. 在 TCP/IP 协议中，FTP 协议属于________层。
18. 在因特网（Internet）中，远程登录服务的缩写是________。
19. IP 地址 194.10.8.119 属于________类地址。
20. 如果结点 IP 地址为 168.102.10.38，子网掩码为 255.255.128.0，那么该结点所在子网的网络地址是________。
21. 如果一台主机的 IP 地址为 202.68.1.110，子网掩码为 2555.255.255.128，那么主机所在网络的网络号占 IP 地址的 _______ 位。
22. 根据域名代码规定，域名为 www.abc.mil 表示的网站类别应是________。
23. 在 TCP/IP 协议中，SMTP 协议的默认服务端口是________。

三、判断题（每题 1 分，共 15 分）

(　　) 1. 计算机网络中，资源子网负担数据传输和通信处理工作。
(　　) 2. TCP/IP 是一组分层的通信协议。构成 TCP/IP 模型的四个层次是网络接口层、网络层、传输层和应用层。
(　　) 3. 比较适合使用光纤的拓扑结构是总线拓扑。
(　　) 4. 网关工作在网络层。
(　　) 5. 非对称数字用户环路指的是 ADSL。
(　　) 6. 中国正式加入 Internet 的时间是 1994 年。
(　　) 7. 为了使用 Internet 提供的服务，必须采用 HTTP 协议。
(　　) 8. 计算机网络通信安全即数据在网络中传输过程的安全，是指如何保证信息在网络传输过程中不被泄露与不被攻击。
(　　) 9. TCP/IP 协议所采用的是分组交换技术。
(　　) 10. 电子邮件是通过网络实时交互的信息传递方式。
(　　) 11. 在计算机局域网中，只能共享软件资源，而不能共享硬件资源。
(　　) 12. 在 TCP/IP 协议中，流量控制是传输层 TCP 协议的主要功能之一。
(　　) 13. 使用 IE 浏览页面时，被浏览的页面必须先从 WWW 服务器传递到本地计算机。
(　　) 14. 在路由器互联的多个局域网中，通常每个局域网的数据链路层协议和物理层协议都可以不相同。
(　　) 15. 超文本的节点可以分布在互联网上不同的 WWW 服务器中。

四、问答题（每题 4 分，共 20 分）

1. 常用计算机网络的拓扑结构有几种？
2. TCP/IP 协议分为几层？各层的作用是什么？
3. IP 地址有几种类型？它们是怎样分类的？请判断下列地址是哪种类型的 IP 地址。
   （1）96.1.4.100
   （2）133.12.6.50
   （3）192.168.1.1
   （4）233.2.5.9
4. 试说明 IP 地址的含义及格式，以及为什么要使用 IP 地址？
5. 简述调制解调器的主要功能，什么是域名地址？它有什么作用？

第 7 章　多媒体技术基础

实验一　音频文件的编辑与转换

通过音频文件的编辑与转换实验，初步了解音频处理软件 Adobe Audition 3.0 的使用方法，以便逐步地掌握该软件的其他功能和音频的采集、编辑与转换操作技能。

一、实验案例

从网上搜索、下载、安装和启动音频处理软件 Adobe Audition 3.0，完成下列实验：

- 打开一个音频文件，如“I Guess You’re Right.wma”。
- 复制该音频文件中一分钟的双声道音频；新建一个音频文件并粘贴复制的文件，保存为“m1.mp3”。
- 切换到该音频文件“I Guess You’re Right.wma”，将其保存（转换）为“m2.mp3”。
- 将其保存（转换）为“m3.ogg”。
- 比较 .wma、.mp3 和 .ogg 文件的属性和播放效果。

实验结果如图 7-1 所示。

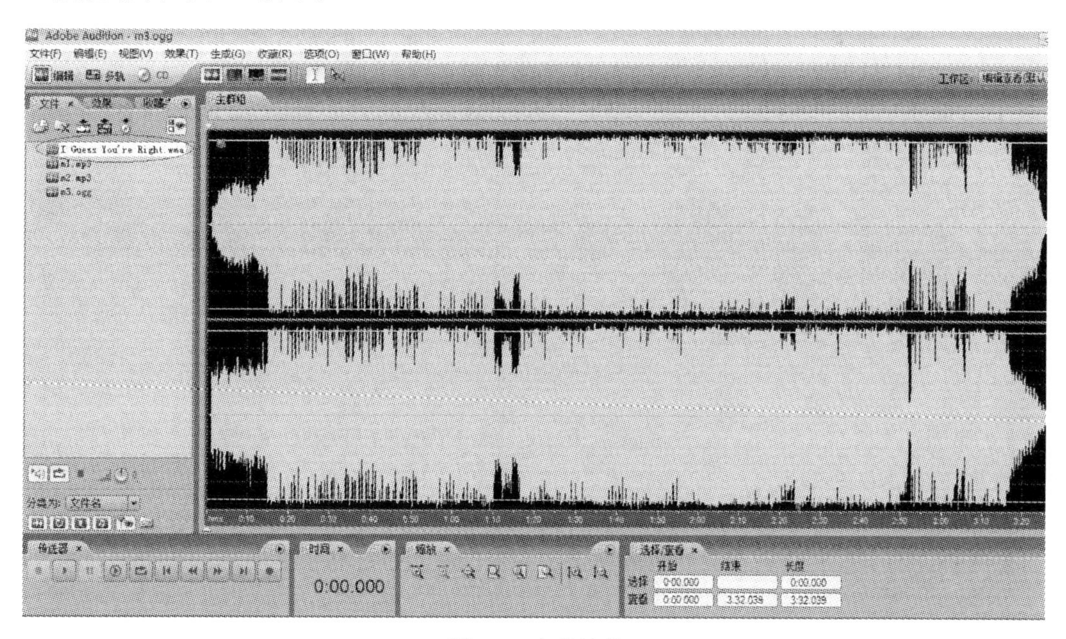

图 7-1　实验结果

二、实验指导

通过该音频处理实验，可以初步了解音频处理软件 Adobe Audition 3.0 的使用方法，以便逐步尝试和熟练掌握该软件的其他功能。

1. 主要知识点

本案例主要包括以下知识点：

- 音频处理软件。
- 音频文件、音轨及其编辑。
- 音频文件格式及其转换。

2. 实现步骤

1）从网上搜索和下载音频处理软件 Adobe Audition 3.0。下载完成后将其解压，运行 setup 目录里的两个安装程序：先运行 Audition3_EFGJSI_Trial 安装英文版，再运行 Audition3HH_WMZ 安装汉化补丁。启动 Adobe Audition 3.0 软件。

2）如图 7-2 所示，打开一个音频文件，如“ I Guess You’re Right.wma”，双击该文件即可播放，并在工作区显示其双音轨波形。默认为“编辑双声道”，若单击“编辑”|“编辑声道”选项，则可选择“编辑左声道”或“编辑右声道”。

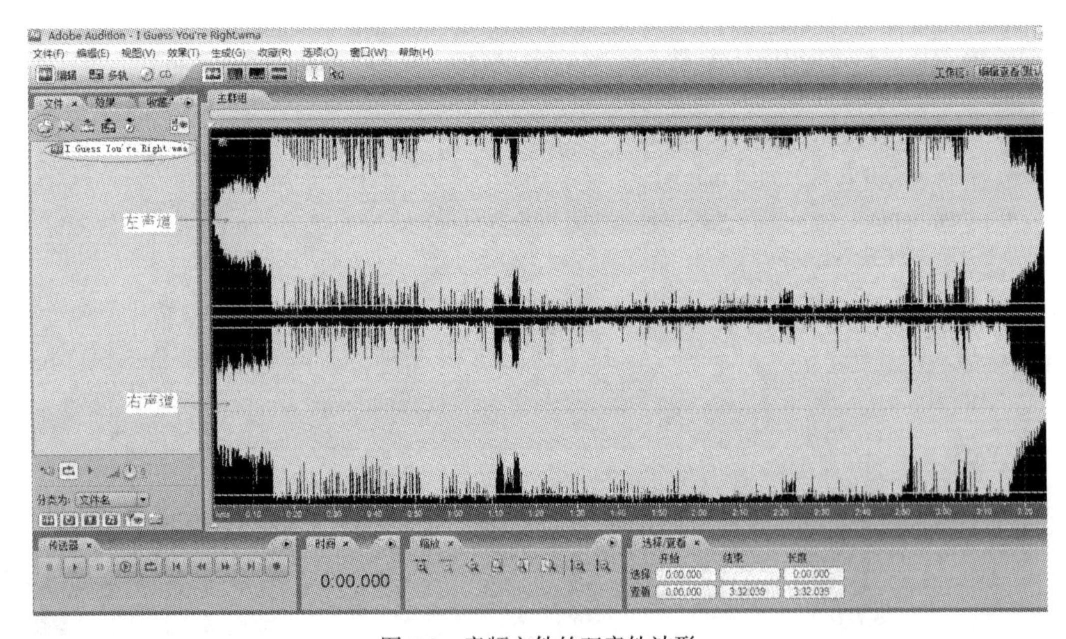

图 7-2　音频文件的双音轨波形

3）如图 7-3 所示，单击“自动播放”按钮，或者将指针移动至 40 秒处，单击“从指针处播放至文件结尾”按钮。

4）如图 7-4 所示，在波形内右击，在弹出的快捷菜单中单击“选择整个波形”选项。这时，指针会一分为二，分别指向开始和结束位置，以包括选择的整个波形，被选择部分以深色显示。

5）如图 7-5 所示，左指针不动，用鼠标将右指针拖到（前移至）1 分钟处，以便复制前面 1 分钟的音频。在所选择的波形内右击，在弹出的快捷菜单中单击“复制”命令。

6）单击“文件”|“新建”选项，再单击“编辑”|“粘贴”命令，结果如图 7-6 所示，即可将 1 分钟的音频复制到新建的音频文件“未命名”中。1 分钟音频的波形显示就要松散一些。

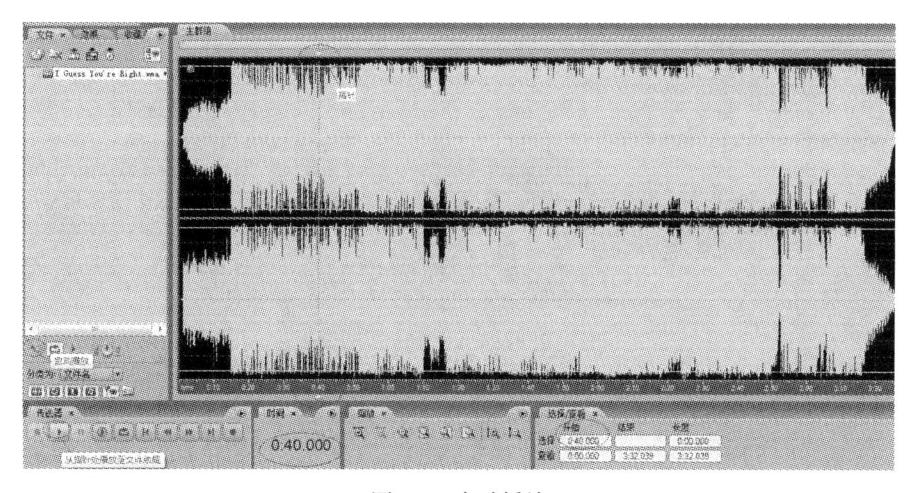

图 7-3　自动播放

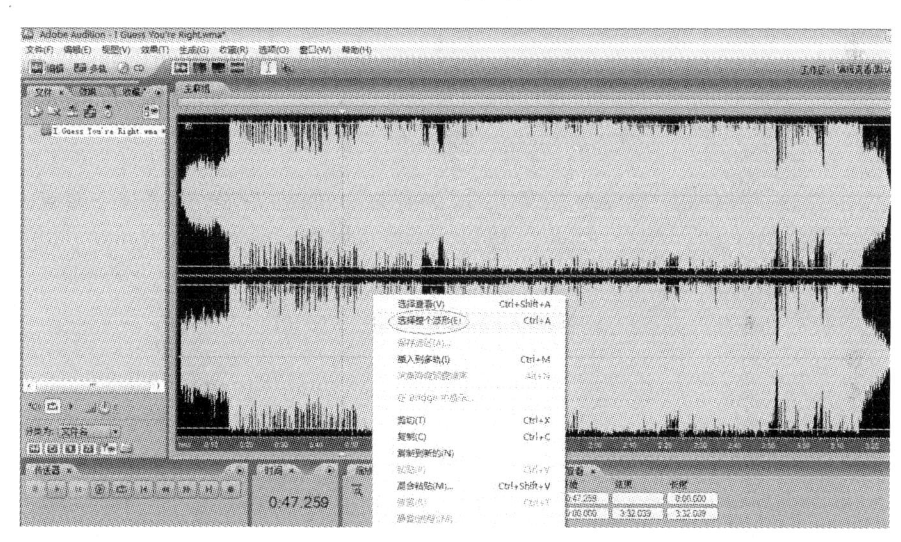

图 7-4　选择整个波形

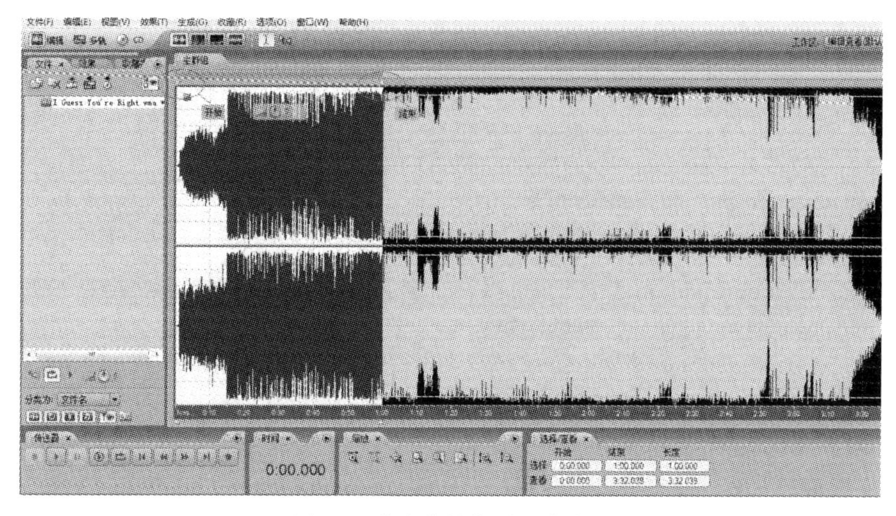

图 7-5　将右指针拖到 1 分钟处

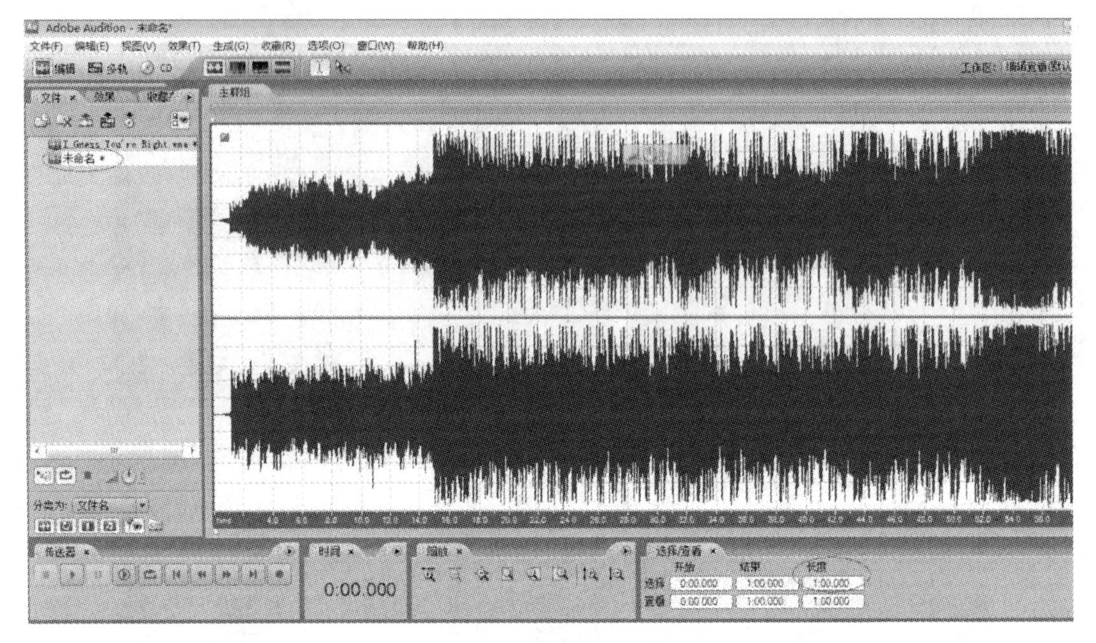

图 7-6 新建的音频文件“未命名”

7）单击“文件”|“另存为”命令，在弹出的“另存为”对话框中将“文件名”修改为“m1”，选择“保存类型”为 .mp3，单击“保存”按钮，以便可以用 mp3 播放。

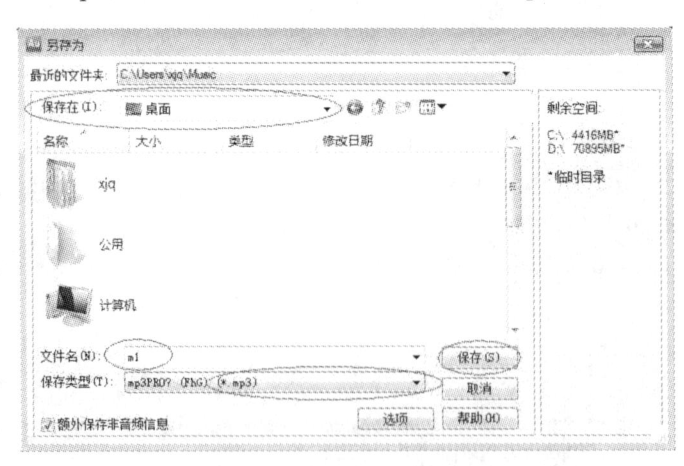

图 7-7 保存 m1.mp3

8）选择原音频文件，如“I Guess You’re Right.wma”，按步骤 6）的保存操作，将其转换为 .mp3 和 .ogg 文件：m2.mp3 和 m3.ogg。

9）在关闭 Adobe Audition 3.0 时，可将整个音频编辑项目保存为一个会话。如图 7-8 所示，保存为 m.ses 文件，以便以后继续编辑。

三、实验体验

1. 题目

从网上搜索、下载、安装和启动音频处理软件 Adobe Audition 3.0，进行下列实验：

- 打开一个音频文件，或者用麦克风录音建立一个音频文件。

- 剪切其中不需要的音频，保存为另一个音频文件 n1.mp3。
- 将 n1.mp3 转换成另一种格式的音频文件，如 n2.wma。
- 播放该文件。

图 7-8　保存会话

2. 目的与要求

- 搜索、下载、安装和启动音频处理软件 Adobe Audition 3.0。
- 掌握声音的获取、编辑、压缩和转换等音频处理技术。

实验二　特效文字和图像制作

通过特效文字和图像制作实验，运用图形和图像的基本知识，初步了解 Adobe Photoshop CS3 的文字、图形和图像处理功能与基本操作技能。

一、实验案例

安装和使用 Adobe Photoshop CS3，完成下列实验：

1）新建一个图像文件。通过文字工具和图层，输入文字“特效文字”，设置图层样式，生成投影、内发光、颜色叠加、斜面和浮雕的特效文字，如图 7-9 所示。

图 7-9　特效文字

2）打开一个图像文件，例如 Windows 中的 Web 墙纸图片 img15.jpg。通过抠图，抽出图像中的某一部分，例如山石部分，如图 7-10 所示。

图 7-10　抠图

二、实验指导

用 Photoshop 制作的一幅图像，可以想象成是由若干张包含图像各个不同部分的不同透明度的纸叠加而成的。每张“纸”称为一个“图层”。由于每个层以及层内容都是独立的，所以在不同的层中进行设计或修改等操作不影响其他层。利用“图层”控制面板可以方便地控制图层的增加、删除、显示和顺序关系。

1. 主要知识点

本案例主要包括以下知识点：

- 新建或打开图形和图像文件。
- 图形和图像文件的格式。
- 文字工具和特效文字。
- 图层及其样式设置。
- 抠图技巧。

2. 实现步骤

首先，介绍新建“特效文字”的操作步骤。

1）启动 Adobe Photoshop CS3，单击“文件”|“新建”命令，弹出“新建”对话框，如图 7-11 所示，单击“确定”按钮。

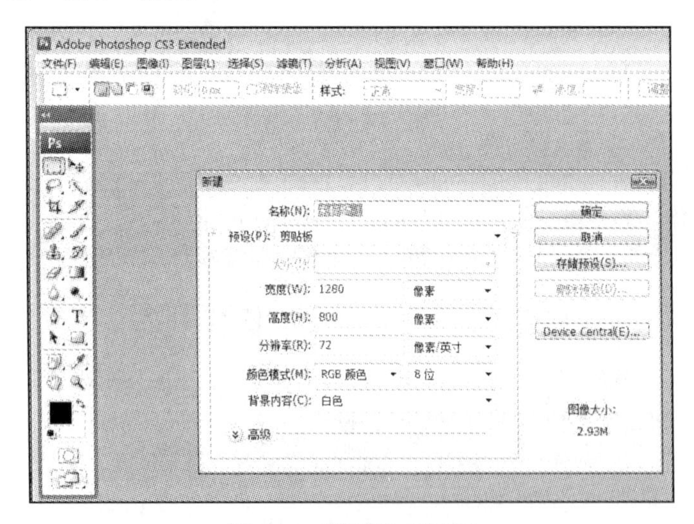

图 7-11 “新建”对话框

2）选择工具箱中的“横排文字工具”，如图 7-12 所示。

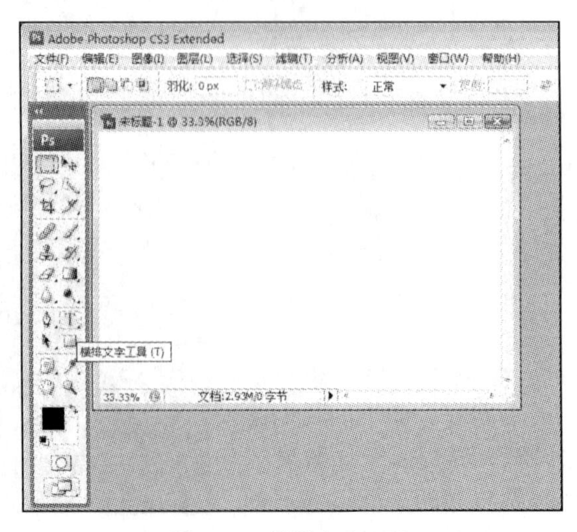

图 7-12 横排文字工具

3）在图像工作窗口中，单击要输入文字的位置，输入文字“特效文字”；单击“编辑”|“变换”|“缩放”命令，将文字拖放到理想的大小，如图 7-13 所示。

若单击工具箱里的“移动工具”，则可解除当前选择的“横排文字工具”，并指向“特效文字”，将它移动到理想的位置。

注意：*在操作某个图层之前，先在“图层”控制面板里选定它，使它成为当前图层。*

4）如图 7-14 所示，选择“图层”控制面板的“特效文字”图层，单击鼠标右键，在弹出的快捷菜单中选择“混合选项”命令，进入“图层样式”对话框，设置文字的特效。

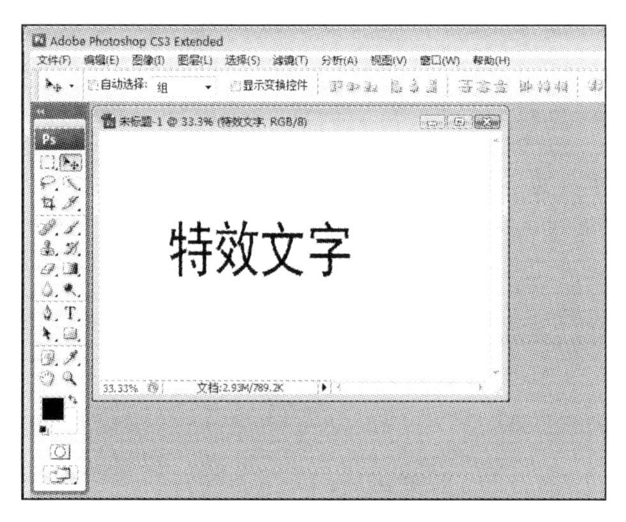

图 7-13 输入文字且放大

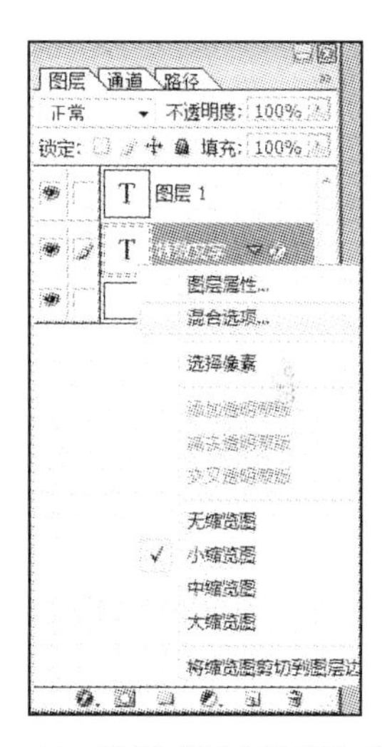

图 7-14 选择“混合选项”命令

5）如图 7-15 所示，在“图层样式”对话框中，选择和设置“投影”样式。

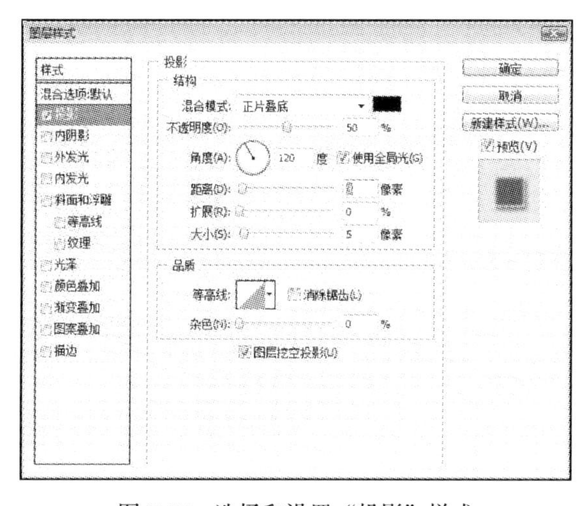

图 7-15 选择和设置“投影”样式

6）如图 7-16 所示，选择和设置“内发光”样式。然后选择“杂色”下面的颜色方块，设置文字内发光的颜色。

7）如图 7-17 所示，选择和设置“斜面和浮雕”样式。

8）如图 7-18 所示，选择和设置“颜色叠加”样式。

9）单击“确定”按钮，效果如图 7-19 所示。

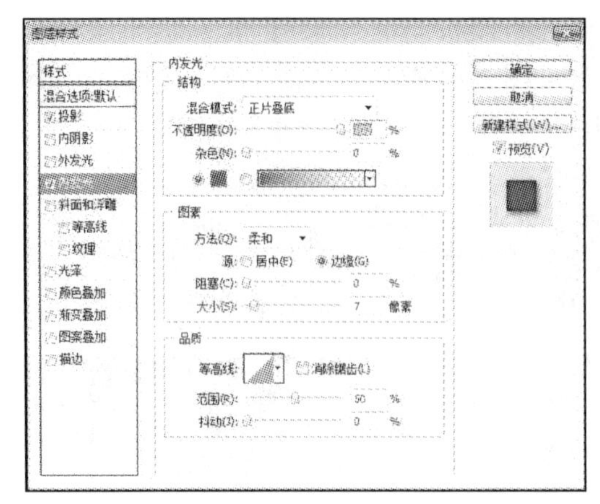

图 7-16　选择和设置“内发光”样式

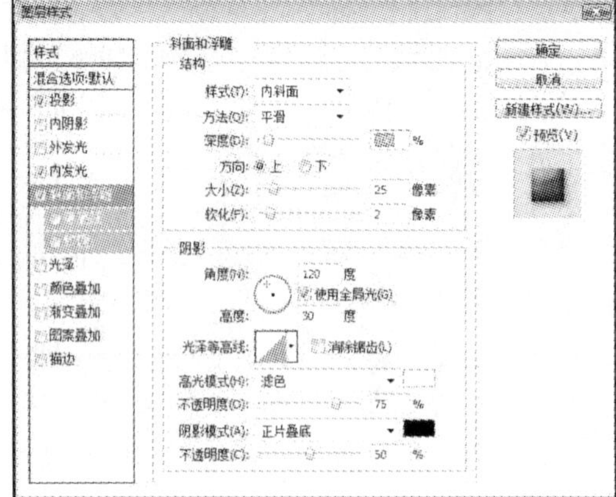

图 7-17　选择和设置“斜面和浮雕”样式

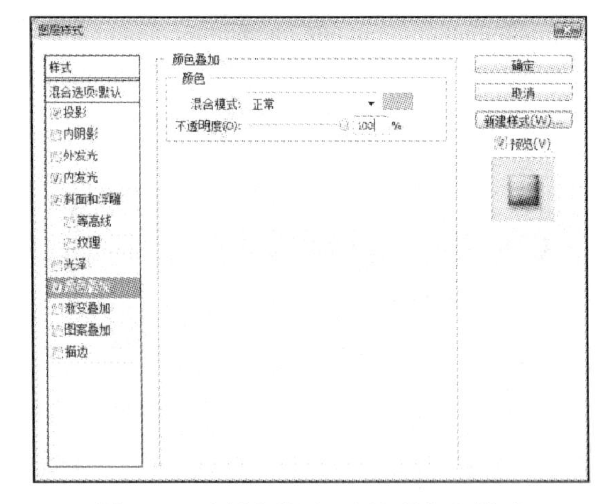

图 7-18　选择和设置“颜色叠加”样式

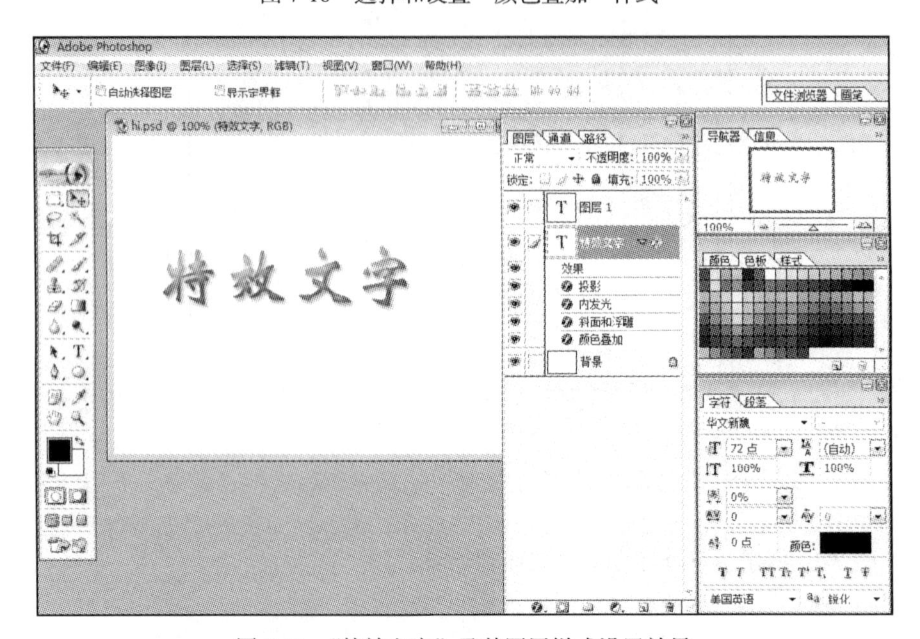

图 7-19　“特效文字”及其图层样式设置效果

10）单击“文件”|“存储为”命令，弹出“存储为”对话框。如图 7-20 所示，输入“文件名”，如“hi”，选择“格式”，如 .PSD、.GIF 或 .JPG 等，单击“保存”按钮。

图 7-20 “存储为”对话框

接着，介绍“抠图”的操作步骤。Photoshop 本身带有许多功能和工具都可以用来抠图。例如，“选择”、“滤镜”及“抽出”、“套索”、“魔术棒”、“路径”、“快速蒙版”、“通道”或“添加蒙版”工具和命令都可以用来抠图。

- 套索：其中的磁性套索工具是比较好用的，适合于抠出颜色反差大、边缘明显的图像。
- 魔术棒：最初级、最方便初学者的抠图工具，但一般会在图像边缘留下一条边。
- 路径：以矢量图的方式进行，几乎是 Photoshop 中抠图最精确的一个功能。
- 选择：顾名思义，就是选择所要的那部分图，其中的反选、颜色范围、载入选区等命令都是常用的抠图方法。
- 滤镜：滤镜中的抽出滤镜几乎是 Adobe 专门为抠图设计的，但使用时需要一定的技巧。
- 通道：通道设计的基本功能并不完全是为了抠图，但用来抠图非常有效，特别是抠出诸如头发、羽毛等细小物件，是中级以上最普遍的抠图方式，需要有其他方面的基本功来配合。
- 蒙版和快速蒙版：这也是比较好用、比较常用的抠图工具。

开始抠图时有两个设置要先调整好。一个是羽化，另一个是消除锯齿。

“羽化”就是选区边缘的虚化，使抠出来的图像边缘不那么生硬。这个值设置得越大，虚化范围也越大。当然也可以设成 0 或 1，应根据实际需要设置。对“消除锯齿”来说，将其勾选即可。

下面介绍如何使用“滤镜”及其“抽出”功能实现抠图。

1）打开一个图像文件，例如墙纸图片 C:\Windows\Web\Stonehenge.jpg，如图 7-21 所示。

2）如图 7-22 所示，单击“滤镜”|“抽出”命令，弹出“抽出”对话框，鼠标变成圆形（画笔），如图 7-23 所示。

3）在“抽出”对话框右侧，选择“画笔大小”为 20；用鼠标（画笔）指向山石边缘的任一点，按住左键，封闭式地描出山石的轮廓线。

4）如图 7-24 所示，选择“填充工具”按钮，分别单击山石各部分的轮廓线内任一处，将其填充成为蓝色区域，如图 7-25 所示。

图 7-21　打开的 Web 墙纸图片

图 7-22　“滤镜”及其“抽出”命令

5）在“抽出”对话框右侧单击“预览”按钮，显示被抠出的山石部分，如图 7-26 所示。

6）单击“确定”按钮，回到 Photoshop CS3 的主窗口，原图仅剩下被抠出的山石部分。

然后将其保存，或者使用工具箱里的“移动工具”，移动即复制“山石”图片到另一幅打开的图像中，从而合成一张新的图片，如图 7-27 所示。选择“文件”|“存储为”命令，将其存储为一个图像文件。

图 7-23 “抽出”对话框

图 7-24 封闭式地描出山石的轮廓线

图 7-25 填充成为蓝色区域

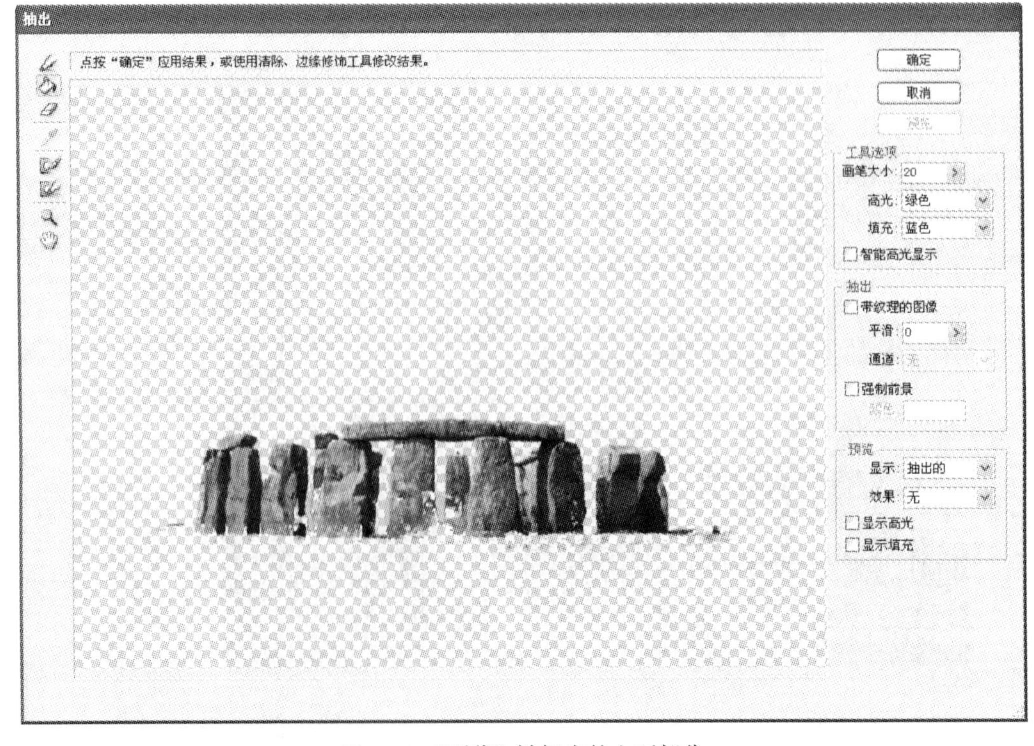

图 7-26 “预览”被抠出的山石部分

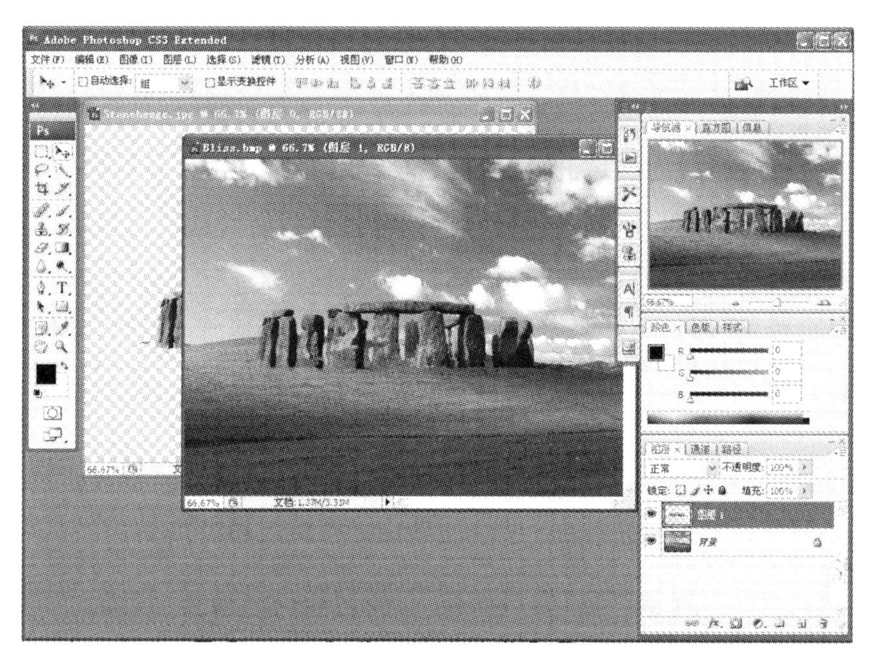

图 7-27　移动即复制“山石”图片到别的图像中

三、实验体验

1. 题目

- 打开第一个图像文件，例如 Windows 的 Web 墙纸图片“鲤鱼戏水”，抠出其中的一部分，如“鲤鱼”；打开第二个图像文件，例如 Windows 的 Web 墙纸图片“桂林山水”，将抠出的部分移动即复制到第二个图像文件的适当位置，如图 7-28 所示。
- 在已合成的图片右上角或右下角加上文字，如“腾飞桂林”，保存为 .PSD 和 .GIF 文件。.PSD 文件包含图像的所有编辑信息，可以以后继续编辑，.GIF 文件是一张合成的图像。

图 7-28　将抠出的一部分（鲤鱼）移动到另一个图像上

2. 目的与要求

- 从 Photoshop CS3 的基本应用入手，逐步熟悉其他功能和技术。
- 特效文字包括投影、内发光、颜色叠加、斜面和浮雕等特效。
- 将一张图像中的精彩部分抠出，合成到另一张图像中。

实验三　数字视频处理

通过数字视频处理实验，了解如何用 Windows Movie Maker 导入图片、视频文件和音频文件，获取 DV 数字视频，对视频文件进行编辑，在图片之间加上过渡效果，为视频加上片头和片尾及音乐，发布到“本计算机”，保存为电影然后播放。

一、实验案例

用 Windows Movie Maker 导入一组图片（如 Windows 的墙纸）和一个音频文件，在图片之间加上过渡效果，为视频加上片头和片尾及音乐，发布到“本计算机”，如图 7-29 所示。

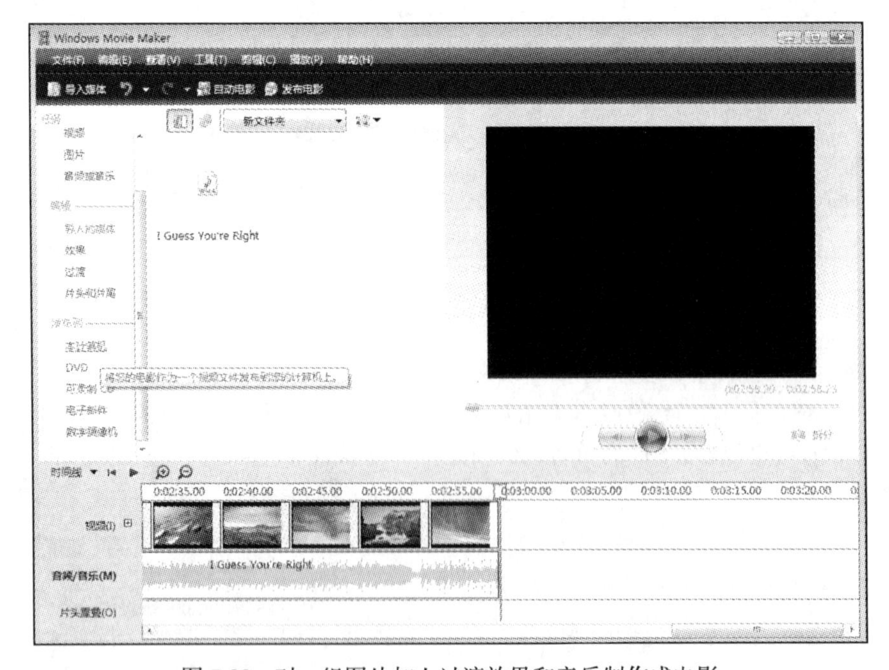

图 7-29　对一组图片加上过渡效果和音乐制作成电影

二、实验指导

下面就以上案例中涉及的知识点和实现步骤说明如下。

1. 主要知识点

本案例主要包括以下知识点：

- 图片、视频和音频及其文件格式。
- 图片、视频和音频的导入与编辑。
- 为图片或视频加上特效、片头、片尾、配乐，制作成电影。

2. 实现步骤

1）启动 Windows Movie Maker，其主窗口如图 7-30 所示。

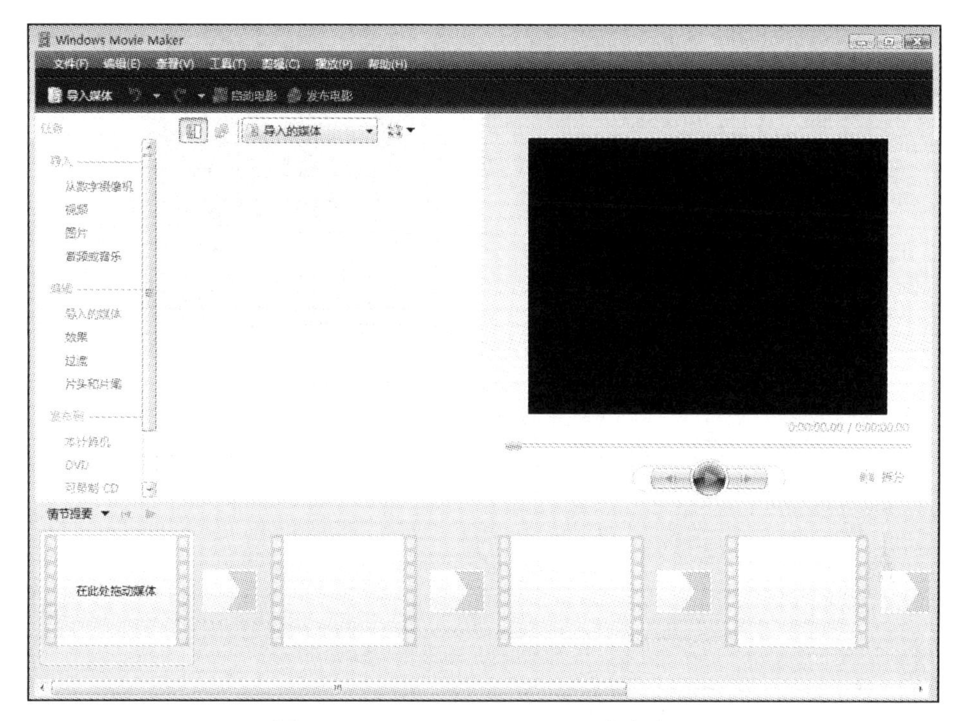

图 7-30　Windows Movie Maker 的主窗口

2）单击 Windows Movie Maker 的主窗口左边的“图片”选项，选择 Windows 的墙纸图片，如图 7-31 所示，单击“导入”按钮。

图 7-31　选择 Windows 的墙纸图片

3）可以看到所选择的 Windows 墙纸图片被导入到 Windows Movie Maker 的主窗口中，如图 7-32 所示。

4）选择 Windows Movie Maker 主窗口中的全部图片，将其拖到“情节提要”栏中，如图 7-33 所示。

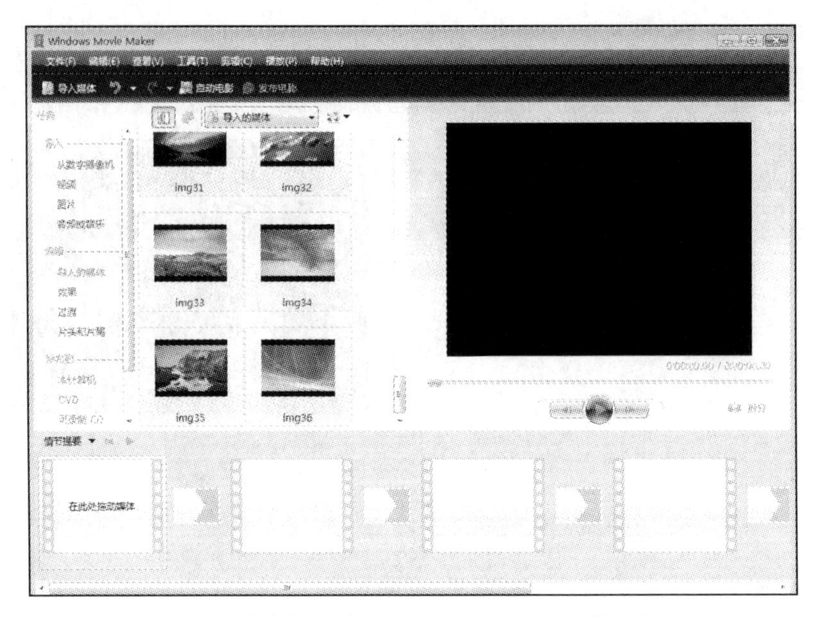

图 7-32 图片被导入到 Windows Movie Maker 的主窗口中

图 7-33 图片被拖到“情节提要”栏中

5）单击 Windows Movie Maker 主窗口左边的“过渡”选项，选择“蝴蝶结，垂直”，将其拖到下面第一张和第二张图片之间，即可添加第一张和第二张图片之间的过渡效果。

依此类推，逐一添加每两张图片之间的过渡效果，如图 7-34 所示。在播放时，可以看到两张图片之间的过渡效果。

注意：还可在图片上添加其他效果，每添加一种，就在图片左下角增加一颗星，反之，减少一颗星。

6）单击 Windows Movie Maker 主窗口左边的“片头和片尾”选项，显示如图 7-35 所示。单击“在开始处”链接。

图 7-34　添加每两张图片之间的过渡效果

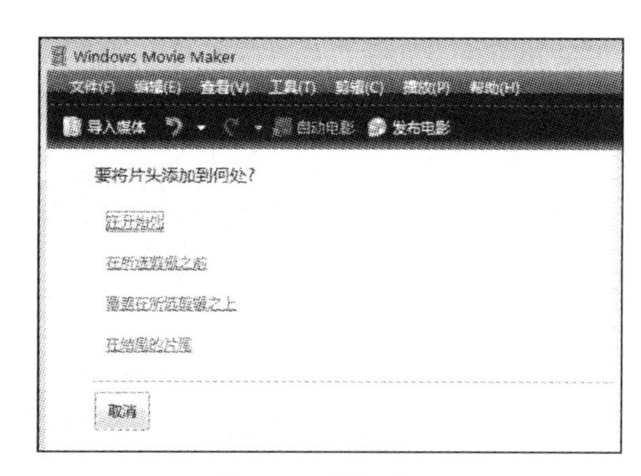

图 7-35　添加片头

7）如图 7-36 所示，输入片头文本，如“Web 墙纸音乐电影”，单击“添加标题”按钮。类似地，可以输入和添加片尾文本，如“完”。

图 7-36　输入片头文本

8）单击 Windows Movie Maker 主窗口左边的“音频或音乐”选项，显示如图 7-37 所示；选择一个音乐文件，如“I Guess You’re Right”。

图 7-37　选择一个音乐文件

9）单击“导入”按钮，如图 7-38 所示；单击“情节提要”右侧的下三角按钮，选择“时间线”选项。

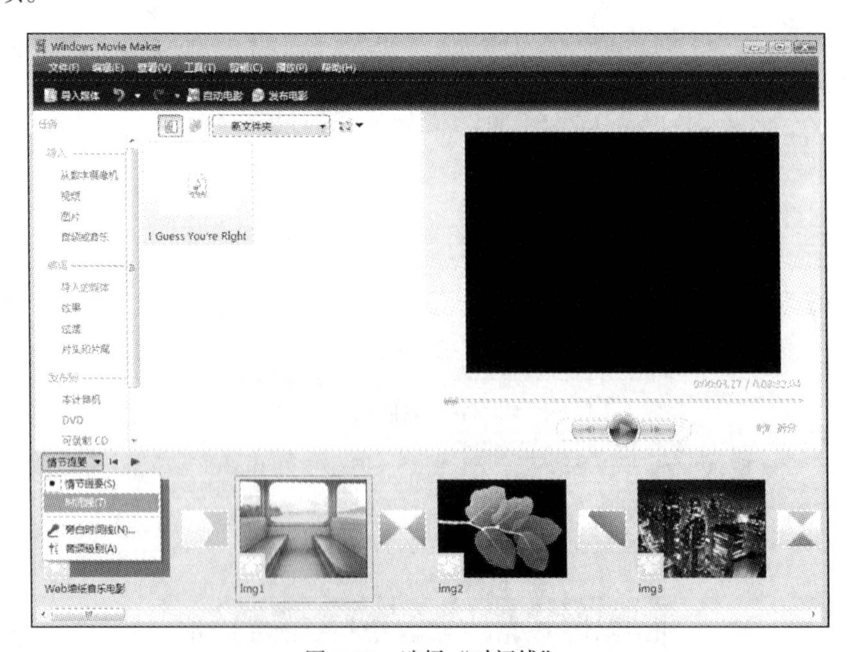

图 7-38　选择“时间线”

10）如图 7-39 所示，用鼠标左键将音乐文件（如“I Guess You’re Right”）拖到“时间线”下的“音频 / 音乐”栏中。

11）如图 7-40 所示，用鼠标左键向右移动水平滚动条到“时间线”的末尾处；向左或向右移动“音频 / 音乐”末尾的结束线，使其与视频末尾对齐。若音乐较短，则可再添加一个音乐文件。

12）单击 Windows Movie Maker 主窗口左边的“本计算机”选项，发布电影至完成，如图 7-41 所示。

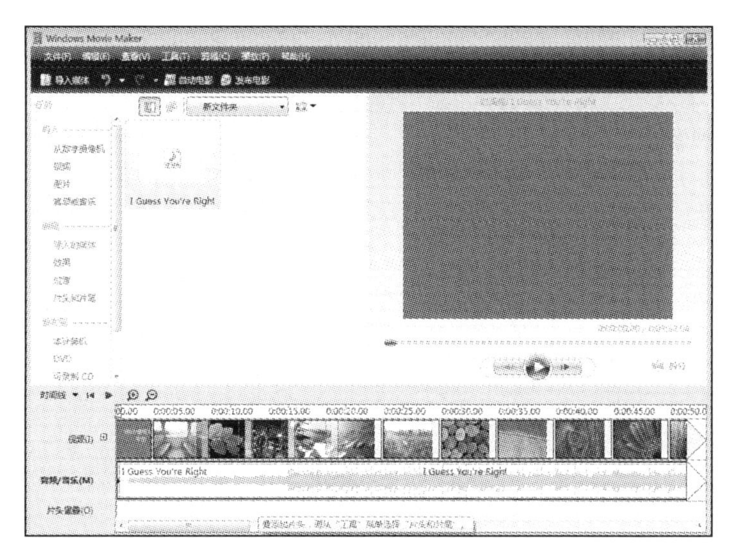

图 7-39　拖动音乐到“时间线”下的“音频 / 音乐”栏中

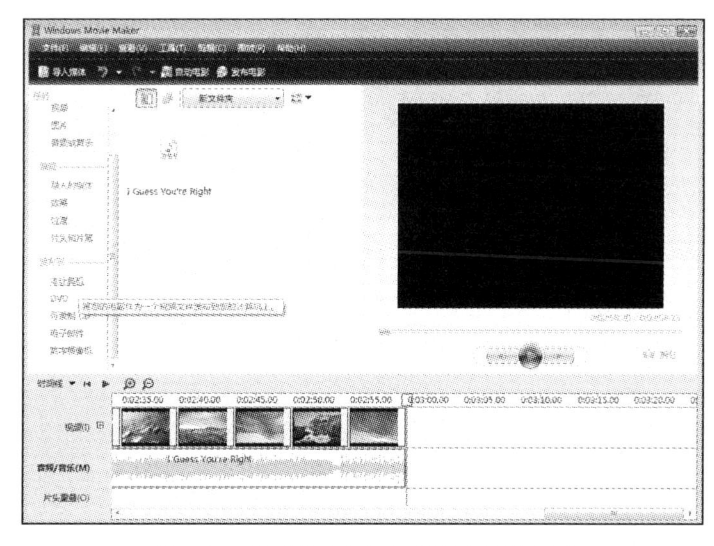

图 7-40　使音频 / 音乐与视频的长度相同

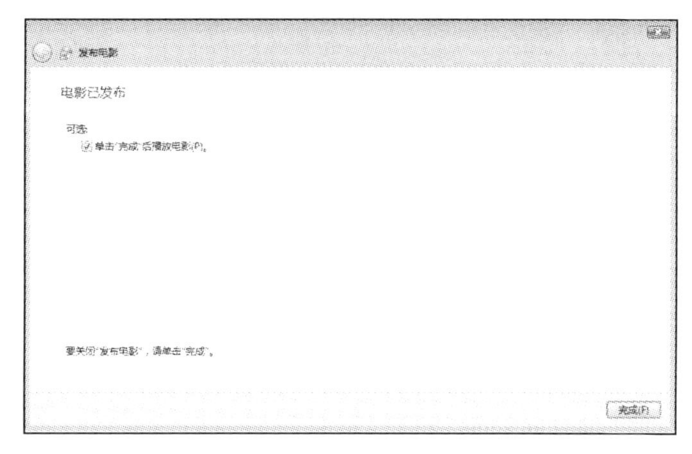

图 7-41　发布电影至完成

三、实验体验

1. 题目

用 Windows Movie Maker 导入一个视频文件和一个音频文件，对视频文件进行编辑，加上片头和片尾及音乐，发布到“本计算机”，保存为一个电影并播放。

2. 目的与要求

- 将 DV 连接到 1394 视频捕获卡上，用 Windows Movie Maker 获取一个视频文件，或者用 Windows Movie Maker 导入一个现有的视频文件。
- 用 Windows Movie Maker 导入一个现有的音频文件。
- 剪去视频文件中不需要的内容，加上片头和片尾及音乐，发布到“本计算机”，保存为一个电影并播放。

第 7 章自测题

一、单项选择题（每题 2.5 分，共 25 分）

1. ________在计算机领域有两种含义：媒质和媒介。
   A. 多媒体　　B. 媒体　　C. 主机　　D. 外设
2. ________集成了文字、图像、动画、影视、音乐等多种媒体。
   A. 视频　　B. 音频　　C. 多媒体　　D. 图形
3. ________信息正是多媒体信息能够集成的基础。
   A. 媒体　　B. 媒质　　C. 模拟　　D. 数字化
4. ________将文字、声音、图形、图像、视频、动画等媒体集成进入计算机中。
   A. 文档　　B. 图片　　C. 数据库　　D. 计算机多媒体技术
5. 点对点视频会议系统支持________通信节点间视频会议通信功能。
   A. 一个　　B. 三个　　C. 两个　　D. 多个
6. ________由若干个像素组成。
   A. 位图　　B. 矢量图　　C. 向量图　　D. 图形
7. ________是第一个实用的有损音频压缩编码。
   A. MP1　　B. MP2　　C. MP3　　D. MP4
8. 将模拟图像转化成数字图像的过程就是图形和图像的　　　过程。
   A. 编辑　　B. 数字化　　C. 采样　　D. 量化
9. 色彩深度确定彩色图像的每个________可能有的颜色数。
   A. 屏幕　　B. 图像　　C. 色彩　　D. 像素
10. 两个________之间的动画可以由软件来创建，叫做过渡帧或者中间帧。
    A. 文字　　B. 像素　　C. 关键帧　　D. 图形

二、填空题（每题 2.5 分，共 25 分）

1. ________是存储信息的实体，如磁盘、光盘、磁带、半导体存储器等，也称为介质。
2. 媒介是传递信息的________。
3. 与传统媒体相比，多媒体有几个突出的特点：________。
4. ________是一种能对多媒体信息进行获取、编辑、存取、处理和输出的计算机系统。

5. ________主要由视频会议终端、多点控制器、网络信道及控制管理软件组成。
6. 单一频率的声波可用一条________表示。
7. ________是指由外部轮廓线条构成的几何图形。
8. 传统的绘画、照片、录像带或印刷品等称为________图像。
9. 播放________时，视频信号被转变为帧信息，并以每秒约 30 帧的速度投影到显示器上，使人眼认为它是连续不间断地运动着的。
10. ________技术是运用计算机对现实世界进行全面仿真，创建与现实社会类似的环境。

三、判断题（每题 2.5 分，共 25 分，正确的填“T”，错误的填“F”）

(　　) 1. 直接作用于人的感官，产生视、听、嗅、味或触觉的媒体称为表示媒体。
(　　) 2. 传输媒体是指传输信号的物理载体。
(　　) 3. 图形也称为向量图或位图。
(　　) 4. 图像则是指由许多点阵构成的点阵图，也称为位图或光栅图。
(　　) 5. WAV 格式用来保存一些没有压缩的音频。
(　　) 6. 图形和图像在一定的条件下是可以转化的。
(　　) 7. 流式文件格式不适合在网络环境中边下载边播放。
(　　) 8. 流媒体播放系统有暴风影音系统、Real System 系统和 Quick Time 系统等。
(　　) 9. 多媒体网络可以实现计算机通信和多媒体信息共享。
(　　) 10. 目前，声音和视频点播应用已经完全直接集成到 Web 浏览器中。

四、简答题（每题 5 分，共 25 分）

1. 什么是多媒体？
2. 图形和图像有什么不同？
3. 向量图和位图有什么不同？
4. 音频和视频有什么不同？
5. 数字化一般有哪几个环节？

第8章 信息安全

实验一 杀毒软件的配置和使用

安装杀毒软件和防火墙对于预防病毒是十分重要的，虽然不能保证百毒不侵，但是基本可以让电脑运行得比较安心了。杀毒软件不宜安装多个，多个杀毒软件可能会出现冲突，而且占用系统资源，对于系统来说反而有弊而无利。目前，每天都会有新的病毒产生，因此杀毒软件一定要经常升级更新，才能应付大部分新出的病毒，保证系统的安全。360 杀毒是完全免费的杀毒软件，它创新性地整合了五大领先防杀引擎，包括国际知名的 BitDefender 病毒查杀引擎、小红伞病毒查杀引擎、360 云查杀引擎、360 主动防御引擎、360QVM 人工智能引擎。360 杀毒具有实时病毒防护和手动扫描功能，为用户的系统提供全面的安全防护。

一、实验案例

小张的计算机以前因为感染了病毒，丢失了许多重要的数据。现在重新安装了 Windows 操作系统，希望能安装 360 杀毒软件来避免自己的计算机再次被病毒感染。

二、实验指导

1. 主要知识点

本案例主要包括以下知识点：

- 什么是计算机病毒。
- 计算机病毒的检查和清除。

2. 实现步骤

（1）安装

360 杀毒目前支持如下操作系统：

- Windows XP SP2 以上（32 位简体中文版）
- Windows Vista（32 位简体中文版）
- Windows 7（32/64 位简体中文版）
- Windows 8（32/64 位简体中文版）
- Windows Server 2003/2008

要安装 360 杀毒，首先需通过 360 杀毒官方网站下载最新版本的 360 杀毒安装程序。

双击运行下载好的安装包，弹出 360 杀毒安装向导，如图 8-1 所示。在这一步用户可以选择用户的安装路径，建议用户按照默认设置即可。用户也可以单击“更换目录”按钮选择安装目录。

接下来开始安装，如图 8-2 所示。

安装完成之后用户就可以看到全新的云动杀毒界面了，如图 8-3 所示。

（2）360 杀毒的设置

在 360 杀毒主界面中单击“设置”按钮，打开“设置”对话框，如图 8-4 所示。在“常规设置”标签页可以对“常规选项”、“自我保护状态”、“密码保护”进行设置。

图 8-1　360 杀毒安装向导

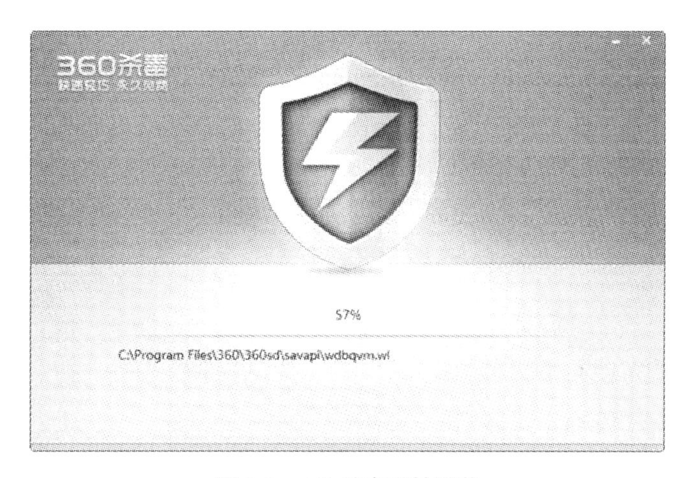

图 8-2　360 杀毒开始安装

图 8-3　360 杀毒界面

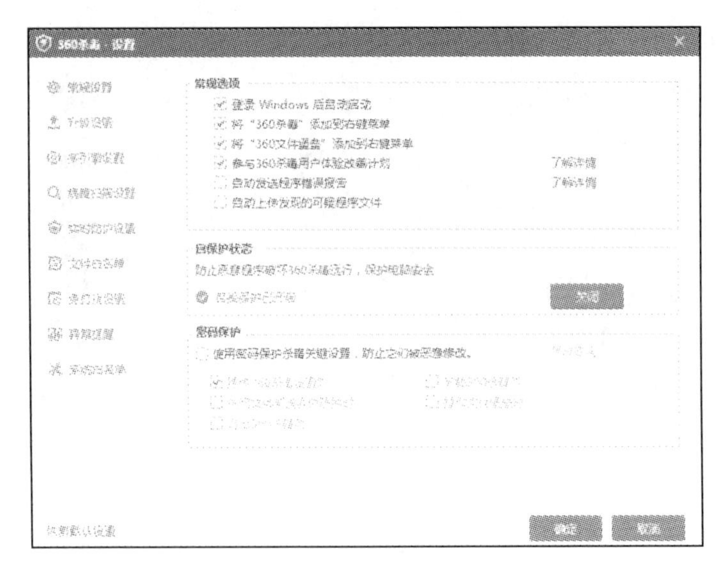

图 8-4　“常规设置”标签页

在图 8-4 所示界面的左侧选择“病毒扫描设置”选项，在打开的“病毒扫描设置”标签页中可以对“需要扫描的文件类型”、“发现病毒时的处理方式”、“其他扫描选项”、“定时查毒”选项等参数进行设置，如图 8-5 所示。

图 8-5　“病毒扫描设置”标签页

选择“实时防护设置”选项，在打开的“实时防护设置”标签页中可以对“防护级别”、“监控的文件类型”、“发现病毒时的处理方式”、“其他防护选项”进行设置，如图 8-6 所示。

选择“升级设置”选项，在打开的“升级设置”标签页中可以对 360 杀毒软件自动升级进行配置，如图 8-7 所示。

选择“白名单设置”选项，在打开的“白名单设置”标签页中可以对文件以及目录白名单、文件扩展名白名单进行添加和删除操作，如图 8-8 所示。

图 8-6 “实时防护设置”标签页

图 8-7 “升级设置”标签页

选择“免打扰模式”选项，在打开的“免打扰模式”标签页中通过单击“进入免打扰模式”按钮启动免打扰模式，如图 8-9 所示。

（3）查毒杀毒

360 杀毒具有实时病毒防护和手动扫描功能，为用户的系统提供全面的安全防护。

实时防护功能在文件被访问时对文件进行扫描，及时拦截活动的病毒。在发现病毒时会通过提示窗口警告用户，如图 8-10 所示。

360 杀毒提供了如下四种病毒扫描方式。

- 快速扫描：扫描 Windows 系统目录及 Program Files 目录。
- 全盘扫描：扫描所有磁盘。

- 自定义扫描：扫描用户指定的目录。
- 右键扫描：当用户在文件或文件夹上右击时，可以选择“使用 360 杀毒扫描”对选中文件或文件夹进行扫描。

图 8-8 “白名单设置”标签页

图 8-9 “免打扰模式”标签页

360 杀毒 5.0 版通过主界面可以直接使用“快速扫描”、“全盘扫描”、“自定义扫描”和常用系统工具等，见图 8-11。

除了主界面上的扫描病毒工具，还有一个“功能大全”的图标，单击它就能看到许多系统工具，可以解决用户电脑的一些常见问题，见图 8-12。

（4）升级 360 杀毒病毒库

360 杀毒具有自动升级功能，如果用户开启了自动升级功能，360 杀毒会在有升级可用时自动下载并安装升级文件。360 杀毒 5.0 版本默认不安装本地引擎病毒库，如果用户想使用本地引擎，请单击主界面右上角的“设置”按钮，打开设置界面后选择“多引擎设置”选项，然后勾选常规反病毒引擎查杀和防护，用户可以根据自己的喜好选择 Bitdifender 或 Avira 常规查杀引擎，选择好后单击“确定”按钮，见图 8-13。

5.0 版本的 360 杀毒，用户也可以直接在主界面进行本地引擎的开启和关闭，如图 8-14 所示。

图 8-10　提示窗口警告用户

图 8-11　360 杀毒 5.0 版主界面的扫描方式

设置好后回到主界面，单击“检查更新”按钮进行更新。升级程序会连接服务器检查是否有可用更新，如果有的话就会下载并安装升级文件。

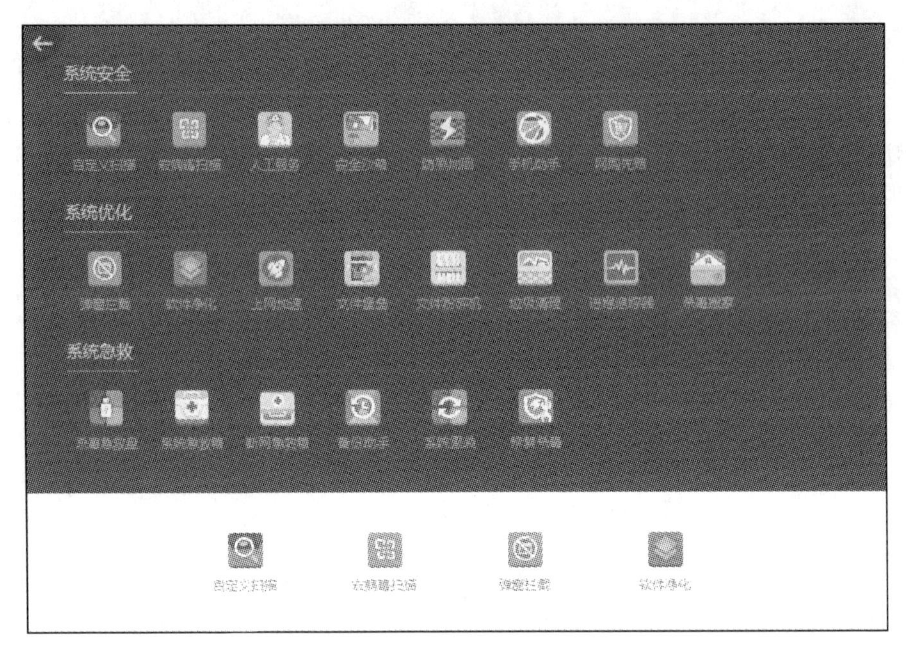

图 8-12　360 杀毒提供的系统工具

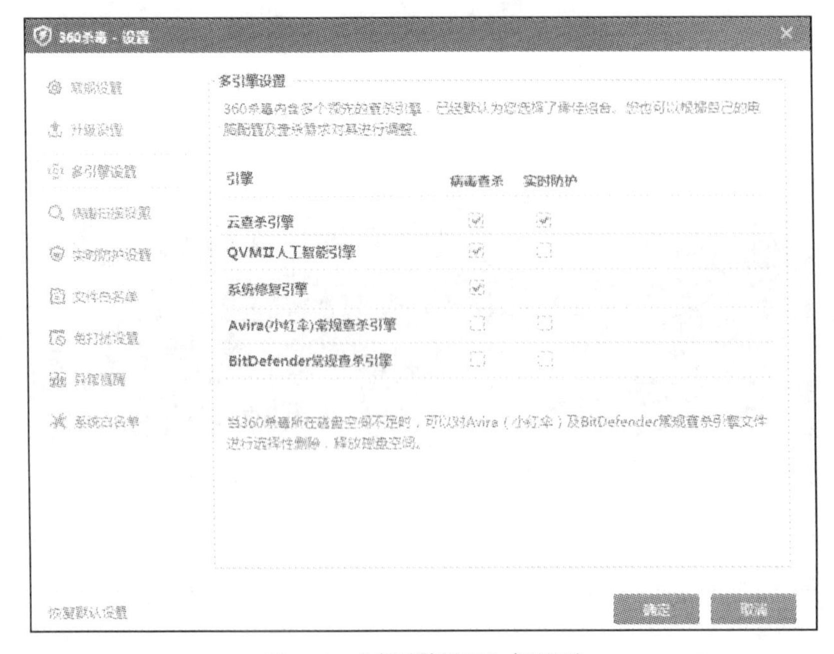

图 8-13　“多引擎设置”标签页

三、实验体验

1. 题目

安装一杀毒软件并检查计算机是否感染病毒。

2. 目的与要求

- 安装一杀毒软件。

- 对软件进行必要的设置。
- 查杀病毒。
- 升级软件。

图 8-14　主界面上进行多引擎设置

实验二　网络安全漏洞检测

黑客工具不仅变得越来越先进，而且也越来越容易被一般人获取和滥用。黑客技术的提升和黑客工具的泛滥，造成大量企业、机构和个人的计算机系统遭受程度不同的入侵和攻击，或面临随时被攻击的危险，其中利用计算机系统的安全漏洞来攻击和入侵是主要的攻击手段之一，因此，漏洞扫描是保证系统和网络安全必不可少的手段。

一、实验案例

小张同学的计算机经常受到攻击，QQ 的账号也被盗取了，现在希望检查一下计算机是否存在安全漏洞。

二、实验指导

1. 主要知识点

本案例主要包括以下知识点：

- 网络攻击和防御。
- 系统安全漏洞是网络安全的重要因素之一。
- 网络攻击的一些基本方法。

2. 实现步骤

漏洞扫描软件从最初专门为 UNIX 系统编写的一些只具有简单功能的小程序发展到现在，已经出现了多个运行在各种操作系统平台上的、具有复杂功能的商业程序。对于用户来说，有如下几种实现方式：

- 使用插件（plug-in）。每个插件都封装一个或者多个漏洞的测试手段，主扫描程序通过调用插件的方法来执行扫描。仅仅是添加新的插件就可以使软件增加新功能，扫描更多漏洞。在插件编写规范公布的情况下，用户或者第三方公司甚至可以自己编写插件来扩充软件的功能。同时这种技术使软件的升级维护都变得相对简单，并具有非常强的扩展性。
- 使用专用脚本语言。这其实是一种更高级的插件技术，用户可以使用专用脚本语言来扩充软件功能。脚本语言的使用，简化了编写新插件的编程工作，使扩充软件功能的工作变得更加容易和方便。
- 由漏洞扫描程序过渡到安全评估专家系统。最早的漏洞扫描程序只是简单地把各个扫描测试项的执行结果罗列出来，直接提供给测试者而不对信息进行任何分析处理。而当前较成熟的扫描系统都能够整理单个主机的扫描结果，形成报表，并对具体漏洞提出一些解决方法，但对网络的状况缺乏一个整体的评估。未来的安全扫描系统，应该不但能够扫描安全漏洞，还能够智能化地协助网络信息系统管理人员评估本网络的安全状况，给出安全建议，成为一个安全评估专家系统。

X-Scan 是一种国产的基于 Windows 操作系统的安全扫描工具，采用多线程方式对指定 IP 地址段（或单机）进行安全漏洞检测，支持插件功能。扫描内容包括：远程服务类型、操作系统类型及版本、各种弱口令漏洞、后门、应用服务漏洞、网络设备漏洞、拒绝服务漏洞等二十几个大类。

X-Scan 基于网络的检测技术，采用积极的、非破坏性的方法来检验系统是否有可能被攻击而导致崩溃。X-Scan 利用了一系列的脚本模拟对系统进行攻击的行为，然后对结果进行分析。它还针对已知的网络漏洞进行检验。运行界面如图 8-15 所示。

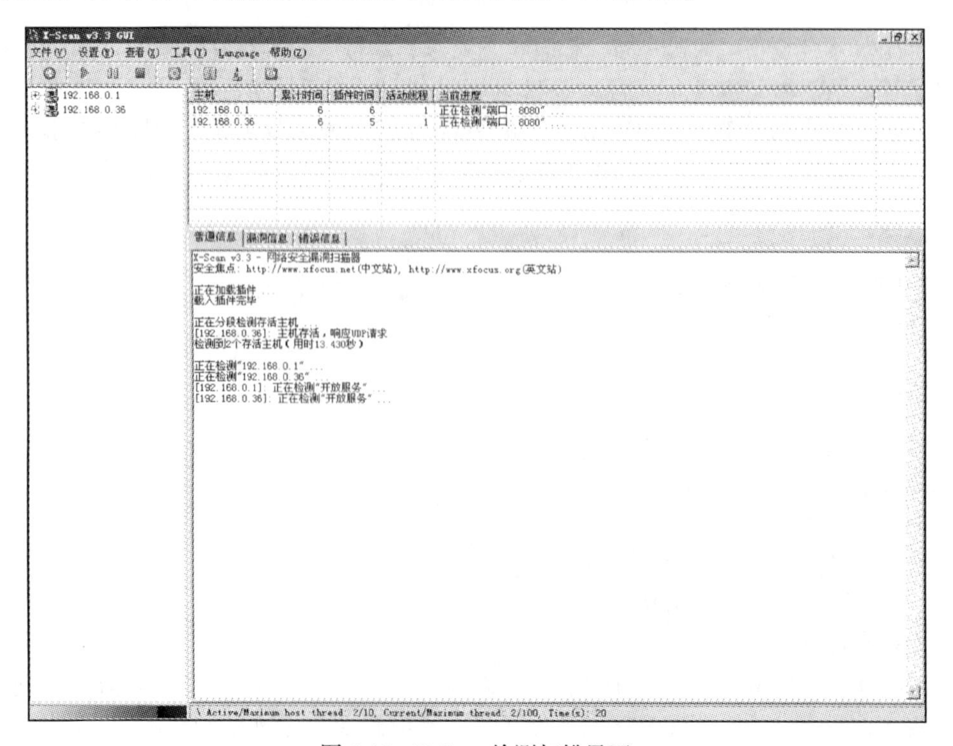

图 8-15　X-Scan 检测扫描界面

（1）参数设置

1)“检测范围”模块如图 8-16 所示。

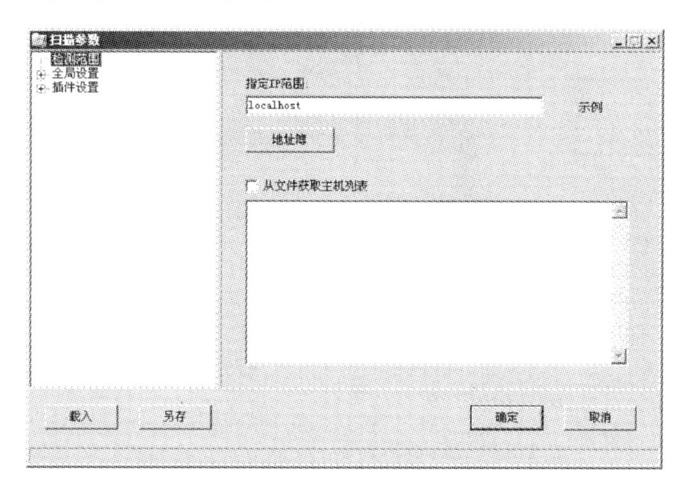

图 8-16 检测范围设置

可以在“指定 IP 范围”中输入要扫描的计算机的 IP 地址。可以输入独立 IP 地址或域名，也可输入以“-”和“,”分隔的 IP 范围，如“192.168.0.1-20,192.168.1.10-192.168.1.254”，或类似“192.168.100.1/24”的掩码格式。

此外，还可以先将要检测的主机地址保存在一文本文件中，通过选中“从文件获取主机列表”从文件中读取待检测主机地址，文件格式应为纯文本，每一行可包含独立 IP 或域名，也可包含以“-”和“,”分隔的 IP 范围。

2)“全局设置”模块：

- “扫描模块”项：选择本次扫描需要加载的插件，如图 8-17 所示。

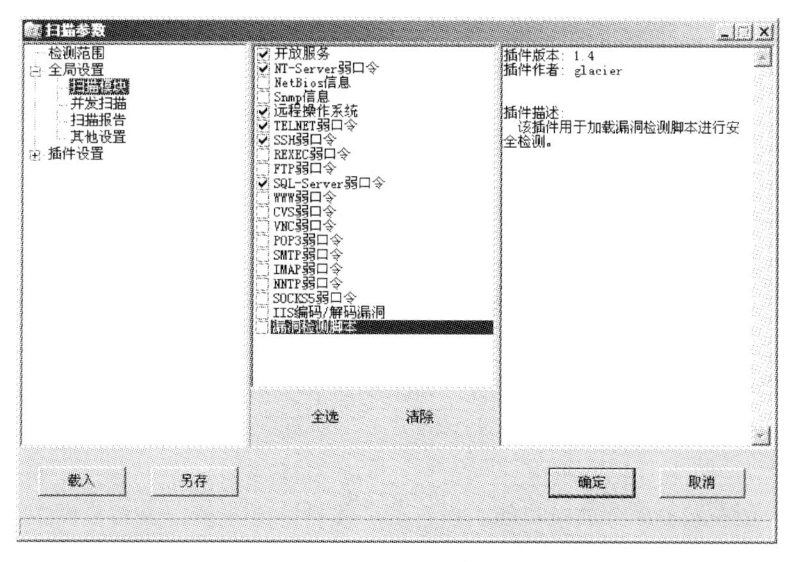

图 8-17 选择扫描需要加载的插件

- “并发扫描”项：设置并发扫描的主机和并发线程数，也可以单独为每个主机的各个插件设置最大线程数，如图 8-18 所示。

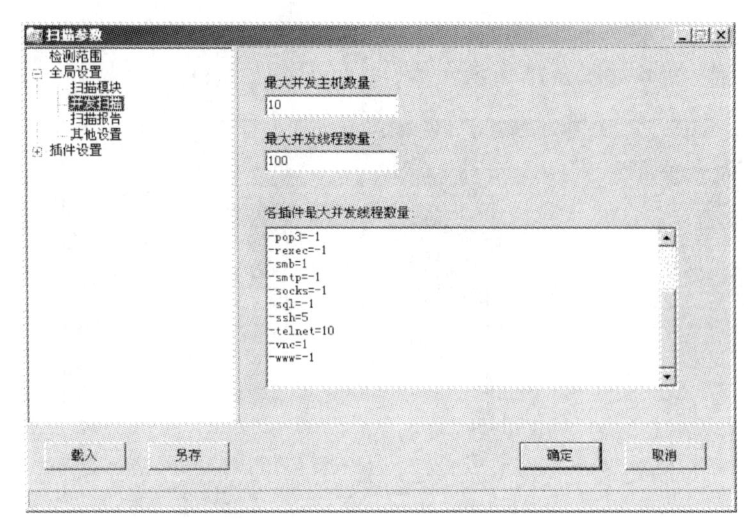

图 8-18　设置并发扫描的主机和并发线程数

- “扫描报告”项：设置扫描结束后生成的报告文件名和文件格式，最终的检测报告将保存在 LOG 目录下。扫描报告目前支持 TXT、HTML 和 XML 三种格式，如图 8-19 所示。

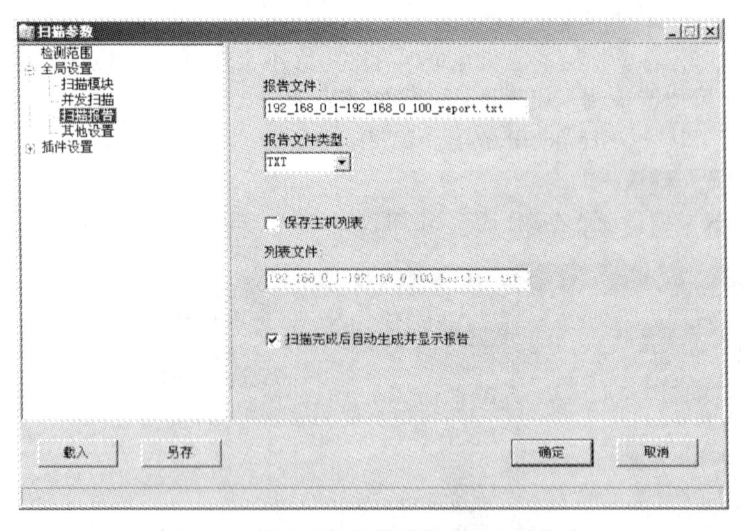

图 8-19　设置生成的检测报告的文件格式

- “其他设置”项（如图 8-20 所示）：
    - 跳过没有响应的主机：若目标主机不响应 ICMP ECHO 及 TCP SYN 报文，X-Scan 将跳过对该主机的检测。
    - 无条件扫描：如标题所述。
    - 跳过没有检测到开放端口的主机：若在用户指定的 TCP 端口范围内没有发现开放端口，将跳过对该主机的后续检测。
    - 使用 NMAP 判断远程操作系统：X-Scan 使用 SNMP、NETBIOS 和 NMAP 综合判断远程操作系统类型，若 NMAP 频繁出错，可关闭该选项。
    - 显示详细进度：主要用于调试，平时不推荐使用该选项。

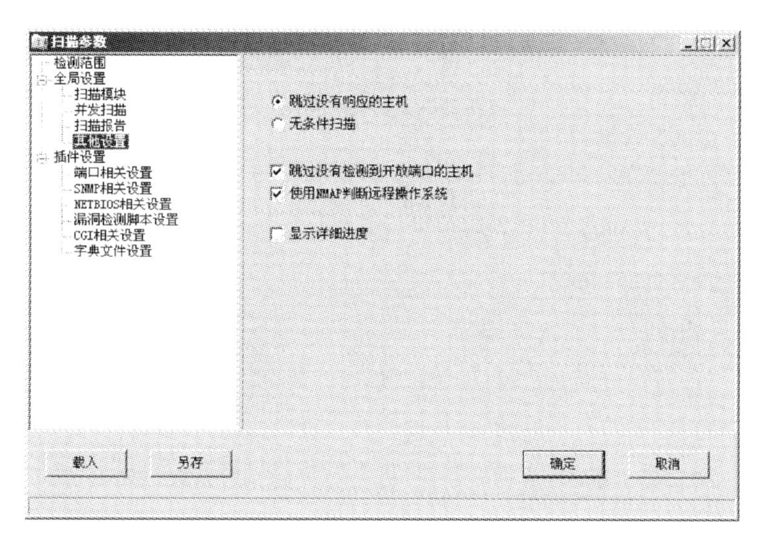

图 8-20 “其他设置”项

3)“插件设置”模块：该模块包含针对各个插件的单独设置，如端口扫描插件的端口范围设置、各弱口令插件的用户名 / 密码字典设置等。

- 端口相关设置：设置要扫描的端口，见图 8-21。

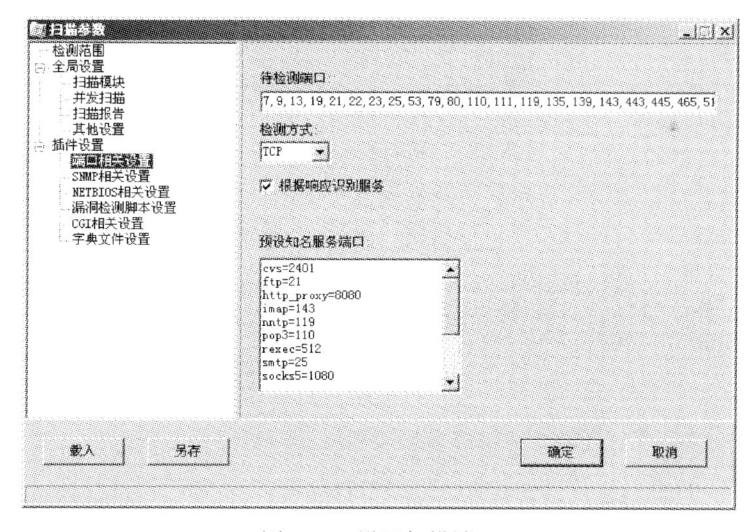

图 8-21 设置扫描端口

- NETBIOS 相关设置：设置要检查哪些 NETBIOS 信息，见图 8-22。
- 漏洞检测脚本设置：利用编写好的脚本程序检查安全漏洞，见图 8-23。
  系统中有一些已经编写好的脚本程序，默认的设置是“全选”，用户也可选择部分脚本或自己编写脚本。
- 字典文件设置：设置用于检测弱口令的字典，见图 8-24。
  字典文件中保存了一些比较容易被猜测出来的用户名和口令，用户也可以修改这些文件，添加更多的弱口令。

(2) 开始扫描

通过单击“文件” | “开始扫描”或“开始扫描”按钮，执行安全漏洞扫描。

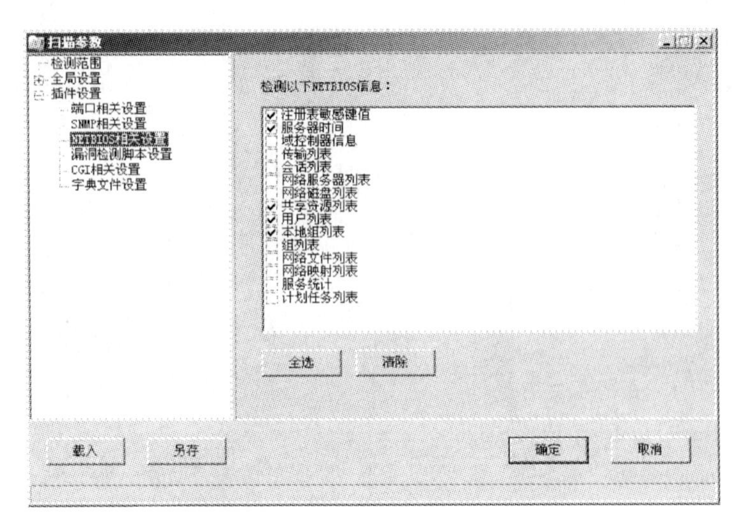

图 8-22 设置要检测的 NETBIOS 信息

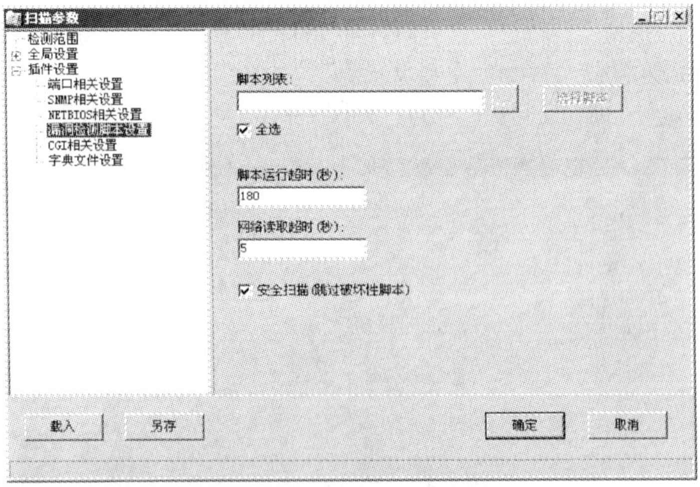

图 8-23 漏洞检测脚本设置

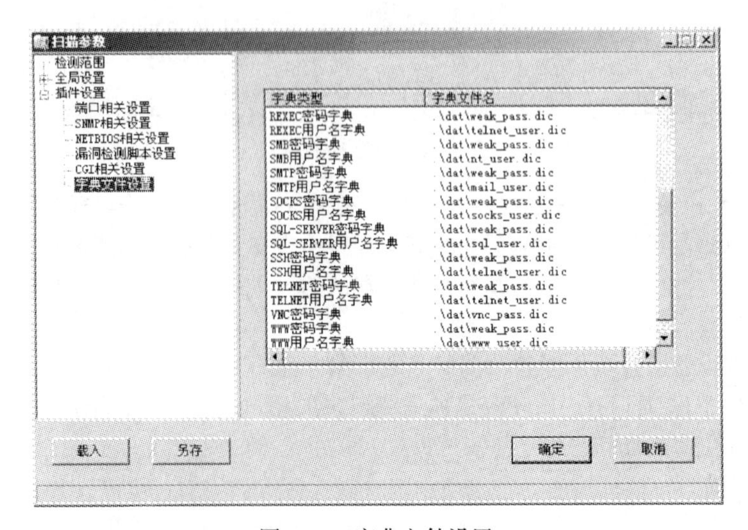

图 8-24 字典文件设置

（3）检查扫描日志

扫描完毕后，有关的安全漏洞信息都被保存在日志文件中，可以通过打开日志文件查看有关信息，见图 8-25。

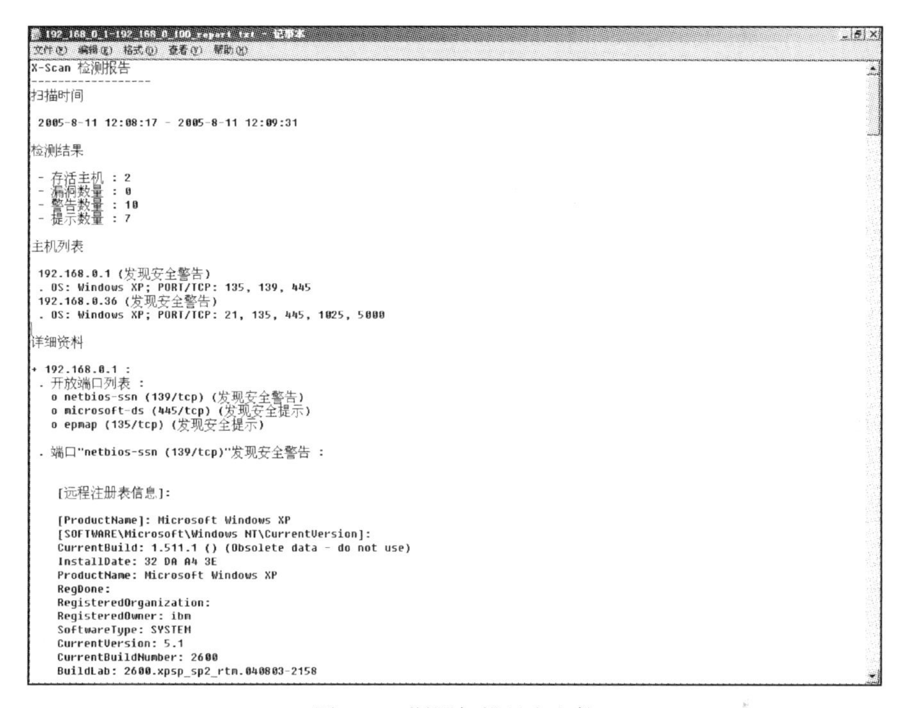

图 8-25　漏洞扫描日志文件

三、实验体验

1. 题目

安装 X-Scan 软件并使用该软件扫描一组计算机，发现这些计算机中的安全漏洞。

2. 目的与要求

- 安装 X-Scan 软件。
- 扫描 3 台以上的计算机。
- 记录发现的安全漏洞。

第 8 章自测题

一、选择题（每题 2 分，共 30 分）

1. 最常见的保证网络安全的工具是________。

   A. 防病毒工具　　B. 防火墙　　C. 网络分析仪　　D. 操作系统

2. 所谓计算机“病毒”的实质，是指________。

   A. 盘片发生了霉变

   B. 隐藏在计算机中的一段程序，条件合适时就运行，破坏计算机的正常工作

   C. 计算机硬件系统损坏或虚焊，使计算机的电路时通时断

   D. 计算机供电不稳定造成的计算机工作不稳定

3. 以下关于计算机病毒的叙述，正确的是________。
   A. 若删除盘上所有文件，则病毒也会被删除
   B. 若用杀毒盘清毒后，感染病毒的文件可完全恢复到原来的状态
   C. 计算机病毒是一段程序
   D. 为了预防病毒侵入，不要运行外来软盘或光盘
4. 下面各项中，属于计算机系统所面临的自然威胁的是________。
   A. 电磁泄漏　B. 媒体丢失　C. 操作失误　D. 设备老化
5. 下列各项中，属于“木马”的是________。
   A. Smurf　B. Backdoor　C. 冰河　D. CIH
6. 单密钥系统又称为________。
   A. 公开密钥密码系统　B. 对称密钥密码系统
   C. 非对称密钥密码系统　D. 解密系统
7. DES 的分组长度和密钥长度都是________。
   A. 16 位　B. 32 位　C. 64 位　D. 128 位
8. 下列各项中，可以用于数字签名的加密算法是________。
   A. RSA　B. AES　C. DES　D. Hill
9. 以下内容中，不是防火墙功能的是________。
   A. 访问控制　B. 安全检查　C. 授权认证　D. 风险分析
10. 如果将病毒分类为引导型、文件型、混合型病毒，则分类的角度是________。
   A. 按破坏性分类　B. 按传染方式分类　C. 按针对性分类　D. 按链接方式分类
11. 下列各项中，属于针对即时通信软件的病毒是________。
   A. 冲击波病毒　B. CIH 病毒　C. MSN 窃贼病毒　D. 震荡波病毒
12. 知识产权不具备的特性是________。
   A. 有限性　B. 专有性　C. 地域性　D. 时间性
13. 在网络安全中，截取是指未授权的实体得到了资源的访问权。这是对________。
   A. 有效性的攻击　B. 保密性的攻击　C. 完整性的攻击　D. 真实性的攻击
14. 下列各项中，属于现代密码体制的是________。
   A. Kaesar 密码体制　B. Vigenere 密码体制
   C. Hill 密码体制　D. DES 密码体制
15. 下列各项中，不属于《全国青少年网络文明公约》内容的是________。
   A. 要诚实友好交流 不侮辱欺诈他人　B. 要提高钻研能力 不滥用上网机会
   C. 要增强自护意识 不随意约会网友　D. 要善于网上学习 不浏览不良信息

二、填空题（每空 2 分，共 30 分）

1. 信息安全是指：“为数据处理系统建立和采取的技术和管理手段，保护计算机的________、________和________不因偶然和恶意的原因而遭到破坏、更改和泄露，系统连续正常运行。”
2. 计算机病毒是一种以________和干扰计算机系统正常运行为目的的程序代码。
3. 信息安全的主要特性有：保密性、________、有效性、不可否认性和可控性。
4. ________是指对教育、科研和经济发展没有价值的信息。
5. 计算机系统所面临的威胁主要有两种：________和________。

6. 从实体安全的角度防御黑客入侵，主要包括控制________、________、线路和主机等的安全隐患。
7. 在密码学中，对需要保密的消息进行编码的过程称为________，将密文恢复成明文的过程称为________。
8. 密码系统从原理上可分为两大类，即________和________。
9. 根据不同的检测方法，将入侵检测分为异常入侵检测和________。

三、判断题（每题 2 分，共 20 分，正确的填“T”，错误的填“F”）

（　　）1. 信息安全是指保护计算机内的数据不被破坏、更改和泄露。
（　　）2. 消息认证机制不允许第三者参与，只在通信双方之间进行。
（　　）3. 网络流量分析是一种主动攻击的形式。
（　　）4. 黑客一词源于英文 Hacker，最初是一个带褒义的词。
（　　）5. 密码学包括两个分支，即密码编码学和密码分析学。
（　　）6. 对称密码系统又称为公开密钥密码系统。
（　　）7. 数字签名的主要用途是防止通信双方发生抵赖行为。
（　　）8. 理论上，肯定存在永远也解不开的密码。
（　　）9. 计算机病毒是一个程序或一段可执行代码，具有独特的复制能力。
（　　）10. 知识产权是一种无形财产，它与有形财产一样，可作为资本进行投资、入股、抵押、转让、赠送等。

四、简答题（每题 4 分，共 20 分）

1. 简要说明信息安全包括哪几个方面的内容。
2. 根据攻击者具有的知识和掌握的情报，可以将密码分析分为哪几种类型？
3. 数字签名与传统的手写签名有哪些不同？
4. 举出 4 个以上的计算机系统被病毒侵入的可疑现象。
5. 请说出《全国青少年网络文明公约》的主要内容。

参 考 文 献

[1] 高万萍，吴玉萍 . 计算机应用基础教程 [M]. 北京：清华大学出版社，2013.
[2] 杨清平 . 大学计算机基础教程 [M]. 北京：高等教育出版社，2013.
[3] 张赵管，等 . 计算机应用基础 [M]. 天津：南开大学出版社，2013.
[4] 骆红波 . 大学计算机实验教程 [M]. 长沙：湖南大学出版社，2013.
[5] 于双元 . 全国计算机等级考试二级教程——MS Office 高级应用（2013 年版）[M] . 北京：高等教育出版社，2013.
[6] 神龙工作室 . Windows 7 中文版从入门到精通 [M]. 北京：人民邮电出版社，2010.
[7] 老虎工作室 . 从零开始——Windows 7 中文版基础培训教程 [M]. 北京：人民邮电出版社，2011.
[8] 神龙工作室 . Word 2010 从入门到精通 [M]. 北京：电子工业出版社，2013.
[9] Excel Home. Excel 2010 函数与公式实战技巧精粹 [M]. 北京：人民邮电出版社 2014.
[10] 华城科技 . Excel 2010 办公专家从入门到精通 [M]. 北京：机械工业出版社，2010.
[11] 谢华，冉洪艳 . PowerPoint2010 标准教程 [M]. 北京：清华大学出版社，2012.
[12] 何恩基，骆毅 . 多媒体技术应用基础 [M]. 北京：清华大学出版社，北京交通大学出版社，2006.